21世纪高等学校系列教材 | 电子信息

纠错编码原理及MATLAB实现

（第2版·微课视频版）

刘爱莲　编著

清華大学出版社
北　京

内容简介

本书分为6章，首先介绍纠错编码的理论基础、分类、基本定义、有噪信道编码定理、译码规则和编码规则，群的基本概念和域的基本概念；然后重点介绍线性分组码的定义、生成矩阵、校验矩阵、线性分组码的实现和译码以及汉明码，循环码的定义、多项式描述、生成矩阵、生成多项式和监督矩阵、循环码的编码与译码、BCH码，卷积码的基本概念、编码过程和数学描述以及图形描述（状态图、树图、网格图）；最后介绍了几种纠错编码新技术。编码采用MATLAB编程或Simulink模型搭建来实现。

本书将理论和实践完美地结合，使读者对编码理论有更深刻的理解，同时更好地掌握编码的意义和目的。

本书适用于通信工程、电子信息类专业的本科教材，也可以作为通信专业课程设计、专业实习和毕业设计等综合性实践教学的参考材料，还可供从事通信、电子信息等相关行业的科技人员自学参考。

图书在版编目(CIP)数据

纠错编码原理及MATLAB实现：微课视频版/刘爱莲编著. —2版. —北京：清华大学出版社，2023.2
21世纪高等学校系列教材·电子信息
ISBN 978-7-302-62672-5

Ⅰ. ①纠…　Ⅱ. ①刘…　Ⅲ. ①Matlab软件—应用—纠错码—编码理论—高等学校—教材
Ⅳ. ①TN911.22

中国国家版本馆CIP数据核字(2023)第024060号

责任编辑：赵　凯
封面设计：傅瑞学
责任校对：申晓焕
责任印制：杨　艳

出版发行：清华大学出版社
　网　　址：http://www.tup.com.cn，http://www.wqbook.com
　地　　址：北京清华大学学研大厦A座　　**邮　　编**：100084
　社 总 机：010-83470000　　**邮　　购**：010-62786544
　投稿与读者服务：010-62776969，c-service@tup.tsinghua.edu.cn
　质量反馈：010-62772015，zhiliang@tup.tsinghua.edu.cn
　课件下载：http://www.tup.com.cn，010-83470236
印 装 者：三河市龙大印装有限公司
经　　销：全国新华书店
开　　本：185mm×260mm　　**印　张**：14.75　　**字　　数**：362千字
版　　次：2013年10月第1版　2023年3月第2版　　**印　　次**：2023年3月第1次印刷
印　　数：1～1500
定　　价：59.00元

产品编号：098093-01

第2版前言

众所周知，通信技术是在不断解决有效性和可靠性的矛盾过程中不断发展起来的，而纠错编码技术则是提高传输可靠性的有效途径之一。关于纠错编码技术的理论大多涵盖在信息论与编码方面的教材中，而关于纠错编码技术的专门教材，要么过于系统全面、理论性强，要么过于专业化、不够通俗、难度较大，适用于本科工程应用实践的书籍还不多。

本书是作者多年从事"纠错编码技术"课程教学和实验的精心提炼和系统总结。本书力求物理概念清晰，通俗易懂，由浅入深，重点突出，对基本概念和基本原理的阐述清晰明了，书中列举了大量的例题并结合 MATLAB/Simulink 仿真程序及仿真模型帮助读者理解和消化理论知识。从读者认知过程出发，既重视理论，又强调实践，理论支撑实践，实践检验理论，从而对基本知识进行有效拓展，培养读者学习兴趣，激发读者学习动力，提高读者学以致用的工程能力。同时引导高校通信和电子类专业的学生或自学者，学习和掌握纠错编码的基本思想和建模实现方法，为通信理论的学习和创新研究提供一种实践验证的方法和有效途径。

《纠错编码原理及 MATLAB 实现》一书出版 9 年以来，得到了师生们的肯定和赞许，收到了一些院校师生的邮件，他们就书中的有关问题进行交流，提出了不少建议和意见，在此深表感谢！在此次修订过程中做了以下几方面的修改和完善：

1. 更正了第 1 版中的错误和疏漏。

2. 结合当前通信与电子信息类专业教学的实际，对本书的部分内容进行了修改和调整，条理性更清晰，逻辑性更强。

3. 由于 MATLAB 版本不断升级，第 1 版中的部分仿真程序和仿真模型在升级后的 MATLAB 中无法正常运行，在第 2 版中进行了相应的更新。

本书共分为 6 章。

第 1 章主要介绍了纠错编码的基本理论，简要介绍了编码规则和译码规则，同时介绍了纠错编码的本质及性能评价，使读者对纠错编码有初步的了解，还明确了纠错编码的目的和意义。

第 2 章主要介绍了数论的初步知识，重点是"群"和"域"的基本概念，为学习纠错编码技术的理论做好铺垫。

第 3 章主要介绍了线性分组码的定义、生成矩阵、校验矩阵、线性分组码的实现和译码以及汉明码，介绍了如何利用 MATLAB 编程得到线性分组码的生成矩阵、校验矩阵以及如何进行编码、译码，介绍了如何利用 Simulink 模型搭建完整的通信系统，通过编程和搭建模型验证了线性分组码对系统性能的改善情况，并用 Simulink 对线性分组码的编码过程进行了模拟。

第 4 章主要介绍了循环码的定义、多项式描述、生成矩阵、生成多项式、监督多项式和监督矩阵、循环码的编码译码、BCH 码，介绍了如何利用 MATLAB 编程进行循环码的编码和译码，通过 MATLAB 编程和搭建 Simulink 模型验证了循环码对系统性能的改善情况，并用 Simulink 对循环码的编码过程进行了模拟。

第 5 章主要介绍了卷积码基本概念、编码过程和数学描述以及图形描述(状态图、树图、网格图)，卷积码译码的方法，通过 MATLAB 编程和搭建 Simulink 模型验证了卷积码对系统性能的改善情况，最后给出了卷积码编码电路的 Simulink 实现方法。

第 6 章主要介绍了三种纠错编码新技术——交织技术、Turbo 码以及网格编码调制技术；并通过仿真验证了突发干扰情况下交织技术对通信系统性能的改善。

为了方便教师教学和读者自学，本书配有录播视频、完整的多媒体课件和全部习题答案。本书所有程序及系统模型都在 MATLAB R2021b 版本下调试运行成功。

在此，特别感谢昆明理工大学信息工程与自动化学院邵玉斌教授在本书的编著和修订的过程中给予作者的宝贵意见和建议！同时，感谢昆明理工大学信息检测与创新团队各位老师的无私帮助！感谢家人对我的教学和科研工作的理解、鼓励和支持！

由于作者研究能力有限，错误和疏漏之处在所难免，诚望广大师生和读者批评指正。

刘爱莲

2022 年 8 月 28 日于昆明理工大学

配套资源使用说明：

为了方便教学，本书配有微课视频、教学大纲、教学课件、习题解答、源程序及仿真模型。

(1) 获取微课视频方式：

读者可以先扫描本书封底的文泉云盘防盗码，再扫描书中相应的视频二维码，即可观看教学视频。

(2) 其他资源可先扫描本书封底的文泉云盘防盗码，再扫描前言下方二维码，即可获取。

教学大纲　　教学课件　　习题解答　　源程序及仿真模型

第1版前言

通信技术是在不断解决有效性和可靠性的矛盾的过程中不断发展的，而纠错编码技术是提高传输可靠性的有效途径之一。关于纠错编码技术的理论大多都涵盖在信息论与编码方面的教材中，而专门的关于纠错编码技术的教材却很少。仅有的几本书籍要么过于系统全面、理论性强，要么过于专业化、不够通俗、难度较大。

本书是作者多年从事“纠错编码技术”课程教学和实验的提炼与总结。本书力求物理概念清晰，通俗易懂，由浅入深，重点突出，对基本概念和基本原理的阐述清晰明了，书中列举了大量的例题帮助读者理解和消化。作者以 MATLAB 为工具将纠错编码理论和仿真实验技术相结合，目的在于通过仿真和建模以及大量实例来引导通信和电子类专业的学生或自学者学习和掌握纠错编码的基本思想和方法，为通信理论的学习和创新研究提供一种实践验证的方法和途径。

全书内容深入浅出，既保持理论的完整性、系统性，又概念清楚、易读好懂，同时注重理论与实践相结合。

本书共分为 6 章。

第 1 章主要介绍了纠错编码的基本理论，简要介绍了编码规则和译码规则，同时还介绍了纠错编码的本质及性能评价，使读者对纠错编码有初步的了解，同时明确了纠错编码的目的和意义。

第 2 章主要介绍了数论的初步知识，重点是群的基本概念和域的基本概念，为学习纠错编码技术的理论做好铺垫。

第 3 章主要介绍了线性分组码的定义、生成矩阵、校验矩阵、线性分组码的实现和译码以及汉明码，介绍了如何利用 MATLAB 编程得到线性分组码的生成矩阵、校验矩阵以及如何进行编码、译码，介绍了如何利用 Simulink 模块搭建完整的通信系统，通过编程和搭建模型验证了线性分组码对系统性能的改善情况。

第 4 章主要介绍了循环码的定义、多项式描述、生成矩阵、生成多项式和监督矩阵、循环码的编码译码、BCH 码，介绍了如何利用 MATLAB 编程进行循环码的编码和译码，通过 MATLAB 编程和搭建 Simulink 模型验证了循环码对系统性能的改善情况。

第 5 章主要介绍了卷积码概念、编码过程和数学描述以及图形描述(状态图、树图、网格图)，卷积码译码的方法，通过 MATLAB 编程和搭建 Simulink 模型验证了卷积码对系统性能的改善情况，最后介绍了卷积码编码电路的 Simulink 实现方法。

第 6 章主要介绍了三种纠错编码新技术——交织技术、Turbo 码以及网格编码调制技术；并通过仿真验证了突发干扰情况下交织技术对通信系统性能的改善。

本书配有电子教案。本书所有程序及系统模型都在MATLAB 7.10.0下运行成功。

本书在编写的过程中得到同事、朋友及家人的帮助和鼓励，在此表示感谢。

由于作者能力有限，错误和不足之处在所难免，诚望广大读者提出宝贵意见，以便进一步修改完善。

编　者

2013年7月

目　录

第1章 纠错编码的基本概念

香农第二定理指出，当信息传输速率低于信道容量时，通过某种编译码方法，就能使错误概率为任意小。目前已有许多有效的编译码方法，并形成了一门新的技术——纠错编码技术。

这里所讲的纠错编码即信道编码，也称为差错控制编码，与信源编码一样都是一种编码，但二者的作用是完全不同的。信源编码的目的是压缩冗余度，提高信息的传输速率。信道编码的目的是提高信息传输时的抗干扰能力以增加信息传输的可靠性。

纠错编码理论几乎与信息论同时创立，都是在第二次世界大战结束后的短短几年之内。纠错编码理论的创始人是汉明(R. W. Hamming)，他与信息论的创始人香农都在贝尔实验室工作。

有实用价值的码应该具备良好的结构特性，这样可保证译码简单易行。香农在证明有噪声信道编码定理时提出随机编码方法，这不过是一种为避免寻找好码而采取的权宜之计，有理论意义而无实用价值。真正实用的信道编码还需用适当的数学工具来构造，使得构造出的码具有很好的结构特性，以便译码。

纠错编码就是在信息序列中加入一些冗余码元，或称校验码元，组成一个相关的码元序列——码字，译码时利用码元之间的相关性质来检测错误和纠正错误。不同的纠错编码方法有不同的检错或纠错能力。一般说来，付出的代价越大，检错或纠错的能力就越强。通常用多余度来衡量，多余度越大，系统传输信息的效率就越低，可见提高传输可靠性是以降低传输效率为代价的。

1.1 纠错编码的理论基础

通信的目的是要把对方不知道的消息及时可靠地(有时还需秘密地)传送给对方，因此要求一个通信系统传输消息必须可靠且快速，在数字通信系统中可靠与快速往往是一对矛盾。若要求快速，则必然使得每个数据码元所占的时间缩短、波形变窄、能量减少，从而在受到干扰后产生错误的可能性增加，传送消息的可靠性降低。若要求可靠，则使得传送消息的速率变慢。因此，如何较合理地解决可靠性与速度这一对矛盾，是正确设计一个通信系统的关键问题之一。通信理论本身(包括纠错码)也正是在解决这对矛盾的过程中不断发展起来的。

香农三大定理是信息论的基础理论。香农三大定理是存在性定理，虽然并没有提供具体的编码实现方法，但为通信信息的研究指明了方向。香农第一定理是可变长无失真信源编码定理，香农第二定理是有噪信道编码定理，香农第三定理是保失真度准则下的有失真信源编码定理。

香农第二定理是有噪信道编码定理，作为一个存在性定理，指出可以用任意接近信道容量的信息传输速率传送消息，且出错的概率可以任意小，这就引发了人们对纠错码的研究。纠错码理论的中心任务就是要针对具有不同干扰特性的各种信道设计出编码效率高、抗干扰性能好而编译设备又较简单的纠错码。

纠错编码，顾名思义，是当消息经过有噪声信道传输或要恢复存储的数据时用来纠正错误的。用来传输消息的物理介质叫作信道（如电话线、卫星连接、用于移动通信的无线信道等）。不同种类的信道产生不同种类的噪声，对传输的数据造成不同的损害。噪声的产生可以是因为光、人为错误、设备故障、电压起伏等。纠错编码就是试图克服信道中噪声造成的损害。

纠错编码的基本思想是在消息通过一个有噪信道传输前以多余符号的形式在消息中增添冗余度，这种冗余度是在一定的规则控制下添加的。编码后的消息在传输时可能还会遭到信道中噪声的损害。在接收端，如果错误数在该码的设计限度内，则原始消息可以从受损的消息中恢复。

因此，纠错编码就是靠增加"冗余"码元来克服或减轻噪声影响的。这里的"冗余"是相对于信息的表示而言的，对提高传送可靠性来说，"冗余"码元却提供了极宝贵的可靠信息。

例 1-1　我们来看看冗余度是怎样与噪声做"斗争"的。我们用来交流的语言通常有很大的冗余度。考虑下面的句子：

星期一上午两点在 2405 教师开会。

可以发现，在这个句子中有几处错误。但由于对这种语言的熟悉，我们可以猜到原来的句子应该如下：

星期一下午两点在 2405 教室开会。

图 1-1 是数字通信系统的框图，注意图中最重要的部分就是噪声部分，没有它的话就不能用信道编码。

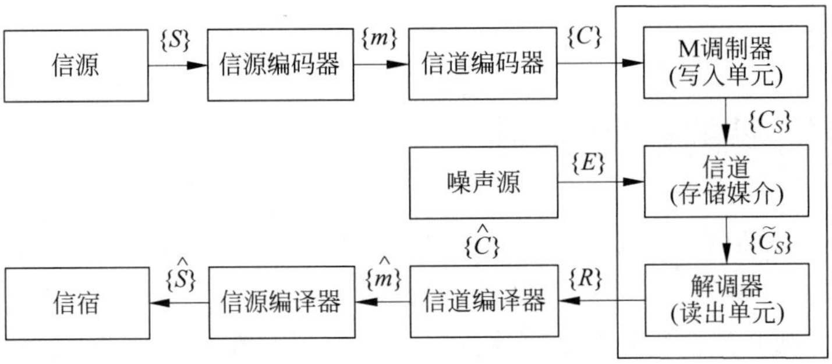

图 1-1　数字通信系统的框图

因此，可以把纠错编码（即差错控制编码）看成是为提高通信系统的性能而设计的信号变换，其目的是提高通信的可靠性，使传输的消息更好地抵抗各种信道损伤的影响，如噪声、干扰以及衰落等。

1.2　纠错编码的分类

1.2.1　差错控制编码的分类

不同的差错控制系统需要不同的差错控制码。从差错控制码功能的角度可以将常见的差错控制码分为以下三类。

1. 检错码

检错码只能发现错误,不能纠正错误。在一些仅需要给出错误提示以及自动请求重发(Automatic Repeat-reQuest,ARQ)系统中使用这类码。

2. 纠错码

纠错码能够发现错误也能纠正错误。前向纠错(Forward Error Correction,FEC)和混合纠错(Hybrid Error Correction,HEC)系统都使用这类码。

3. 纠删码

纠删码能够发现并纠正或删除错误。

但这三类码之间没有明显区分,以后将看到,任何一类码按照译码方法不同,均可作为检错码、纠错码或纠删码来使用。

1.2.2　差错控制系统的分类

差错控制系统大致可分为前向纠错、重传反馈和混合纠错 3 种方式。

1. 前向纠错(FEC)方式

FEC 方式是发送端发送有纠错能力的码(纠错码),接收端收到这些码后,通过纠错译码器自动地纠正传输中的错误。这种方式的优点是不需要反馈信道;能进行一个用户对多个用户的同时通信(如广播),特别适合于移动通信;译码实时性较好,控制电路也比较简单。缺点是译码设备较复杂;编码效率较低。随着编码理论的发展和大规模集成电路的发展,译码器有可能越来越简单,成本也越来越低,因而在实际数字通信中,正在得到越来越广泛的应用。

2. 重传反馈(ARQ)方式

ARQ 方式是发送端发出能够发现错误的码(检错码),接收端译码器收到后,判断在传输中有无错误产生,并通过反馈信道把检测结果告诉发送端。发送端把接收端认为有错的消息再次传送,直到接收端认为正确接收为止。

应用 ARQ 方式必须有一条从接收端至发送端的反馈信道。并要求信源产生信息的速率可以进行控制,收、发两端必须互相配合,其控制电路比较复杂,传输信息的连贯性和实时性也较差。该方式的优点是译码设备简单，在冗余度一定的情况下，码的检错能力比纠错能力要高得多，因而整个系统能获得极低的误码率。

3. 混合纠错(HEC)方式

HEC方式是前面两种方式的结合。发送端发送的码既能检错，又有一定的纠错能力。接收端译码时若发现错误个数在码的纠错能力以内，则自动进行纠错；若错误个数超过了码的纠错能力，但能检测出来，则通过反馈信道告知发送方重发。这种方式在一定程度上避免了FEC方式译码设备复杂和ARQ方式信息连贯性差的缺点，因此得到了较为广泛的应用。

在设计差错控制系统时，选择何种实现方式，应综合考虑各方面的因素。主要有如下几点：

(1) 满足用户对误码率的要求；

(2) 有尽可能高的信息传输速率；

(3) 有尽可能简单的编译码算法且易于实现；

(4) 可接受的成本。

1.2.3 纠错编码的分类

图1-2给出了纠错码的分类示意图。由图可见，对纠错码有多种分类方法，例如，根据对信息元的处理方法来分、根据校验元与信息元之间的关系来分、根据纠正错误的类型来分、根据每个码元的取值来分、根据码的结构特点来分等。下面对这些分类方法逐一进行解释。

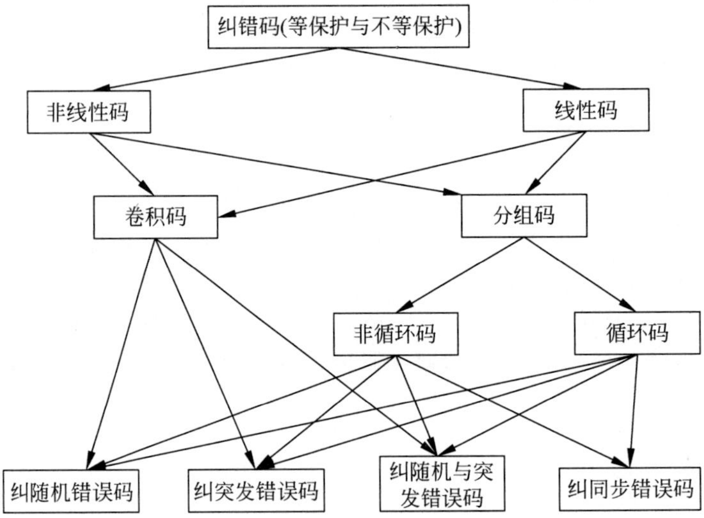

图1-2 纠错码的分类示意图

1. 根据对信息元的处理方法来分类

根据对信息元的处理方法不同，可以将纠错码分为分组码与卷积码。

分组码是把信源输出的信息序列以 k 个码元划分为一段，通过编码器把这段 k 个信息元按一定规则产生 r 个校验（监督）元，输出码长为 $n=k+r$ 的一个码组。这种编码中每一码组的校验元仅与本组的信息元有关，而与别组的信息元无关。分组码用 (n,k) 表示，n 表示码长，k 表示信息位数。

卷积码是把信源输出的信息序列以 k 个码元分为一段，通过编码器输出长为 $n(n>k)$ 的码段，但是该码段的 $n-k$ 个校验元不仅与本组的信息元有关，而且也与其前 m 段的信息元有关，一般称 m 为编码存储，因此卷积码用 (n,k,m) 表示。

2. 根据校验元与信息元之间的关系来分类

根据校验元与信息元之间的关系的不同，可以将纠错码分为线性码（Linear Code）与非线性码。若校验元与信息元之间的关系是线性关系（满足线性叠加原理），则称为线性码；否则称为非线性码。

由于非线性码的分析比较困难，实现较为复杂，故本书仅讨论线性码。

3. 根据纠正错误的类型来分类

根据纠正错误的类型不同，可以将纠错码分为纠随机错误码、纠突发错误码、纠同步错误码以及纠随机与突发错误码。

4. 根据每个码元的取值来分类

按照每个码元取值的不同，可以分为二进制码和 q 进制码（$q=p^m$，p 为素数，m 为正整数）。

5. 根据码的结构特点来分类

根据码的结构特点的不同，可以将纠错码分为循环码、非循环码、系统码和完备码等。

6. 根据对每个信息元保护能力是否相等来分类

根据对每个信息元保护能力是否相等可分为等保护纠错码与不等保护（Unequal Error Protection，UEP）纠错码。

除非特别说明，本书讨论的纠错码均指等保护能力的码。

1.3 纠错编码的基本定义

定义 1-1 码字是一些符号的序列。

定义 1-2 码是称为码字（Codeword）的序列的集合。

定义 1-3 一个码字（或任何向量）的汉明重量（Hamming Weight）等于该码字中的非零元素的个数。码字 $\boldsymbol{C}$ 的汉明重量记为 $w(\boldsymbol{C})$。两个码字之间的汉明距离（Hamming Distance）是码字不相同的位置数目。两个码字 $\boldsymbol{c}_1$ 和 $\boldsymbol{c}_2$ 之间的汉明距离记为 $d(\boldsymbol{c}_1,\boldsymbol{c}_2)$。容易看出 $d(\boldsymbol{c}_1,\boldsymbol{c}_2)=w(\boldsymbol{c}_1-\boldsymbol{c}_2)$。

例 1-2 考虑有两个码字{0100,1111}的码 $\boldsymbol{C}$，其汉明重量分别为 $w(0100)=1$ 和 $w(1111)=4$。这两个码字之间的汉明距离为3，因为它们在第一、第三和第四个位置上不同。观察可知 $w(0100-1111)=w(1011)=d(0100,1111)=3$。

一般而言，对于任意一种编码，其中各码组之间的距离不一定都相等。

定义 1-4 一个分组码由具有固定长度的码字集合构成。这些码字的固定长度称为分组长度(Block Length)，通常记为 n。因此一个分组长度为 n 的分组码由一组有 n 个分量的码字集合构成。

定义在 q 个符号的字母集上的数目为 M 的分组码是 M 个 q 元序列的集合，每个序列的长度为 n。对 $q=2$ 的特殊情况，那些符号称为比特，而码称为二元码。通常如果对某个整数 k 有 $M=q^k$，称这样的码为 (n,k) 码。

例 1-3 码 $\boldsymbol{C}=\{00000,10100,11110,11001\}$ 是分组长度等于5的一个分组码，即 $n=5$，集合中码字数目为4，即 $M=4$，而 $4=2^k$，所以 $k=2$，因此这是(5,2)码。该码可用来表示两个比特的二元数字，如表1-1所示。

表 1-1 一种(5,2)分组码

未编码的比特	码　字	未编码的比特	码　字
00	00000	10	11110
01	10100	11	11001

假设要用上述编码方案传输由0和1构成的一个序列，如要编码的序列为1001010011…。第一步是把这个序列分成两个比特一组(因为我们每次要编码2bit)，做如下分割：

10　01　01　00　11　…

接下来把每个组用它们对应的码字代换：

11110　10100　10100　00000　11001　…

因此对每两个比特未编码的消息，我们发送5bit(编码后)。即对每2bit的信息，我们发送额外3bit(冗余度)。

定义 1-5 一个 (n,k) 码的码率(Coding Efficiency，编码效率)定义为比率 (k/n)，它表示码字所含信息符号的分数(比例)，是衡量编码有效性的基本参数。编码效率与抗干扰能力这两个参数是相互矛盾的。

码率总是小于1。码率越小，冗余度就越大，即在一个码字中添加给每个信息符号的冗余符号越多。一个码有越多的冗余度，就有检测和纠正更多错误码符号的能力，但也降低了传输信息的实际速率。

定义 1-6 一个码的最小距离(Minimum Distance)就是任何两个码字之间的最小汉明距离。如果码 $\boldsymbol{C}$ 由码字集合 $\{\boldsymbol{c}_i, i=0,1,\cdots,M-1\}$ 中的码字组成，那么该码的最小距离为 $d^*=\min d(\boldsymbol{c}_i,\boldsymbol{c}_j), i\neq j$。一个最小距离为 d^* 的 (n,k) 码有时候记为 (n,k,d^*) 码。

定义 1-7 一个码字的最小重量(Minimum Weight)是所有非零码字的最小重量，记为 w^*。

定义 1-8 设发送码 $\boldsymbol{C}$ 为 $(c_{n-1},\cdots,c_1,c_0)$ 或 $(c_0,c_1,\cdots,c_{n-1})$，接收码 $\boldsymbol{r}$ 为 $(r_{n-1},\cdots,r_1,r_0)$ 或 $(r_0,r_1,\cdots,r_{n-1})$，定义信道的错误图样 $\boldsymbol{e}$ 为 $(e_{n-1},\cdots,e_1,e_0)$ 或 $(e_0,e_1,\cdots,e_{n-1})$。

由定义可知 $\boldsymbol{r}=\boldsymbol{C}+\boldsymbol{e}$，或 $\boldsymbol{e}=\boldsymbol{r}-\boldsymbol{C}$。

对于二元码，上两式中的加减运算均为模 2 运算，加运算和减运算是等效的，因此有 $\boldsymbol{e}=\boldsymbol{r}+\boldsymbol{C}$。其中，

课程小视频

$$e_i=\begin{cases}1 & \text{传输错误}\\ 0 & \text{传输正确}\end{cases} \tag{1-1}$$

对于长度为 n 的码字，信道的错误图样共有 2^n 种，实际中常用到的是重量较小的错误图样。

定义 1-9　在错误图样中，若"1"集中于某个长度 b 内，则称该种错误为长度为 b 的突发错误，其中 b 称为突发错误长度，该图样称为突发错误图样。

典型的突发错误图样为 0…011…110…0，中间含有 b 个连续的 1，对于一些编码（如循环码），突发错误图样也包括首尾相连的错误，其错误图样为 1…100…001…1，其中两段分别连续的 1 的个数总共为 b。

1.4　有噪信道编码定理

在有噪信道上传递信息，难免会出现差错，噪声越严重，差错出现的可能性就越大。为了降低平均出错率，可将每个消息重复传送若干次，但这样又降低了信息传递的速度。是否能找到一种信道编码方法能同时保证差错率和信息传输的要求呢？1948 年，香农从理论上得出结论：对于有噪信道，只要通过足够复杂的编码方法，就能使信息率达到信道的极限通过能力——信道容量，同时使平均差错率逼近零。这一结论称为香农第二编码定理或有噪信道编码定理，是有关信息传输的最基本结论。

定理 1-1（香农第二编码定理）　若信道是离散、无记忆、平稳的，且信道容量为 C，只要待传送的信息率 $R<C$，就一定能找到一种信道编码方法，使得码长 N 足够大时，平均差错率 P_e 任意小。

香农第二编码定理实际上是一个存在性定理，它指出当 $R<C$ 时，肯定存在一种好的信道编码方法，能够编出一种好码，用这种好码来传送消息可使 P_e 逼近于零。但香农并没有给出能够找到好码的具体方法。

香农的有噪信道编码定理的意义在于，告诉人们什么是通过努力可以做到的事情，什么是不可能做到的事情。

1.5　译码规则和编码规则

错误概率与信道统计特征有关。例如在二元对称信道中，若单个符号的错误传递概率是 p，单个符号的正确传递概率是 $1-p$。错误概率与译码过程和译码规则的关系也很大。

例 1-4　设有一个二元对称信道，如图 1-3 所示，其输入符号为等概分布。

在信道输出端，如果规定：接收到符号 0 时，译码器把它译成 0；接收到符号 1 时，译码器把它译成 1；译码错误概率 $P_e=0.9$。反之，如果接收到符号 0 时，译码器把它译成 1；接收到符号 1 时，译码器把它译成 0；译码错误概率 $P_e=0.1$。

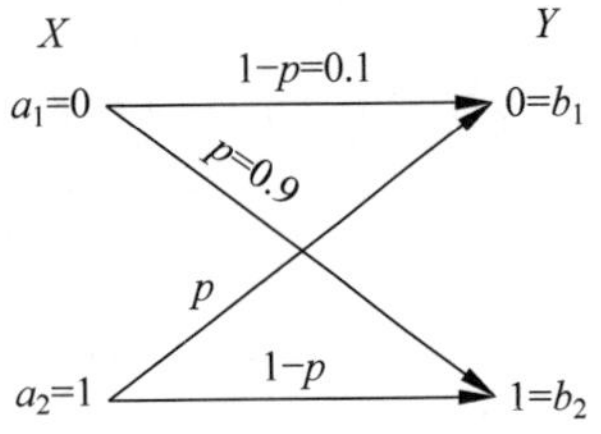

图 1-3　二元对称信道

结论：错误概率不仅与信道的统计特性有关，而且与译码规则有关，即不同的译码规则会引起不同的可靠程度。

知道了在一个完整的通信过程中，译码规则对通信的可靠性有重大的影响。因此就必须研究译码规则与通信可靠性的关系，找到最合理的译码规则，使得错误概率尽量小。

设信道输入符号集为 $X=(a_i,i=1,2,\cdots,r)$，输出符号集为 $Y=(b_j,j=1,2,\cdots,s)$，信道的传递概率为

$$P(Y|X):\{p(b_j|a_i)\quad(i=1,2,\cdots,r;\ j=1,2,\cdots,s)\}\tag{1-2}$$

若对每一个输出符号 b_j 都有一个确定的函数 $F(b_j)$，使 b_j 对应于唯一的一个输入符号 a_i，则称这样的函数为译码规则，即

$$F(b_j)=a_i\quad(i=1,2,\cdots,r;\ j=1,2,\cdots,s)\tag{1-3}$$

因为信道的输出符号集 Y 有 s 种不同的符号，所以必须由 s 个译码函数组成一个译码规则，使每一个输出符号各自都有判决的结果；又因为每一个输出符号都有可能译成输入符号集中 r 个输入符号中的任何一个符号，因此，对于有 r 个输入、s 个输出的信道而言，可得到的译码规则共有 r^s 种。

译码规则的性质如下：

（1）译码规则是人为制定的；

（2）对于同一个信道可制定出多种译码规则；

（3）“好”的译码规则得到平均错误率最小。

1.5.1　错误概率

在确定译码规则式(1-3)之后，若信道输出端接收到的符号为 b_j，则一定译成 a_i。如果发送端发送的就是 a_i，即为正确译码；反之，若发送端发送的是 a_k，且 $k\neq j$，即为错误译码。用 e 表示除了 $F(b_j)=a_i$ 以外的所有其他可能的输入符号的集合。

经过译码后条件正确概率为

$$p[F(b_j)=a_i\mid b_j]=p(a_i\mid b_j)\tag{1-4}$$

条件错误概率为

$$p(e\mid b_j)=1-p(a_i\mid b_j)=1-p[F(b_j)=a_i\mid b_j]\tag{1-5}$$

平均错误概率为

$$P_e=E[p(e\mid b_j)]=\sum_{j=1}^{s}p(b_j)p(e\mid b_j)\tag{1-6}$$

平均错误概率 P_e 的含义是，平均接收到一个符号经过译码后所产生错误概率的大小。我们把平均错误译码概率看作是衡量通信的可靠性的标准。那么，如何选择译码规则，才能使平均错误概率达到最小呢？

平均错误译码概率可进一步表示为

$$P_e=E[p(e\mid b_j)]=\sum_{j=1}^{s}p(b_j)p(e\mid b_j)=1-\sum_{j=1}^{s}p(b_j)p[F(b_j)=a_i\mid b_j]\tag{1-7}$$

由式(1-7)可知，平均错误概率与信道输出随机变量 Y 的概率空间 $P(Y)$：$\{p(b_1),p(b_2),\cdots,p(b_s)\}$、信道的后验概率分布 $P(X|Y)$：$\{p(a_i|b_j)(j=1,2,\cdots,s;\ i=1,2,\cdots,s)\}$ 以及人们规定好的译码规则 $F(b_j)=a_i$ 有关。而对于传递概率 $P(Y|X)$：$\{p(b_j|a_i)(i=1,2,\cdots,r;\ j=1,2,\cdots,s)\}$固定的给定信道来说，当信道的输入符号，即信源输出符号的概率分布 $P(X)$：$\{p(a_1),p(a_2),\cdots,p(a_r)\}$确定后，随机变量 Y 的概率分布和后验概率分布也就确定了，这时平均错误概率就唯一地由选择的译码规则所决定。

1.5.2　译码规则

使平均错误概率 P_e 最小是选择译码规则的准则。

1. 最大后验概率译码规则——理想观测者规则

选择译码函数 $F(b_j)=a^*$，使之满足条件

$$p(a^* \mid b_j) \geqslant p(a_i \mid b_j) \quad \forall i \tag{1-8}$$

选择这样一种译码函数，对于每一个输出符号 $b_j(j=1,2,\cdots,s)$均译成具有最大后验概率的那个输入符号 a^*，则信道译码错误概率会最小。但一般来说，后验概率应用起来并不方便，这时引入极大似然译码规则。

2. 极大似然译码规则

选择译码函数 $F(b_j)=a^*$，使之满足条件

$$p(b_j \mid a^*)p(a^*) \geqslant p(b_j \mid a_i)p(a_i) \quad \forall i \tag{1-9}$$

当信道输入符号为等概分布时，可以写成

$$p(b_j|a^*)\geqslant p(b_j|a_i) \quad \forall i \tag{1-10}$$

当信道输入符号为等概分布时，应用极大似然译码规则是最方便的。所用的条件概率为信道矩阵中的元素。

3. 最大后验概率译码规则和极大似然译码规则是等价的

由最大后验概率译码规则可以很容易地推出极大似然译码规则。根据贝叶斯公式，最大后验概率公式可写为

$$\frac{p(b_j|a^*)p(a^*)}{p(b_j)}\geqslant\frac{p(b_j|a_i)p(a_i)}{p(b_j)} \quad \forall i \tag{1-11}$$

当输入为等概分布时，$p(a^*)=p(a_i)$ 则有

$$p(b_j|a^*)\geqslant p(b_j|a_i) \quad \forall i \tag{1-12}$$

1.5.3　平均错误概率

平均错误概率取决于给定信源和给定信道的统计特性，式(1-7)可进一步表示为

$$\begin{aligned}P_e &= \sum_{j=1}^{s} p(b_j)p(e \mid b_j)\\ &= \sum_{j}\{1-p[F(b_j) \mid b_j]\}\,p(b_j)\end{aligned}$$

$$
\begin{aligned}
&=\sum_j p(b_j)-\sum_j p(a^* \mid b_j)p(b_j) \\
&=1-\sum_j p(b_j \mid a^*)p(a^*) \\
&=\sum_i \sum_j p(a_i b_j)-\sum_j p(a^* b_j) \\
&=\sum_j \sum_{i\neq *} p(a_i b_j)=\sum_j \sum_{i\neq *} p(b_j \mid a_i)p(a_i)
\end{aligned}
\tag{1-13}
$$

若输入为等概分布，则

$$
P_e=\sum_j \sum_{i\neq *} p(b_j \mid a_i)p(a_i)=\frac{1}{r}\sum_j \sum_{i\neq *} p(b_j \mid a_i)=1-\frac{1}{r}\sum_j p(b_j \mid a^*) \tag{1-14}
$$

式(1-14)表明，在输入为等概分布的条件下，译码错误概率 P_e 取决于等概信源所含符号数 r 和信道的传递特性 $p(b_j|a_i)(i=1,2,\cdots,r;\ j=1,2,\cdots,s)$。在 r 一定时，可以通过改变信道的传递特性，进一步降低平均错误概率。

1.5.4 信道编码的编码原则

选择最佳译码规则只能使错误概率 P_e 有限地减小，无法使 P_e 任意小，要使 P_e 任意小，就必须优选信道编码方法来进一步减小错误概率。

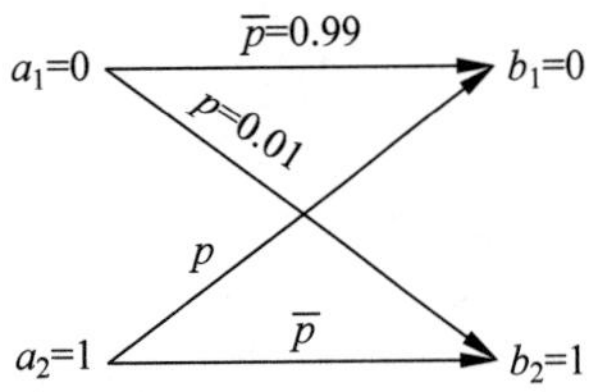

图 1-4 二元对称信道

设有二元对称信道如图 1-4 所示。p 是单个符号错误传递的概率，$\bar{p}$ 是单个符号正确传递的概率。

最佳译码规则为

$$
A:\begin{cases} F(b_1)=a_1 \\ F(b_2)=a_2 \end{cases}
$$

在输入为等概分布的条件下，平均错误概率为

$$
P_e=\frac{1}{r}\sum_j \sum_{i\neq *} p(b_j \mid a_i)=\frac{1}{2}(0.01+0.01)=10^{-2}
$$

若采用简单的重复编码，规定信源符号为“0”(或“1”)时，则重复发送三个“0”(或“1”)，此时构成的新信道可以看成是二元对称信道的三次扩展信道。

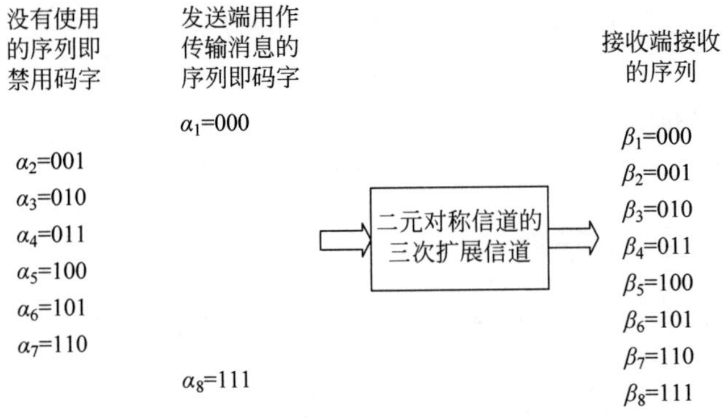

在输入为等概的条件下，采用“择多译码”的译码规则，即根据信道输出端接收序列中“0”多还是“1”多，如果是“0”多译码器就判决为“0”，如果是“1”多译码器就判决为“1”，则相

应的平均错误概率为

$$P_e = \sum_{j} \sum_{i \neq *} p(\beta_j \mid \alpha_i) p(\alpha_i) = \frac{1}{r} \sum_{j} \sum_{i \neq *} p(\beta_j \mid \alpha_i)$$

$$= \frac{1}{2}(p^3 + \bar{p}p^2 + \bar{p}p^2 + \bar{p}p^2 + \bar{p}p^2 + \bar{p}p^2 + \bar{p}p^2 + p^3)$$

$$= p^3 + 3\bar{p}p^2 \approx 3 \times 10^{-4}$$

这样得到的平均错误概率比不进行信道编码时要降低两个数量级，通信的可靠性有了明显的提高。

若选码符号序列 $\alpha_1 = 000$ 代表信源符号“0”，选码符号序列 $\alpha_2 = 001$ 代表信源符号“1”，所得信道编码的最小平均错误概率比上述情况大。这说明，在随机编码中码字的不同选择，会导致不同的最小平均错误译码概率，那么，遵循什么样的原则才能得到尽可能小的最小平均错误译码概率呢？

仅采用简单重复编码方法，如果进一步增大重复次数 n，则会继续降低平均错误概率 P_e，不难算出，$n=5, P_e \approx 10^{-4}$；$n=9, P_e \approx 10^{-8}$；$n=11, P_e \approx 5 \times 10^{-10}$。显然这种简单重复编码的有效性很低。

通信的可靠性和有效性是互相矛盾、相互制约的两个方面，只有在保持一定有效性的前提下，再设法提高可靠性才具有实际意义，如不顾及有效性，单方面一味追求可靠性是毫无意义的。

设信道的输入消息数为 M，信道随机编码的码字长度为 N，当信道的 M 个输入消息先验等概时，随机编码的每一符号所携带的平均信息量，即码率为

$$R = \frac{\log_2 M}{N} \quad (\text{比特/码符号}) \tag{1-15}$$

说明随机编码的有效性取决于信道的输入消息数 M 和码字长度 N。即有效性可通过选择适当的 M 和 N 来得以保证。那么，在随机编码中，当消息数 M 和码字长度 N 保持不变的条件下，应遵循什么原则挑选码字，才能得到尽可能小的最小平均错误译码概率呢？

设消息数固定为 M，码字长度固定为 N，离散无记忆信道的 N 次扩展信道有 $M \cdot 2^N$ 个传递概率，它们是

$$\begin{aligned} p(\beta_j \mid \alpha_i) &= p(b_{j1}, b_{j2}, \cdots, b_{jN} \mid a_{i1}, a_{i2}, \cdots, a_{iN}) \\ &= p(b_{j1} \mid a_{i1}) p(b_{j2} \mid a_{i2}) \cdots p(b_{jN} \mid a_{iN}) \\ &= p \cdot p \cdot \cdots \cdot p \cdot \bar{p} \cdot \bar{p} \cdot \cdots \cdot \bar{p} \\ &= p^{D(a_i, b_j)} \bar{p}^{[N - D(a_i, b_j)]} \end{aligned} \tag{1-16}$$

其中，$i = 1, 2, \cdots, M$；$j = 1, 2, \cdots, 2^N$。

M 个消息先验等概的条件下，采用最大似然准则

$$p(\beta_j \mid \alpha^*) \geqslant p(\beta_j \mid \alpha_i) \quad (i = 1, 2, \cdots, M) \tag{1-17}$$

$$p^{D(\alpha^*, \beta_j)} \cdot \bar{p}^{[N - D(\alpha^*, \beta_j)]} \geqslant p^{D(\alpha_i, \beta_j)} \cdot \bar{p}^{[N - D(\alpha_i, \beta_j)]} \tag{1-18}$$

当 $p < \frac{1}{2}$ 且 $p \ll \bar{p}$ 时，若有

$$D(\alpha^*, \beta_j) \leqslant D(\alpha_i, \beta_j) \quad (i = 1, 2, \cdots, M) \tag{1-19}$$

则选择译码函数为

$$F(\beta_j)=\alpha^* \in \{\alpha_1,\alpha_2,\cdots,\alpha_M\} \quad (j=1,2,\cdots,2^N) \tag{1-20}$$

将与 β_j 汉明距离最近的 α_i 译作 β_j 原码，即选择译码函数

$$F(\beta_j)=\alpha^* \tag{1-21}$$

$$D(\alpha^*,\beta_j)=D_{\min}(\alpha_i,\beta_j) \tag{1-22}$$

上式就是用汉明距离的“语言”表述的最大似然译码准则。它表明，在信道 M 个输入消息先验等概的条件下，离散无记忆信道的 N 次扩展信道的某一输出序列，翻译成与之汉明距离最小的输入消息，则其平均错误译码概率达到最小值。

把输出序列翻译成与之汉明距离最小的相应消息，就意味着翻译成与之最相似的输入消息。这就是为什么把这种准则称为“最大似然准则”的由来。

最大似然准则选择译码规则所得的最小平均错误译码概率可用汉明距离表示为

$$P_{e\min}=\frac{1}{M}\sum_{j=1}^{r^N}\sum_{i\neq *}p(\beta_j\mid\alpha_i)=\frac{1}{M}\sum_{j=1}^{r^N}\sum_{i\neq *}\{p^{D(\alpha_i,\beta_j)}\cdot\bar{p}^{[N-D(\alpha_i,\beta_j)]}\} \tag{1-23}$$

或

$$P_{e\min}=1-\frac{1}{M}\sum_{j=1}^{r^N}p(\beta_j\mid\alpha^*)=1-\frac{1}{M}\sum_{j=1}^{r^N}\{p^{D(\alpha^*,\beta_j)}\cdot\bar{p}^{[N-D(\alpha^*,\beta_j)]}\} \tag{1-24}$$

式(1-23)和式(1-24)给出了正确选择 M 个码字，使平均错误译码概率 $P_{e\min}$ 达到最小所必须遵循的原则。假设二元对称信道的正确传递概率 $\bar{p}$ 远大于错误传递概率 p，即 $\bar{p}\gg p$，这种假设在一般情况下是成立的。在这样的假设下，式(1-23)中，$D(\alpha_i,\beta_i)$（不同码之间的码距）越大，则 $P_{e\min}$ 越小，在式(1-24)中，$D(\alpha^*,\beta_i)$（收到的码与译码之间的码距）越小，则 $P_{e\min}$ 越小。

在信道输入端长度为 N 的码符号序列中，随机选择 M 个作为信道编码的码字代表。M 个消息的选择中，不同的选择就可能有不同的码距，就可能导致不同的误码概率。

信道编码的任务就是保持码率在一定水平（保持 M 和 N 不变）的前提下，采用正确的方法选择 M 个码字，使最小平均错误译码概率尽可能小。由式(1-23)可知，在挑选中必须使 M 个码字中任何两个不同码字之间的最小汉明距离尽量大。换句话说，挑选出来的 M 个码字之间越不相似越好。这就是随机编码必须遵循的原则。

1.6 纠错编码的本质

纠错编码的本质是通过在发送端的码字中引入可控的冗余度换取传输可靠性的提高。以分组码为例，它获得纠、检错能力的本质，是由于加入了 $n-k$ 个监督码元。k 个码元的消息集合最多具有 2^k 个消息组合，同样，n 个码元的码字集合最多具有 2^n 个消息组合，许用码组的个数为 2^k，而禁用码组的个数为 2^n-2^k。若由于错误使接收到的码字落到了禁用码组里，就必然可以检测出来，同时也给纠正提供了可能，这取决于编码的结构。当然，如果由于错误而使接收到的码字落到了许用码组里，则无法判别是无错还是有错，从而造成不可检测的错误。

这种以注入冗余度来获取可靠性的方法，必然带来信息传输速率的降低。但根据香农

第二定理，信息传输速率接近于信道容量且具有任意小错误概率的通信是存在的，即编码效率接近于 1 且又能使错误概率任意小的信道编码是存在的，这就给编码工作者提出了严峻的课题。人们发现的所谓“好码”，主要是在同样的编码效率下具有更高的纠错或检错能力。

1.7　纠错编码方法的性能评价

研究表明，码距和检纠错能力密切相关。为了说明码距与检错和纠错能力的关系，把 $n=3$ 位二进制码构成的 8 个码组用一个三维立方体来表示，如图 1-5 所示。图中立方体的各顶点分别代表 8 个码组，每一个码组的 3 个码元值(a_2, a_1, a_0)就是此立方体各顶点的坐标。如图 1-5 所示，码距 $d(c_i, c_j)$实质上是从 c_i 顶点沿立方体各边到达 c_j 顶点所经过的最少边数。如果 8 种码组都作为许用码组时(无任何检错能力)，任意两码组间的最小距离为 1，称这种编码的最小码距为 1，记为 $d_{\min}=1$；如果只选 4 种码组为许用码组时(可检出 1 位错误)，则最小码距 $d_{\min}=2$；如果只选 2 种码组为许用码组时(可纠正 1 位错误)，则最小码距 $d_{\min}=3$。

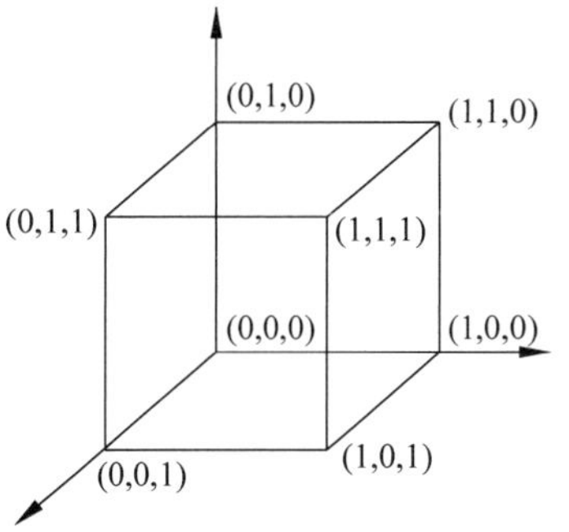

图 1-5　码距的几何意义

对于 $n>3$ 的码组，可以认为，码距是 n 维空间中单位正多面体顶点之间的汉明距离。

可见，一种编码性能的优劣可以用最小码距 d_0 的大小来表示。

下面用几何关系证明检纠错能力和最小码距的关系。

1. 检测 e 个错码

为了能检测 e 个错码，要求最小码距

$$d_0 \geqslant e+1 \tag{1-25}$$

证明：如图 1-6(a)所示，设有一个码组 A，它位于 0 点。若 A 中发生一个错码，则 A 的位置将移动至以 0 为中心，以 1 为半径的圆上。若 A 中发生两个错码，则 A 的位置将移动至以 0 为中心，以 2 为半径的圆上。因此，若最小码距不小于 3，例如图中 B 点为最小码距的码组，则当发生不多于两个错码时，码组 A 的位置就不会移动到另一个许用码组的位置上。故能检测 2 个以下的错码。由此可以推论，若一种编码的最小码距为 d_0，则它能够检测出 d_0-1 个错码；反之，若要求检测 e 个错码，则最小码距 d_0 应至少不小于 $e+1$。

2. 纠正 t 个错码

为了能纠正 t 个错码，要求最小码距

$$d_0 \geqslant 2t+1 \tag{1-26}$$

证明：如图 1-6(b)所示，码组 A 和码组 B 的距离等于 5。若 A 或 B 中错码不多于两个，则其位置均不会超出以原位置为圆心，以 2 为半径的圆。由于这两个圆的面积是不重叠的，故可以这样判决：若接收码组落于以 A 为圆心的圆上，就判决收到的是码组 A；若接收码组落于以 B 为圆心的圆上，就判决收到的是码组 B。这样就能够纠正两位错码。若此编码中任何两个码组之间的码组之间的码距都不小于 5，则只要错码不超过两个，就能够纠

正。若错误数目达到3个(或以上)，则将错到另一个码组的范围，故无法纠正。一般而言，为纠正 t 个错误，最小码距不应小于 $2t+1$。

3. 纠正 t 个错码，同时检测 e 个错码

为了能纠正 t 个错码，同时检测 e 个错码，要求最小码距

$$d_0 \geqslant e+t+1 \tag{1-27}$$

在证明之前，先来说明什么是"检测 e 个并纠正 t($t<e$)个错误"(简称纠检结合)。

在某些情况下，要求对于出现较频繁但错码数很少的码字，按前向纠错方式工作，以节省时间，提高传输效率；同时又希望对一些错码数较多的码组，在超过该码的纠错能力后能自动按反馈重发的纠错方式工作，以降低系统的总误码率。这种纠错工作方式就是"纠检结合"。

证明：在"纠检结合"系统中，差错控制设备按照接收码组与许用码组的距离自动改变工作方式，若接收码组与某一许用码组间的距离在纠错能力 t 的范围内，则按纠错方式工作；若与任何许用码组间的距离都超过 t，则按检错方式工作。以图1-6(c)来加以说明。设码的检错能力为 e，则当码组 A 中存在 e 个错码时，该码组与任一许用码组(图中的码字 B)的距离至少为 $t+1$，否则将进入许用码组 B 的纠错能力范围内，而被错纠为 B。这样就要求最小码距 d_0 至少为 $e+t+1$。

纠检错能力

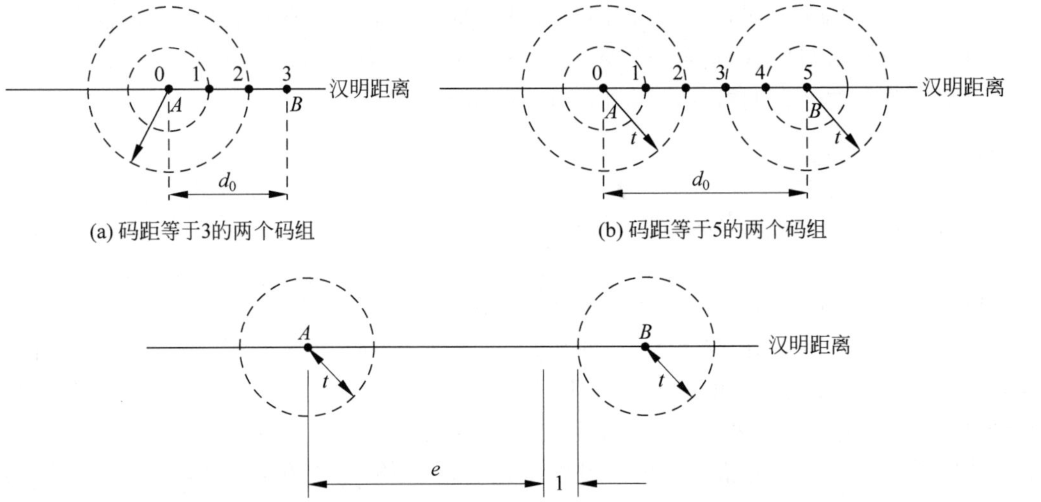

(a) 码距等于3的两个码组

(b) 码距等于5的两个码组

(c) 码距等于e+t+1的两个码组

图1-6 码距和纠检能力的关系

1.8 纠错编码系统的性能

由纠错编码原理可知，为了减少错码，需要在信息码元序列中加入监督码元。这样做的结果是使序列增长，冗余度增大。若仍需保持信息码元速率不变，则通信系统的传输速率必须增大，因而增大了系统的带宽。系统带宽的增大又引起系统噪声功率的增大，使信噪比下

降。信噪比的下降反而又使系统接收码元序列中的错码增多。因此，采用纠错编码后到底得失如何，需要进一步的分析。

1. 误码率性能和带宽的关系

在采用纠错编码后，虽然系统的带宽增大了，但是误码性能还是能得到很大的改善。改善程度自然和所用的编码体制有关。图 1-7 给出了某通信系统采用 BPSK 调制时的误码率曲线，以及采用某种纠错编码后的误码率曲线。由图可以看到，在未采用纠错编码时，若接收信噪比等于 7dB，则误码率将约等于 8×10^{-4}(图 1-7 中 A 点)；在采用这种纠错编码后，误码率降至约等于 5×10^{-5}(图 1-7 中 B 点)。这样，不要增大发送功率就能降低误码率约一个半数量级。在发射功率受到限制无法增大的场合，采用纠错编码的方法将是降低误码率的首选方案，这样做所付出的代价当然是带宽的增大。

2. 功率和带宽的关系

由图 1-7 还可以看出，若保持误码率在 10^{-5}(图 1-7 中 C 点)不变，未采用编码时，约需要 $E_b/N_0=9.5\text{dB}$；在采用这种编码时约需要 7.5dB(图 1-7 中 D 点)，可以节省功率 2dB，付出的代价仍然是带宽的增大。与纠错方法相比，采用检错方法，可以少增加监督位，从而少增大带宽。但是，延迟时间却增大了，即用时延来换取带宽或功率。对于一些非实时通信系统，这种方法不失为可选方案之一。

3. 传输速率和带宽的关系

对于给定的传输系统，其传输速率和 E_b/N_0 的关系为

$$\frac{E_b}{N_0}=\frac{P_sT}{N_0}=\frac{P_s}{N_0(1/T)}=\frac{P_s}{N_0R_B} \tag{1-28}$$

式中，N_0 为单边功率谱密度；E_b 为信号码元能量；P_s 为信号功率；T 为码元持续时间；R_B 为码元速率。

若希望提高传输速率 R_B，由上式可以看出势必使信噪比下降，误码率增大。假设系统原来工作在图 1-7 中 C 点，提高速率后由 C 点升到 E 点。但是，采用纠错编码后，仍可以将误码率降到原来的水平(D 点)，这时付出的代价仍是使带宽增大。

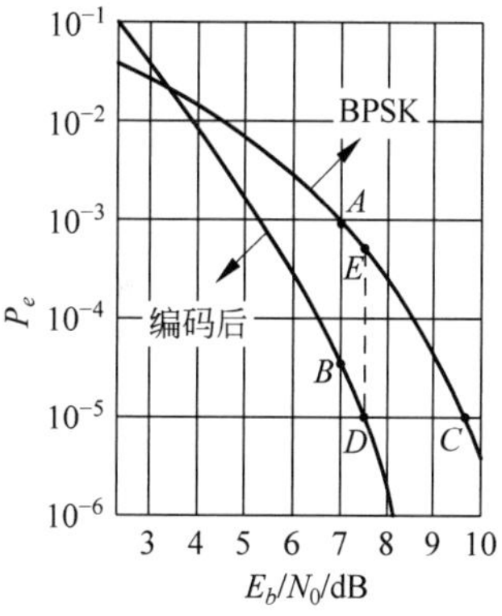

图 1-7　编码与误码的关系

4. 编码增益

在保持误码率恒定的条件下，采用纠错编码所节省的信噪比 E_b/N_0 称为编码增益，通常用分贝(dB)表示，则

$$G_{\text{dB}}=(E_b/N_0)_u-(E_b/N_0)_c \quad (\text{dB}) \tag{1-29}$$

式中，$(E_b/N_0)_u$ 为未编码时的信噪比；$(E_b/N_0)_c$ 为编码后所需的信噪比，单位为 dB。

如图 1-7 的例子中，编码增益等于 2dB。

对纠错编码的基本要求是检错和纠错能力尽量强、编码效率尽量高、编码规律尽量简单。实际中要根据具体指标要求，保证有一定的纠、检错能力和编码效率，并且易于实现。

习题

1. 在通信系统中，采用差错控制的目的是什么？

2. 什么是分组码？

3. 试述汉明距离和汉明重量的定义。

4. 码的最小距离与其检错、纠错能力有何关系？

5. 设 $\boldsymbol{C}=\{11100,01001,10010,00111\}$ 是一个二元码，求码 $\boldsymbol{C}$ 的最小距离。

6. 设有两个码组“0101010”和“1010100”，试给出其检错能力、纠错能力和同时纠检错能力。

7. 叙述有噪编码定理。

8. 编码效率是指什么？

第2章 纠错编码的代数基础

线性代数、近世代数和数论是研究编码理论的有力工具。纠错编码理论的迅速发展和完善，一方面取决于它的广泛应用，另一方面取决于数学学科知识的发展。本章不系统讨论编码理论的数学基础，主要是简要介绍本书涉及的部分基本概念。

2.1 整数的有关概念

2.1.1 整数的概念及性质

整数的运算包括加、减、乘、除、开方、乘方、取对数等，这些运算及其性质，是人们所熟知的，不再赘述。这里只介绍几个在编码中常用的概念。

素数：只能被1和它本身整除的整数。

合数：除1和自身外，还存在其他因数的整数。

最大公约数(a,b)的性质：任意正整数a、b，必存在整数A、B，使$(a,b)=Aa+Bb$。当a、b互素时，$(a,b)=1$，$Aa+Bb=1$。

最小公倍数$[a,b]$的性质：任意正整数a、b，必存在关系式$ab=[a,b](a,b)$。

2.1.2 同余和剩余类

定理 2-1(带余除法定理)　设a为整数，d为正整数，且$a>d$，则存在唯一的整数q，r满足$a=q_1d+r(0\leqslant r<d)$。其中，d称为模，r称为余数，r可记为$a[\bmod d]$。

1. 同余

若两整数a、b被同一正整数d除时，有相同的余数，即

$$a=q_1d+r,\quad b=q_2d+r\quad(0\leqslant r<d)$$

则称a、b关于d同余，记作$a\equiv b[\bmod d]$。

2. 剩余类

模d运算余数相同的元素构成的集合为模d的剩余类，记为$\overline{0},\overline{1},\cdots,\overline{d-1}$，对应代表元素取$0,1,\cdots,d-1$，共有$d$个值，称为有$d$个剩余类。

剩余类之间也可定义加法和乘法运算，即

$$\begin{cases}\bar{a}+\bar{b}=\overline{a+b}[\bmod d]\\ \bar{a}\cdot\bar{b}=\overline{a\cdot b}[\bmod d]\end{cases}$$

例 2-1 若 $d=7$，则 $\begin{cases}\bar{1}+\bar{2}=\overline{1+2}=\bar{3}[\bmod 7]\\ \bar{3}\cdot\bar{5}=\overline{3\cdot 5}=\overline{15}=\bar{1}[\bmod 7]\end{cases}$

模 d 的全体剩余类对模 d 加法和模 d 乘法满足封闭性，即假设 $D=\{\bar{0},\bar{1},\cdots,\overline{d-1}\}$，如果 $a,b\in D$，则必有 $(a+b)[\bmod d]\in D$ 以及 $(a\cdot b)[\bmod d]\in D$。

为简化书写，常将模 d 的剩余类直接写为 $0,1,\cdots,d-1$。

2.1.3 多项式

多项式的性质在很多方面类似于整数。

系数取自集合 F 的多项式的表示形式为

$$f(x)=f_n x^n+f_{n-1}x^{n-1}+\cdots+f_1 x+f_0 \quad (f_i\in F)$$

首一多项式 多项式最高次数是系数为 1，即 $f_n=1$。

多项式的阶 多项式中系数不为 0 的 x 的最高次数，记为 $\partial^\circ f(x)$。

既约多项式 阶大于 0 且在给定集合 F 上除了常数和常数与本身的乘积外，不能被其他多项式除尽的多项式。

例 2-2 x^2+1 是阶为 2 的首一多项式，它在实数上是既约多项式，而在复数上不是既约多项式，因为在复数上可分解为两个因式 $(x+i)$ 和 $(x-i)$。

定理 2-2 给定任意两个多项式 $f(x)$，$p(x)$，$\partial^\circ f(x)>\partial^\circ p(x)$，一定存在唯一的多项式 $q(x)$ 和 $r(x)$，使 $f(x)=q(x)\cdot p(x)+r(x)$，$0\leqslant\partial^\circ r(x)<\partial^\circ p(x)$。

$p(x)$ 称为模多项式，$r(x)$ 称为余式，$r(x)$ 记为 $f(x)[\bmod p(x)]$。

1. 同余

若 $a(x)=q_1(x)\cdot p(x)+r(x)$，$b(x)=q_2(x)\cdot p(x)+r(x)$，$0\leqslant\partial^\circ r(x)<\partial^\circ p(x)$，则 $a(x)\equiv b(x)[\bmod p(x)]$。

2. 剩余类

模 $p(x)$ 运算余数相同的多项式集合，记为 $\overline{r(x)}$ 或 $r(x)$。

多项式的剩余类具有与整数同样的性质。

例 2-3 系数取自 $\{0,1\}$ 上的任意多项式以 $p(x)=x^3+x+1$ 为模，设所得余式为 $r(x)$，则有 $0\leqslant\partial^\circ r(x)<3$，令 $r(x)=r_2x^2+r_1x+r_0$，有 $r_0,r_1,r_2\in\{0,1\}$，因此全体剩余类为 $\{0,1,x,x+1,x^2,x^2+1,x^2+x,x^2+x+1\}$。

有

$$[(x+1)+(x^2+x)][\bmod p(x)]=(x+1+x^2+x)[\bmod p(x)]=x^2+1$$

$$[(x+1)\cdot(x^2+x)][\bmod p(x)]=(x^3+x)[\bmod p(x)]=1$$

2.2 群的基本概念

2.2.1 群的定义

定义 2-1 群 G 是一些元素构成的集合，该集合中定义一种运算“$*$”(加法或乘法)，满足如下几点：

(1) 封闭性，对任何 $a,b\in G$，有 $a*b\in G$。

(2) 结合律，对任何 $a,b,c\in G$，有 $(a*b)*c=a*(b*c)$。

(3) 存在单位元 $e\in G$，使对任何 $a\in G$ 有 $a*e=e*a=a$。

(4) 对任何 $a\in G$，G 中存在另一个元素 a^{-1}，使 $a*a^{-1}=a^{-1}*a=e$，a^{-1} 称为 a 的逆元。

习惯上，若群的运算是加法，则简称加群；若群的运算是乘法，则简称乘群。

例 2-4 整数集合对加法运算很明显满足封闭性和结合律，任何整数加 0 等于其自身，故加法单位元为 0，任意一个整数 x 的逆元是其相反数 $-x$，因此可判断全体整数构成加群。

类似地，全体偶数、实数、复数也构成加群。

另外，n 阶方阵对加法运算也构成群，单位元是零矩阵。

但对乘法来说，整数集合虽然满足封闭性和结合律，而且乘法单位元为 1，但是由于除 1 和 -1 外，其他元素均无逆元，所以整数集合不能构成乘群。同样，因为元素 0 无逆元，故全体实数或复数集合也不能构成乘群。但如果把 0 排除掉，非零实数和非零复数集合在乘法运算下都是群，乘法单位是 1，元素 x 的逆元为 $1/x$。

1. 交换群

如果“$*$”运算还满足交换律，即对任何 $a,b\in G$，有 $a*b=b*a$，则 G 称作交换群。

加法群是交换群，而乘法群不一定是交换群，如矩阵乘法不满足交换律。

2. 群的阶

群的阶就是群中所含元素的个数。如整数加法群和非零实数乘法群的阶都是无穷值。

3. 有限群

阶为有限值的群称作有限群。

例如，集合 $G=\{0,1\}$ 在模 2 加法运算下构成群，即

$$0\oplus 0=0,\quad 1\oplus 1=0,\quad 0\oplus 1=0,\quad 1\oplus 0=1$$

可见 G 的单位元是 0，0 和 1 的逆元是它们本身。

例 2-5 模 d 的全体剩余类$\{\bar{0},\bar{1},\cdots,\overline{d-1}\}$对模 d 的加法运算如表 2-1 所示。

表 2-1 模 d 的全体剩余类对模 d 的加法运算表

+	0	1	…	$d-2$	$d-1$
0	0	1	…	$d-2$	$d-1$

续表

1	1	2	…	$d-1$	0
⋮	⋮	⋮	⋮	⋮	⋮
$d-2$	$d-2$	$d-1$	…	$d-4$	$d-3$
$d-1$	$d-1$	0	…	$d-3$	$d-2$

从表 2-1 看出，模 d 的全体剩余类对模 d 的加法运算满足封闭性、结合律和交换律，单位元为 0，0 的逆元为 0，元素 i 的逆元为 $d-i$，因此构成交换加群。该群的阶为 d，是有限群。

同样，以 $p(x)$ 为模的多项式的全体剩余类对模 $p(x)$ 的加法运算也构成交换加群。

例 2-6 集合{0,1}上的任意多项式以 $p(x)=x^3+x+1$ 为模，所得全体剩余类为{0，1，x，$x+1$，x^2，x^2+1，x^2+x，x^2+x+1}，该剩余类对模 $p(x)$ 的加法运算如表 2-2 所示。

表 2-2 模 $p(x)=x^3+x+1$ 的全体剩余类对模 $p(x)$ 的加法运算表

+	0	1	x	$x+1$	x^2	x^2+1	x^2+x	x^2+x+1
0	0	1	x	$x+1$	x^2	x^2+1	x^2+x	x^2+x+1
1	1	0	$x+1$	x	x^2+1	x^2	x^2+x+1	x^2+x
x	x	$x+1$	0	1	x^2+x	x^2+x+1	x^2	x^2+1
$x+1$	$x+1$	x	1	0	x^2+x+1	x^2+x	x^2+1	x^2
x^2	x^2	x^2+1	x^2+x	x^2+x+1	0	1	x	$x+1$
x^2+1	x^2+1	x^2	x^2+x+1	x^2+x	1	0	$x+1$	x
x^2+x	x^2+x	x^2+x+1	x^2	x^2+1	x	$x+1$	0	1
x^2+x+1	x^2+x+1	x^2+x	x^2+1	x^2	$x+1$	x	1	0

表 2-2 中加法单位元为 0，每个元素的逆元为其自身（自身相加后为 0）。

例 2-7 模 6 的非零剩余类{1,2,3,4,5}对模 6 的乘法运算如表 2-3 所示。

表 2-3 模 6 的非零剩余类对模 6 的乘法运算表

×	1	2	3	4	5
1	1	2	3	4	5
2	2	4	0	2	4
3	3	0	3	0	3
4	4	2	0	4	2
5	5	4	3	2	1

从表 2-3 看出，模 6 的非零剩余类对模 6 的乘法运算中，单位元为 1，元素 2、3、4 无逆元，因此不构成群。

2.2.2 循环群

由元素 α 的一切幂次所构成的群$\{\alpha^0=e,\alpha,\alpha^2,\cdots,\alpha^{n-1}\mid\alpha^n=e\}$称为循环群。元素 α

称为循环群的生成元。使 $\alpha^n=e$ 的最小正整数 n 称为元素 α 的阶。

定义中幂次是相对于乘群而言的，同样可构成循环加群，循环加群 $\{e,\alpha,2\alpha,\cdots,(n-1)\alpha \mid n\alpha=e\}$ 由生成元 α 的一切倍次构成。循环加群中元素 α 的阶是使 $n\alpha=e$ 的最小正整数 n。

$\alpha^m * \alpha^n=\alpha^{m+n}=\alpha^n * \alpha^m$，所以循环群都是交换群。

定理 2-3 交换群中的每一个元素 α 都能生成一个循环群，元素 α 的阶就是循环群的阶。

例 2-8 模 9 的全体剩余类 $\{0,1,2,3,4,5,6,7,8\}$ 在模 9 加法运算"$*$"下构成群(此处的"$*$"表示加运算)，取生成元为 2，则

$$\alpha=2 \quad 2\alpha=2*2=4 \qquad 3\alpha=2\alpha*\alpha=6$$
$$4\alpha=3\alpha*\alpha=6*2=8 \qquad 5\alpha=4\alpha*\alpha=8*2=1$$
$$6\alpha=5\alpha*\alpha=1*2=3 \qquad 7\alpha=6\alpha*\alpha=3*2=5$$
$$8\alpha=7\alpha*\alpha=5*2=7 \qquad 9\alpha=8\alpha*\alpha=7*2=0=e$$

因而由 2 生成的循环加群为 $\{0,2,4,6,8,1,3,5,7\}$，该循环群和生成元 2 的阶都为 9。

再取生成元为 6，则有

$$6*6=3$$
$$6*6*6=3*6=0$$
$$6*6*6*6=0*6=6$$

生成的循环加群为 $\{3,0,6\}$，该循环群和生成元 6 的阶都为 3。

元素阶的性质有以下几点：

(1) 若 a 是 n 阶元素，则 $a^m=e$(对于加法为 $ma=e$)的充要条件是 n 整除 m。

(2) 若某一群中，a 为 n 阶元素，b 为 m 阶元素，且 $(n,m)=1$(最大公约数为 1，表示二者互素)，则元素 ab(或 $a+b$)的阶为 nm。

(3) 若 a 为 n 阶元素，则元素 a^k(或 ka)的阶为 $n/(n,k)$。

2.2.3 子群和陪集

1. 子群的定义

若群 G 的非空子集 G' 对于 G 中所定义的代数运算也构成群，则称 G' 为 G 的子群。

例 2-9 偶数加群是整数加群的子群。一般来说，某一整数 m 的所有倍数所构成的集合是整数加群的子群。

定理 2-4 有限群的子群的阶一定整除群的阶。

例 2-8 中生成元 6 在模 9 加法运算下构成的群 $G'=\{0,3,6\}$ 是全体剩余类群 $G=\{0,1,2,3,4,5,6,7,8\}$ 的一个子群。G' 的阶 3 整除 G 的阶 9。

2. 群的陪集分解

设 G' 为群 G 的非空子群，取 $h\in G$，则称 $h*G'$ 为 G' 的左陪集，称 $G'*h$ 为 G' 的右陪集。当 G 是交换群时，子群 G' 的左、右陪集是相等的，元素 h 称作陪集首。

设子群 $G'=\{g_1,g_2,\cdots,g_n\}$，$G'$ 的阶为 n，又设 G' 为群 G 的子集，由定理 2-4 可知，若 G 的阶为 $n\cdot m$，可将 G 完备地分成 m 个陪集(子群本身也是一个陪集)，如表 2-4 所示。

表 2-4 陪集分解表

陪集	说明
$h_1*g_1=g_1$ g_2 … g_{n-1} g_n	陪集首 $h_1=e$，子群 G'
h_2*g_1 h_2*g_2 … h_2*g_{n-1} h_2*g_n	陪集首 h_2，陪集 h_2*G'
⋮	⋮
$h_{m-1}*g_1$ $h_{m-1}*g_2$ … $h_{m-1}*g_{n-1}$ $h_{m-1}*g_n$	陪集首 h_{m-1}，陪集 $h_{m-1}*G'$
h_m*g_1 h_m*g_2 … h_m*g_{n-1} h_m*g_n	陪集首 h_m，陪集 h_m*G'

陪集首的选择应注意以下几点：

(1) 若陪集首 h 是子群 G' 中的元素，则陪集 $h*G'$ 与子群 G' 相同。

(2) 若陪集首 h 不是子群 G' 中的元素，则陪集 $h*G'$ 与子群 G' 相交为空集。

(3) 若陪集首 h_j 不是陪集 h_i*G' 中的元素，则两陪集 h_i*G' 与 h_j*G' 相交为空集。

(4) 陪集 $h*G'$ 中的每一个元素都可作为其陪集首 h，陪集元素不变，仅排列顺序改变。

由以上性质可知，两个陪集要么相等要么不相交。为使群的分解完备，应选择前面未出现过的元素作为当前陪集的陪集首，这样，整个群将分解成若干个不相交的陪集，无一遗漏，无一重叠。

例 2-10 模 9 加法运算下 $G'=\{0,3,6\}$ 是 $G=\{0,1,2,3,4,5,6,7,8\}$ 的子群，则

若取 $h=0$，则 $0+G'=\{0,3,6\}=G'$；

若取 $h=1$，则 $1+G'=\{1,4,7\}$，$(1+G')\cap G'=\varnothing$；$\varnothing$ 为空集；

若取 $h=2$，则 $2+G'=\{2,5,8\}$，$(2+G')\cap G'=\varnothing$，$(1+G')\cap(2+G')=\varnothing$；

若取 $h=3$，则 $3+G'=\{3,6,0\}=G'$；

若取 $h=4$，则 $4+G'=\{4,7,1\}$，与 $h=1$ 重复。

因此可将 G 分解为三个陪集，即

$$G'=\{0,3,6\}$$
$$1+G'=\{1,4,7\}$$
$$2+G'=\{2,5,8\}$$

2.3 环的基本概念

2.3.1 环的定义

非空集合 F 中，若定义了加法和乘法两种运算，且满足以下几点：

(1) 对加法运算是一个交换群，即满足封闭性、结合律、交换律、存在加法单位元和逆元。

(2) 对乘法具有封闭性，即 $a\in F$，$b\in F$，有 $ab\in F$。

(3) 满足分配律，对任何 $a,b,c\in F$，有

$$a(b+c)=ab+ac,\quad (a+b)c=ab+bc,\quad (ab)c=a(bc)$$

则称 F 是一个环。若环 F 对乘法满足交换律，即对任何元素 $a\in F$ 和 $b\in F$，恒有 $ab=ba$，则称此环为交换环。

例 2-11 全体整数构成交换环。

n 阶非奇异方阵构成环。

系数取自实数集合的全体多项式构成交换环。

2.3.2 环的性质

根据环的定义，不难看出环具有如下的基本性质。

对于任何 $a \in F, b \in F$，有

(1) $a \cdot 0 = 0 \cdot a = 0$。

(2) $a \cdot (-b) = (-b) \cdot a = -ab$。

(3) 环中可以有零因子环。

设 $a, b \in F$ 且 $a \neq 0, b \neq 0$，若 $ab = 0 \in F$，则 a, b 为零因子，称 F 为有零因子环。例如，模 6 的剩余类环 Z_6 有 6 个元素 $\overline{0}, \overline{1}, \overline{2}, \overline{3}, \overline{4}, \overline{5}$，其中 $\overline{2} \neq 0, \overline{3} \neq 0$，但是 $\overline{2} \cdot \overline{3} = \overline{6} = 0$，所以 $\overline{2}, \overline{3}$ 是模 6 剩余类环的零因子，模 6 剩余类环 Z_6 有零因子环。

在无零因子环中，乘法消去律成立，称为整数环；在有零因子环中，乘法消去律不成立，如上例 $\overline{2} \cdot \overline{3} = \overline{0} \cdot \overline{3}$ 但 $\overline{2} \neq \overline{0}$。

(4) 有单位元且每个非零元素有逆元、非可换的环，称为除环。

根据环的定义，可以考查一个集合是不是环。

例 2-12 全体整数和全体偶数，构成环。

某一整数 m 的倍数全体，构成环。

某整数 m 的剩余类构成环，称为剩余类环 Z_m。

实系数多项式全体，构成环。

n 阶方阵全体，构成环。

2.3.3 子环

设 F 是一个环，S 是 F 的一个非空子集，若 S 对加法运算和乘法运算也构成一个环，则称 S 是 F 的一个子环，F 是 S 的一个扩环。

例 2-13 某一整数 m 的倍数全体，构成交换环 $\{0, \pm m, \pm 2m, \pm 3m, \cdots\}$，且是整数环的一个子环。

2.3.4 剩余类环

剩余类环是一类重要的环，它是构成有限域的基础。

以整数 d 为模进行除法运算所得的全体剩余类可构成环，称作整数剩余类环。

如表 2-1 所示，模 d 的全体剩余类 $F = \{0, 1, \cdots, d-1\}$ 对模 d 的加法运算构成交换加群；显然集合 F 对模 d 的乘法运算满足封闭性、结合律、交换律；对于集合 F 来说，有

$$(a+b)c[\bmod d] = (ac+bc)[\bmod d]$$

$$a(b+c)[\bmod d] = (ab+ac)[\bmod d]$$

说明集合 F 还满足分配律，因此模 d 的全体剩余类构成交换环。

同理，模 $p(x)$ 的全体余式对模 $p(x)$ 的运算构成交换环，称作多项式剩余类环。

2.4 域的基本概念

2.4.1 域的定义

1. 域的概念

域是一些元素构成的集合，该集合中定义了加法和乘法两种运算，满足以下几点：

(1) 对加法构成交换加群。

(2) 非零元素全体对乘法构成交换乘群。

(3) 加法和乘法间具有分配律 $a(b+c)=ab+ac$，$(a+b)c=ac+bc$。

由定义可知，域是一个可交换的、有单位元的、非零元素有逆元的环。

域比环多三个条件，即乘法满足交换律、存在乘法单位元、非零元素有乘法逆元。

域的阶 域中元素的个数。

有限域 元素个数有限的域，用 GF(q)表示 q 阶有限域。

2. 域的几个例子

根据域的定义，可以考察一个集合是不是域。例如，

(1) 有理数全体、复数全体和实数全体对加法、乘法都构成域，全体整数则不能构成域。

(2) 有限域 GF(q)，又称为伽罗瓦(Galois)域。

以下是三种典型的有限域：

① 二元域 GF(2)。集合{0,1}在模 2 加法和模 2 乘法下，是两个元素的域 GF(2)。

② p 元域 GF(p)。令 p 为素数，集合$\{0,1,\cdots,p-1\}$在模 p 加法和模 p 乘法下是阶为 p 的域，称为素域 GF(p)。

③ 扩域 GF(p^m)。将素域 GF(p)扩展成有 p^m 个元素的域，即得 GF(p)的 m 次扩域 GF(qm)。

纠错码理论中经常需要将多项式 x^n+1 或 x^n-1(特别是 $n=2^m-1$)因式分解，而由剩余类构成的有限域是多项式 x^n+1 或 x^n-1 因式分解的理论基础。

定理 2-5 设 d 为素数，则以 d 为模的整数剩余类环构成 d 阶有限域 GF(d)。

例 2-14 $d=2$ 构成域 GF(2)={0,1}，$d=5$ 构成域 GF(5)={0,1,2,3,4}。

由表 2-1 已知以任意整数 d 为模的全体剩余类对模 d 的加法构成交换加群，因此这里只列出乘法运算。表 2-5(a)和表 2-5(b)分别为模 2 乘法表和模 5 乘法表。

表 2-5 乘法表

(a) 模 2 乘法表

×	1
1	1

注：乘法不考虑元素 0，乘法单位元为 1，1 的逆元为 1。

(b) 模 5 乘法表

×	1	2	3	4
1	1	2	3	4
2	2	4	1	3
3	3	1	4	2
4	4	3	2	1

注：1 为乘法单位元，1 的逆元为 1，2 与 3 互逆，4 的逆元为 4。

当 $d=6$ 时，由于6不是素数，由例2-7可知，模6的非零剩余类集合$\{1,2,3,4,5\}$对模6的乘法运算不能构成交换群，因而模6的全体剩余类$\{0,1,2,3,4,5\}$也就不能构成域。

定理 2-6 设 $p(x)$为系数取自 GF(q)上的 n 次既约多项式，则以 $p(x)$为模的多项式剩余类环构成 q^n 阶有限域 GF(q^n)。

定理 2-7 有限域的阶必为其子域阶之幂，即 $Q=q^n$。

例 2-15 系数取自 $GF(2)=\{0,1\}$的全体多项式集合用模 $p(x)=x^3+x+1$ 除，所得余式构成有限域 $GF(2^3)=\{0,1,x,x+1,x^2,x^2+1,x^2+x,x^2+x+1\}$，其加法运算如表2-2所示，乘法运算如表2-6所示。

表 2-6 模 $p(x)=x^3+x+1$ 乘法表

$\times$	1	x	$x+1$	x^2	x^2+1	x^2+x	x^2+x+1
1	1	x	$x+1$	x^2	x^2+1	x^2+x	x^2+x+1
x	x	x^2	x^2+x	$x+1$	1	x^2+x+1	x^2+1
$x+1$	$x+1$	x^2+x	x^2+1	x^2+x+1	x^2	1	x
x^2	x^2	$x+1$	x^2+x+1	x^2+x	x	x^2+1	1
x^2+1	x^2+1	1	x^2	x	x^2+x+1	$x+1$	x^2+x
x^2+x	x^2+x	x^2+x+1	1	x^2+1	$x+1$	x	x^2
x^2+x+1	x^2+x+1	x^2+1	x	1	x^2+x	x^2	$x+1$

注：乘法单位元为1，每个元素都有逆元；1的逆元为其自身；x 与 x^2+1 互为逆元；$x+1$ 与 x^2+x 互为逆元；x^2 与 x^2+x+1 互为逆元。

2.4.2 有限域

1. 有限域的本原元

域中全体非零元素构成交换乘群，由定理2-2可知，该乘群中每一个元素都能生成循环群，但各元素阶不一定相等。

本原元 在 GF(q)中，某一元素 α 的阶为 $q-1$，即 $\alpha^{q-1}=e$($q-1$ 是使等式成立的最小正整数)，则称 α 为本原元。

本原元多项式 是以本原元为根的既约多项式。

例 2-16 考虑 GF(5)，因为 $q=5$ 是个素数，模算数可以进行。考虑该域上的元素2，则

$$2^0=1[\text{mod } 5]=1 \quad 2^1=2[\text{mod } 5]=2 \quad 2^2=4[\text{mod } 5]=4 \quad 2^3=8[\text{mod } 5]=3$$

因此，所有GF(5)上的非零元素，即$\{1,2,3,4\}$都可以表示为2的幂，故2是GF(5)上的本原元。

考虑该域上的元素3，则

$$3^0=1[\text{mod } 5]=1 \quad 3^1=3[\text{mod } 5]=3 \quad 3^2=9[\text{mod } 5]=4 \quad 3^3=27[\text{mod } 5]=2$$

同样，所有GF(5)上的非零元素，即$\{1,2,3,4\}$都可以表示为3的幂，故3是GF(5)上的本原元。

但是可以检验其他非零元素$\{1,4\}$都不是本原元。

例 2-17 集合$\{0,1\}$上的模多项式 $p(x)=x^3+x+1$ 的全体剩余类在模 $p(x)$的运算

下构成域 $GF(8)=\{0,1,x,x+1,x^2,x^2+1,x^2+x,x^2+x+1\}$。

若元素 α 有 $\alpha^3=\alpha+1$，则 $\alpha^7=\alpha^3\cdot\alpha^3\cdot\alpha=(\alpha+1)(\alpha+1)\alpha=\alpha^3+\alpha=1$，集合 $\{1,\alpha,\alpha^2,\alpha^3,\alpha^4,\alpha^5,\alpha^6\}$ 是一个循环乘群，循环群一定是交换群，而集合 $\{0,1,\alpha,\alpha^2,\alpha^3,\alpha^4,\alpha^5,\alpha^6\}$ 根据表达式 $\alpha^3=\alpha+1$，如表 2-7 所示，构成交换加群(单位元为 0；各个元素的逆元为其自身；分配律显然是成立的)。因此集合 $\{0,1,\alpha,\alpha^2,\alpha^3,\alpha^4,\alpha^5,\alpha^6\}$ 也构成域 $GF'(8)$。

表 2-7 $\{0,1,\alpha,\alpha^2,\alpha^3,\alpha^4,\alpha^5,\alpha^6\}$ 的加法表

$+$	0	1	α	α^2	α^3	α^4	α^5	α^6
0	0	1	α	α^2	α^3	α^4	α^5	α^6
1	1	0	α^3	α^6	α	α^5	α^4	α^2
α	α	α^3	0	α^4	1	α^2	α^6	α^5
α^2	α^2	α^6	α^4	0	α^5	α	α^3	1
α^3	α^3	α	1	α^5	0	α^6	α^2	α^4
α^4	α^4	α^5	α^2	α	α^6	0	1	α^3
α^5	α^5	α^4	α^6	α^3	α^2	1	0	α
α^6	α^6	α^2	α^5	1	α^4	α^3	α	0

令 $x=x[\bmod p(x)]\to\alpha$，则

$$x^2=x^2[\bmod p(x)]=x[\bmod p(x)]\cdot x[\bmod p(x)]\to\alpha\cdot\alpha=\alpha^2$$

$$x+1=x^3[\bmod p(x)]=x[\bmod p(x)]\cdot x^2[\bmod p(x)]\to\alpha\cdot\alpha^2=\alpha^3$$

$$x^2+x=x^4[\bmod p(x)]\to\alpha^4$$

$$x^2+x+1=x^5[\bmod p(x)]\to\alpha^5$$

$$x^2+1=x^6[\bmod p(x)]\to\alpha^6$$

$$0\to 0$$

$$1\to 1$$

$$x^2\cdot(x^2+x)=x^2+1=x^2\cdot x^4[\bmod p(x)]\to\alpha^2\cdot\alpha^4=\alpha^6$$

$$x^2\cdot(x^2+x+1)=1=x^2\cdot x^5[\bmod p(x)]\to\alpha^2\cdot\alpha^5=1$$

$$\vdots$$

GF(8)与 GF′(8)的元素之间存在一一对应关系，并且这两个集合的所有代数性质也都一一对应。数学上把这样的系统看成本质上完全相同的系统，研究其中一个也就代替了对另一个的研究，因此可根据各自不同的特点，将各个系统应用在不同的情况下。

在例 2-17 中，由于 $\alpha^{q-1}=1(q=8,q-1=7)$，所以 α 为本原元。由于有对应关系，故 GF(8)中的所有非零元素都可表示成本原元 α 的幂 $\alpha,\alpha^2,\cdots,\alpha^{q-2},\alpha^{q-1}$ 等于 e。利用表达式 $\alpha^3=\alpha+1$ 还可将幂次形式变换为 α 的二次多项式，并且由于 $n-1$ 次多项式与 n 维矢量一一对应，故也可表示为三维矢量，因此元素的表示形式有剩余类、多项式、幂级数及矢量，如表 2-8 所示。

表 2-8 GF(8)中元素的四种表示

剩余类	多项式	幂级数	矢量
0	0	0	000
1	1	1	001

续表

剩余类	多项式	幂级数	矢量
x	α	α	010
x^2	α^2	α^2	100
$x+1$	$\alpha+1$	α^3	011
x^2+x	$\alpha^2+\alpha$	α^4	110
x^2+x+1	$\alpha^2+\alpha+1$	α^5	111
x^2+1	α^2+1	α^6	101

定理 2-8 GF(q)的所有元素都是方程 $x^q-x=0$ 的根，反之方程 $x^q-x=0$ 的根必在GF(q)中。

根据定理，可将 x^q-x 在 GF(q)中完全分解成一次因式，即

$$x^q-x=x\prod_{i=0}^{q-2}(x-\alpha^i)$$

2. 有限域 GF(q)的特性

有限域 GF(q)的特征是有限域中乘法单位元 e 关于加法的级，也就是使 $\lambda\cdot e=0$ 的最小正整数 λ，λ 称为 GF(q)的特征。

(1) GF(2)={0,1}的特征是 2(乘法单位元 $e=1$，有 $2\cdot 1=0$(模 2)，所以 $\lambda=2$)，素域 GF(p)的特征是 p。

(2) 有限域的特征是素数。如果 λ 不是素数，则有 $\lambda=\lambda_1\lambda_2$；设 $1<\lambda_1<\lambda$ 及 $1<\lambda_2<\lambda$，根据 λ 的定义，有 $\lambda\cdot 1=0$，则必有 $\lambda_1\cdot 1=0$ 或 $\lambda_2\cdot 1=0$，但这与 λ 的定义相矛盾，因此 λ 必是素数。

(3) GF(λ)是 GF(q)的子域，若 $\lambda\neq q$，则 q 是 λ 的幂。即有限域的阶必为其特征之幂。

(4) 在以 p 为特征的域 GF(q)中，对于任意 $\alpha,\beta\in$ GF(q)，恒有 $(\alpha+\beta)^p=\alpha^p+\beta^p$。

3. 有限域的共轭根组

定理 2-9 对 GF(p^m)中的任意元素 β，恒有 $\beta^{p^m}=\beta$。

定理 2-10 设 $f(x)$是系数取自 GF(p)的 k 次既约多项式，$\beta\in$ GF(p^m)，若 β 是 $f(x)$的根，则 β^{p^r} $(0\leqslant r<k)$也是 $f(x)$的根。

由于多项式 $f(x)$只有 k 个互不相同的根，这 k 个根就是 $\beta,\beta^p,\cdots,\beta^{p^{k-1}}$ $(\beta^{p^k}=\beta)$。我们将这 k 个根称为 $f(x)$的共轭根组。

例 2-18 若元素 $\beta\in$ GF(2^4)是 GF(2)={0,1}上多项式 x^4+x+1 的根，寻找 β 的所有共轭根。(由题知 $p=2$)

因为 β 是 x^4+x+1 的根，有 $\beta^4+\beta+1=0$，得 $\beta^4=\beta+1$。

将 β^2 代入多项式中，有

$$(\beta^2)^4+\beta^2+1=(\beta^4)^2+\beta^2+1=(\beta+1)^2+\beta^2+1=\beta^2+1+\beta^2+1=0$$

同样，将 β^4，β^8 分别代入多项式中有

$$(\beta^4)^4+\beta^4+1=(\beta+1)^4+\beta^4+1=\beta^4+1+\beta^4+1=0$$

$$(\beta^8)^4+\beta^8+1=(\beta^4)^8+\beta^8+1=(\beta+1)^8+\beta^8+1=\beta^8+1+\beta^8+1=0$$

说明 β^2,β^4,β^8 也都是多项式 x^4+x+1 的根，由于 $\beta^{16}=\beta$(定理 2-8)，因此共轭根组为 $\{\beta,\beta^2,\beta^4,\beta^8\}$。

再如，若 γ 是 x^2+x+1 的根，则 $\gamma^2=\gamma+1$。

$$(\gamma^2)^2+\gamma^2+1=(\gamma+1)^2+\gamma^2+1=\gamma^2+1+\gamma^2+1=0$$

而 $\gamma^4=\gamma$，所以共轭根组为 $\{\gamma,\gamma^2\}$。

4. 最小多项式

系数取自 GF(p)，且以 $\beta\in$ GF(p^m)为根的所有首一多项式中，必有一个次数最低的多项式，称为 β 的最小多项式。

最小多项式的性质如下：

(1) 最小多项式在 GF(p)上是既约的。

(2) 每一 $\beta\in$ GF(p^m)，必有唯一的最小多项式。

(3) β 的最小多项式能整除任何以 β 为根的多项式，例如能整除多项式 $x^{p^m}-x$。

例 2-19 在 GF(2)＝{0,1}的系数域上，以 $p(x)=x^4+x+1$ 为模构成有限域 GF(2^4)，在 GF(2)上分解多项式 $x^{16}-x$。

(1) 由于 GF(2)＝{0,1}，$e=1$，$1+1=0=p\cdot e$，所以特征 $p=2$。

(2) 寻找本原元。

设 α 为 $p(x)$的根，则 $\alpha^4=\alpha+1$。

$$\begin{aligned}\alpha^{15}&=\alpha^4\alpha^4\alpha^4\alpha^3=(\alpha+1)(\alpha+1)(\alpha+1)\alpha^3=(\alpha^2+1)(\alpha^4+\alpha^3)=(\alpha^2+1)(\alpha+1+\alpha^3)\\&=\alpha^2+\alpha^5+\alpha+1=\alpha^2+(\alpha+1)\alpha+\alpha+1=\alpha^2+(\alpha^2+\alpha)+\alpha+1=1\end{aligned}$$

说明 $\alpha^{15}=1$，因此 α 为本原元(根据本原元的定义)，$p(x)$为本原多项式，GF(2^4)的 15 个非零元素都可以表示成 α 的幂 $\alpha^0,\alpha^1,\cdots,\alpha^{14}$，如表 2-9 所示。

表 2-9 GF(2^4)中元素的 4 种表示

剩余类	线性组合	幂级数	矢量
0	0	0	0000
1	1	1	0001
x	α	α	0010
x^2	α^2	α^2	0100
x^3	α^3	α^3	1000
$x+1$	$\alpha+1$	α^4	0011
x^2+x	$\alpha^2+\alpha$	α^5	0110
x^3+x^2	$\alpha^3+\alpha^2$	α^6	1100
x^3+x+1	$\alpha^3+\alpha+1$	α^7	1011
x^2+1	α^2+1	α^8	0101
x^3+x	$\alpha^3+\alpha$	α^9	1010
x^2+x+1	$\alpha^2+\alpha+1$	α^{10}	0111
x^3+x^2+x	$\alpha^3+\alpha^2+\alpha$	α^{11}	1110
x^3+x^2+x+1	$\alpha^3+\alpha^2+\alpha+1$	α^{12}	1111

续表

剩余类	线性组合	幂级数	矢量
x^3+x^2+1	$\alpha^3+\alpha^2+1$	α^{13}	1101
x^3+1	α^3+1	α^{14}	1001

而0和这15个非零元素正好是方程 $x^{16}-x=0$ 的16个根。
所以

$$x^{16}-x=x(x-\alpha^0)(x-\alpha^1)\cdots(x-\alpha^{14})$$

(3) 按照定理2-9，找出各个共轭根组，并构成相应的最小多项式，最小多项式的下标以共轭根组中元素的最低幂次表示。

$$\{0\},m(x)=x-0=x$$

$$\{\alpha^0\},m_0(x)=x-\alpha^0=x+1$$

$$\{\alpha,\alpha^2,\alpha^4,\alpha^8\},m_1(x)=(x-\alpha)(x-\alpha^2)(x-\alpha^4)(x-\alpha^8)$$

$$\{\alpha^3,\alpha^6,\alpha^{12},\alpha^9\},m_3(x)=(x-\alpha^3)(x-\alpha^6)(x-\alpha^{12})(x-\alpha^9)$$

$$\{\alpha^5,\alpha^{10}\},m_5(x)=(x-\alpha^5)(x-\alpha^{10})$$

$$\{\alpha^7,\alpha^{14},\alpha^{13},\alpha^{11}\},m_7(x)=(x-\alpha^7)(x-\alpha^{14})(x-\alpha^{13})(x-\alpha^{11})$$

(4) 利用本原多项式 $\alpha^4=\alpha+1$，将最小多项式化简。

$$\begin{aligned}m_1(x)&=(x-\alpha)(x-\alpha^2)(x-\alpha^4)(x-\alpha^8)\\&=[x^2-(\alpha+\alpha^2)x+\alpha^3][x^2-(\alpha^4+\alpha^8)x+\alpha^{12}]\\&=x^4-(\alpha^4+\alpha^8+\alpha+\alpha^2)x^3+[\alpha^{12}+\alpha^3+(\alpha+\alpha^2)(\alpha^4+\alpha^8)]x^2\\&\quad-[\alpha^{12}(\alpha+\alpha^2)+\alpha^3(\alpha^4+\alpha^8)]x+\alpha^{15}=x^4+x+1\end{aligned}$$

同理得

$$\begin{cases}m_3(x)=x^4+x^3+x^2+x+1\\m_5(x)=x^2+x+1\\m_7(x)=x^4+x^3+1\end{cases}$$

(5) 将 $x^{16}-x$ 因式分解。

$$\begin{aligned}x^{16}-x&=m(x)m_0(x)m_1(x)m_3(x)m_5(x)m_7(x)\\&=x(x+1)(x^4+x+1)(x^4+x^3+x^2+x+1)(x^2+x+1)(x^4+x^3+1)\end{aligned}$$

(6) 根据 $\alpha^{15}=1$ 以及元素阶的定义及性质，可得元素1的阶为1；$\alpha,\alpha^2,\alpha^4,\alpha^8,\alpha^7,\alpha^{14},\alpha^{13},\alpha^{11}$ 的阶为15；$\alpha^3,\alpha^6,\alpha^{12},\alpha^9$ 的阶为5；α^5,α^{10} 的阶为3。

因为阶为 $q-1$ 的元素为本原元，所以除 α 为本原元外，$\alpha^2,\alpha^4,\alpha^8,\alpha^7,\alpha^{14},\alpha^{13},\alpha^{11}$ 也都是本原元，其相应的两个最小多项式 x^4+x+1，x^4+x^3+1 即为本原多项式。

2.4.3 二元域的运算

在目前的应用中，二进制及 2^m 进制最为广泛，因此在编码中也最关心二元域GF(2)及其扩域GF(2^m)。首先考虑二进制数字序列的多项式描述及其有关的运算。

1. 系数取自 GF(2)的多项式

对于$(n+1)$比特的二进制数字序列，可以用多项式来描述，即

$$f(x)=f_nx^n+f_{n-1}x^{n-1}+f_{n-2}x^{n-2}+\cdots+f_2x^2+f_1x^1+f_0$$

上式称为 GF(2)上的 n 次多项式。其中系数 $f_i=0$ 或 1 是二元域 GF(2)的元素，且 $0\leqslant i\leqslant n$，与二进制数字序列的对应值相同，x^i 代表着对应系数所在的位置。

例如，对于数字序列 1001001100111001，其对应的多项式为

$$f(x)=x^{15}+x^{12}+x^9+x^8+x^5+x^4+x^3+1$$

也可以按照升幂顺序排列，取决于对问题描述的方便性。

GF(2)上的 n 次多项式有 2^{n+1} 个，对应于 2^{n+1} 个$(n+1)$比特的二进制数字序列，它们有如下性质：

(1) 可按普通方法进行加、减、乘、除运算。例如，可进行模 2 加法($0\oplus0=0,1\oplus1=0,0\oplus1=1$)和模 2 乘法($0\cdot0=0,0\cdot1=0,1\cdot1=1$)等。

(2) 满足交换律、结合律、分配律。

(3) 可做长除法，即 $f(x)=q(x)g(x)+r(x)$，$g(x)\neq0$。

2. 既约多项式

定义 2-2 若 GF(2)上的 m 次多项式不能被 GF(2)上的任何次数小于 m 但大于零的多项式除尽，就称它是 GF(2)上的既约多项式。例如，

x^2+x+1——2 次既约多项式；

x^3+x+1——3 次既约多项式；

x^4+x+1——4 次既约多项式。

对任意 $m\geqslant1$，存在 m 次既约多项式。

若 $f(x)$有偶数项，则它能被 $x+1$ 除尽，故具有偶数项的多项式都不是既约多项式，如 x^2+1，x^4+x^2+x+1，x^6+1。

若 $f(x)$有奇数项，则有可能是既约多项式，如上面的例子，但也有可能不是既约多项式，典型地，没有常数项的多项式都不是既约多项式。

简单地说，能被因式分解的，都不是既约多项式。

GF(2)上的任意 m 次既约多项式，能除尽 $x^{2^m-1}+1$。例如，2 次既约多项式除尽 x^3+1，3 次既约多项式除尽 x^7+1，4 次既约多项式除尽 $x^{15}+1$，以此类推。

3. 本原多项式

定义 2-3 若 m 次既约多项式 $p(x)$能除尽 x^n+1 的最小正整数 n 满足 $n=2^m-1$，称 $p(x)$为本原多项式。

例如，既约多项式 x^3+x+1 的 $m=3$，它能除尽 x^7+1，但除不尽 x^4+1，x^5+1，x^6+1，所以它是本原多项式。

本原多项式有如下性质：

(1) 本原多项式一定是既约的，因为它是用既约多项式来定义的，但既约多项式不一定

是本原的。

例 2-20 四次既约多项式 x^4+x+1 能除尽 $x^{15}+1$，但除不尽任何 $1\leqslant n<15$ 的 x^n+1，所以 x^4+x+1 是本原的；但同样是四次既约多项式的 $x^4+x^3+x^2+x+1$，能除尽 $x^{15}+1$，但也能除尽 x^5+1，所以 $x^4+x^3+x^2+x+1$ 是既约的但不是本原的。

(2) 对于给定的 m，可能有不止一个 m 次本原多项式。

例 2-21 对于 $m=5$，x^5+x^3+1 是本原多项式，x^5+x^2+1 也是。

表 2-10 给出了 $m\leqslant 24$ 次的部分本原多项式，使用时可直接查表。

表 2-10 部分本原多项式

多项式次数 m	本原多项式 $p(x)$	多项式次数 m	本原多项式 $p(x)$
3	x^3+x+1	14	$x^{14}+x^{10}+x^6+x+1$
4	x^4+x+1	15	$x^{15}+x+1$
5	x^5+x^2+1	16	$x^{16}+x^{12}+x^3+x+1$
6	x^6+x+1	17	$x^{17}+x^3+1$
7	x^7+x^3+1	18	$x^{18}+x^2+1$
8	$x^8+x^4+x^3+x^2+1$	19	$x^{19}+x^5+x^2+x+1$
9	x^9+x^4+1	20	$x^{20}+x^3+1$
10	$x^{10}+x^3+1$	21	$x^{21}+x^2+1$
11	$x^{11}+x^2+1$	22	$x^{22}+x+1$
12	$x^{12}+x^6+x^4+x+1$	23	$x^{23}+x^5+1$
13	$x^{13}+x^4+x^3+x+1$	24	$x^{24}+x^7+x^2+x+1$

4. GF(2)上多项式的 2^l 次幂

考察系数为 GF(2)上元素(即 0 或 1)的多项式 $f(x)$ 的二次方，由二进制模 2 加法和乘法规则，有

$$\begin{aligned}f^2(x)&=(f_nx^n+f_{n-1}x^{n-1}+\cdots+f_1x+f_0)^2\\&=(f_nx^n+f_{n-1}x^{n-1}+\cdots+f_1x+f_0)\cdot(f_nx^n+f_{n-1}x^{n-1}+\cdots+f_1x+f_0)\\&=f_n(x^n)^2+f_{n-1}(x^{n-1})^2+\cdots+f_1(x)^2+f_0{}^2=f(x^2)\end{aligned}$$

推广上式，对任意 $l\geqslant 0$，有 $[f(x)]^{2^l}=f(x^{2^l})$。

习题

1. 全体非负整数集合能否构成加群和乘群？

2. 集合{0,1,2,3}在模 4 运算下能否构成乘群或加群？

3. 基于 GF(2)上的多项式 $p(x)=x^5+x^2+1$，构造 GF(2^5)的加法表和乘法表，找出本原多项式。

4. 根据本原多项式 $p(x)=x^3+x+1$，在 GF(2)上对 x^8-x 做因式分解。

第3章 线性分组码

目前，几乎所有得到实际应用的纠错码都是线性的。线性分组码是整个纠错码中很重要的一类码，也是讨论各类码的基础。它概念清楚，易于理解，而且能方便地引出各类码中广为采用的一些基本参数和名称的定义，因此本章的内容将涉及整个纠错码的基本知识，重点学习线性分组码的构成理论及其编码译码方法。

3.1 线性分组码的定义

将信源的输出序列分成长为 k 的段 $\boldsymbol{u}=(u_{k-1},u_{k-2},\cdots,u_1,u_0)$，序列中的每一分量都是一随机变量。

为了能够纠错，信道编码器（纠错码编码器）按一定的规则将长为 k 的段 $\boldsymbol{u}=(u_{k-1},u_{k-2},\cdots,u_1,u_0)$编为长为 n 的码字（码符号序列）$\boldsymbol{c}=(c_{n-1},c_{n-2},\cdots,c_1,c_0)(n>k)$。码字共有 n 位，其中 k 位为信息位，$(n-k)$位为校验位（监督位）。假设共有 M 个消息序列，则对应的 M 个码字的集合$\{\boldsymbol{c}_1,\boldsymbol{c}_2,\cdots,\boldsymbol{c}_M\}$称为一个$(n,k)$分组码，记为 C。

注：以上文中的 $\boldsymbol{u}=(u_{k-1},u_{k-2},\cdots,u_1,u_0)$和 $\boldsymbol{c}=(c_{n-1},c_{n-2},\cdots,c_1,c_0)$，下标采用的是倒序的形式，如果采用顺序的形式如 $\boldsymbol{u}=(u_0,u_1,\cdots,u_{k-2},u_{k-1})$和 $\boldsymbol{c}=(c_0,c_1,\cdots,c_{n-2},c_{n-1})$也是可以的，一般根据需要和方便性来选择使用。

在分组码中，若 $\boldsymbol{u}$ 与 $\boldsymbol{c}$ 的对应关系是线性的（可以用一次线性方程来描述），则称为线性分组码。

对二进制而言，假设 $\boldsymbol{c}_i$ 和 $\boldsymbol{c}_j$ 是(n,k)二进制分组码中的两个码字（或码矢量），当且仅当 $\boldsymbol{c}_i+\boldsymbol{c}_j$ 也是一个码字时，这个码才是线性的；特别地，当 $\boldsymbol{c}_i=\boldsymbol{c}_j$ 时，$\boldsymbol{c}_i+\boldsymbol{c}_j=\boldsymbol{0}$。由此可见，二元分组码是线性分组码的充分条件是两个码字的模 2 和也是码字；或者说，一个线性分组码，它的子集以外的矢量不能由该子集内的码字相加产生。

根据上面的定义，分组码的线性只与选用的码字有关，而与消息序列怎样映射到码字无关。

例 3-1 有一个(5,2)分组码 $\boldsymbol{C}=\{00000,01011,10101,11110\}$，假设消息序列与码字的映射为 00→00000，01→01011，10→10101，11→11110，容易验证它是线性的；如果映射关系变为 00→11110，01→10101，10→01011，11→00000，容易验证它仍是线性的。

同时也容易验证第一种映射关系满足如下关系：如果消息序列 $\boldsymbol{u}_1$ 映射为码字 $\boldsymbol{c}_1$，$\boldsymbol{u}_2$ 映射为码字 $\boldsymbol{c}_2$，则 $\boldsymbol{u}_1+\boldsymbol{u}_2$ 映射为码字 $\boldsymbol{c}_1+\boldsymbol{c}_2$。而第二种映射关系尽管是线性的，却不满足

上述的映射关系。

满足 $\boldsymbol{u}_1+\boldsymbol{u}_2$ 映射为码字 $\boldsymbol{c}_1+\boldsymbol{c}_2$ 的关系为线性分组码的特殊关系。一般来说，在线性分组码中，只要全零的消息序列映射为全零的码字，都能满足这种特殊关系。

3.2 生成矩阵和校验矩阵

3.2.1 生成矩阵

根据线性分组码的定义，可以得出如下所述的一种构成线性分组码的方法。

在 (n,k) 线性分组码中，取 k 个消息序列(序列中只含有一位"1"符号)分别为

$$\begin{cases}\boldsymbol{U}_1=(1000\cdots00)\\ \boldsymbol{U}_2=(0100\cdots00)\\ \boldsymbol{U}_3=(0010\cdots00)\\ \qquad\vdots\\ \boldsymbol{U}_{k-1}=(0000\cdots10)\\ \boldsymbol{U}_k=(0000\cdots01)\end{cases}\tag{3-1}$$

这 k 个消息序列的长度都是 k 位，其对应的码字分别为 $\boldsymbol{g}_1,\boldsymbol{g}_2,\boldsymbol{g}_3,\cdots,\boldsymbol{g}_{k-1},\boldsymbol{g}_k$，均是长度为 n 的二进制序列，如 $\boldsymbol{g}=(g_{11},g_{12},\cdots,g_{1n})$，这样，对于任意的消息序列 $\boldsymbol{u}=(u_1,u_2,u_3,\cdots,u_{k-1},u_k)$，都可以用行矩阵表示为

$$\boldsymbol{u}=\sum_{i=1}^{k}u_i\boldsymbol{U}_i\tag{3-2}$$

对应的码字为

$$\boldsymbol{C}=\sum_{i=1}^{k}u_i\boldsymbol{g}_i=(c_1,c_2,\cdots,c_n)\tag{3-3}$$

定义

$$\boldsymbol{G}=\begin{bmatrix}\boldsymbol{g}_1\\ \boldsymbol{g}_2\\ \vdots\\ \boldsymbol{g}_k\end{bmatrix}=\begin{bmatrix}g_{11} & \cdots & g_{1n}\\ g_{21} & \cdots & g_{2n}\\ \vdots & \ddots & \vdots\\ g_{k1} & \cdots & g_{kn}\end{bmatrix}\tag{3-4}$$

为该分组码的生成矩阵，则有

$$\boldsymbol{C}=\boldsymbol{u}\boldsymbol{G}\tag{3-5}$$

对于某(7,3)线性分组码，$\boldsymbol{u}=(u_2,u_1,u_0)$，$\boldsymbol{C}=(c_6,c_5,c_4,c_3,c_2,c_1,c_0)$，若 $c_6=u_2$，$c_5=u_1$，$c_4=u_0$，按以下的编码规则(校验方程)可得到4个校验元 c_0、c_1、c_2 和 c_3。

$$\begin{cases}c_3=u_2+u_0\\ c_2=u_2+u_1+u_0\\ c_1=u_2+u_1\\ c_0=u_1+u_0\end{cases}$$

由此可计算得到该(7,3)线性分组码的8个码字,8个信息组与8个码字的对应关系见表3-1。由此方程可见,信息元与校验元满足线性关系。

表3-1 (7,3)码字与信息组的对应关系

信息组	码字	信息组	码字
000	0000000	100	1001110
001	0011101	101	1010011
010	0100111	110	1101001
011	0111010	111	1110100

从表中的8个码字中,挑选$k=3$个信息组(100)、(010)和(001),其对应的线性无关的码字分别为(1001110)、(0100111)和(0011101)组成$\boldsymbol{G}$的行,得

$$\boldsymbol{G}=\begin{bmatrix}1&0&0&1&1&1&0\\0&1&0&0&1&1&1\\0&0&1&1&1&0&1\end{bmatrix}$$

若信息组为$\boldsymbol{u}=(011)$,则相应的码字为

$$\boldsymbol{C}=\begin{bmatrix}0&1&1\end{bmatrix}\begin{bmatrix}1&0&0&1&1&1&0\\0&1&0&0&1&1&1\\0&0&1&1&1&0&1\end{bmatrix}=\begin{bmatrix}0&1&1&1&0&1&0\end{bmatrix}$$

由此可见,生成矩阵$\boldsymbol{G}$提供了一种简明而有效地表示线性分组码的方法。$k\times n$阶矩阵可以生成2^k个码字。因此,我们只需要一个生成矩阵而不需要含2^k个码字的查询表。这对大码的储存空间是极大的节省。

实际上,码的生成矩阵还可以由其编码方程直接得出。例如,上述(7,3)线性分组码,$c_6=u_2$,$c_5=u_1$和$c_4=u_0$是三个信息元,按以下的规则(校验方程)可得到4个校验元c_0、c_1、c_2和c_3。

$$\begin{cases}c_3=u_2+u_0\\c_2=u_2+u_1+u_0\\c_1=u_2+u_1\\c_0=u_1+u_0\end{cases}$$

可将编码方程改为

$$\begin{cases}c_6=u_2\\c_5=u_1\\c_4=u_0\\c_3=u_2+u_0\\c_2=u_2+u_1+u_0\\c_1=u_2+u_1\\c_0=u_1+u_0\end{cases}$$

写成矩阵形式为

$$\begin{bmatrix} c_6 & c_5 & c_4 & c_3 & c_2 & c_1 & c_0 \end{bmatrix} = \begin{bmatrix} c_6 \\ c_5 \\ c_4 \\ c_3 \\ c_2 \\ c_1 \\ c_0 \end{bmatrix}^{\mathrm{T}} = \begin{bmatrix} u_2 & & \\ & u_1 & \\ & & u_0 \\ u_2 & & +u_0 \\ u_2 & +u_1 & +u_0 \\ u_2 & +u_1 & \\ & u_1 & +u_0 \end{bmatrix}^{\mathrm{T}}$$

$$= \begin{bmatrix} u_2 & u_1 & u_0 \end{bmatrix} \begin{bmatrix} 1 & 0 & 0 & 1 & 1 & 1 & 0 \\ 0 & 1 & 0 & 0 & 1 & 1 & 1 \\ 0 & 0 & 1 & 1 & 1 & 0 & 1 \end{bmatrix}$$

$$= \begin{bmatrix} u_2 & u_1 & u_0 \end{bmatrix} \cdot \boldsymbol{G} = \boldsymbol{u} \cdot \boldsymbol{G}$$

因此生成矩阵为

$$\boldsymbol{G} = \begin{bmatrix} 1 & 0 & 0 & 1 & 1 & 1 & 0 \\ 0 & 1 & 0 & 0 & 1 & 1 & 1 \\ 0 & 0 & 1 & 1 & 1 & 0 & 1 \end{bmatrix}$$

例 3-2 线性分组码为 $n=7, k=4$，记为(7,4)码。

信源符号 4 位一组为 $\boldsymbol{u}=(u_3, u_2, u_1, u_0)$，$u_i \in \{0,1\}$，$i=0,1,2,3$；

码符号 7 位一组为 $\boldsymbol{c}=(c_6, c_5, c_4, c_3, c_2, c_1, c_0)$，$c_j \in \{0,1\}$，$j=0,1,2,3,4,5,6$；

若码符号与信源符号的关系为

$$\begin{cases} c_6 = u_3 \\ c_5 = u_2 \\ c_4 = u_1 \\ c_3 = u_1 + u_2 + u_3 \\ c_2 = u_0 \\ c_1 = u_0 + u_2 + u_3 \\ c_0 = u_0 + u_1 + u_3 \end{cases}$$

式中，c_6、c_5、c_4、c_2 为信息位，c_3、c_1、c_0 为校验位，码符号位是信息位的线性组合，用矩阵表示如下：

$$\begin{bmatrix} c_6 & c_5 & c_4 & c_3 & c_2 & c_1 & c_0 \end{bmatrix} = \begin{bmatrix} u_3 & u_2 & u_1 & u_0 \end{bmatrix} \begin{bmatrix} 1 & 0 & 0 & 1 & 0 & 1 & 1 \\ 0 & 1 & 0 & 1 & 0 & 1 & 0 \\ 0 & 0 & 1 & 1 & 0 & 0 & 1 \\ 0 & 0 & 0 & 0 & 1 & 1 & 1 \end{bmatrix}$$

$$\boldsymbol{G} = \begin{bmatrix} 1 & 0 & 0 & 1 & 0 & 1 & 1 \\ 0 & 1 & 0 & 1 & 0 & 1 & 0 \\ 0 & 0 & 1 & 1 & 0 & 0 & 1 \\ 0 & 0 & 0 & 0 & 1 & 1 & 1 \end{bmatrix}$$，即为生成矩阵。

表 3-2 列出了按上式生成的 16 个码字。

表 3-2 (7,4)线性分组码

信息组	码字	信息组	码字
0000	0000000	1000	1001011
0001	0000111	1001	1001100
0010	0011001	1010	1010010
0011	0011110	1011	1010101
0100	0101010	1100	1100001
0101	0101101	1101	1100110
0110	0110011	1110	1111000
0111	0110100	1111	1111111

例 3-3 考虑一个生成矩阵 $\boldsymbol{G}=\begin{bmatrix}1 & 0 & 1\\0 & 1 & 0\end{bmatrix}$，信息字为[00]、[01]、[10]、[11]，则有

$$\boldsymbol{c}_1=[0\quad 0]\begin{bmatrix}1 & 0 & 1\\0 & 1 & 0\end{bmatrix}=[0\quad 0\quad 0]$$

$$\boldsymbol{c}_2=[0\quad 1]\begin{bmatrix}1 & 0 & 1\\0 & 1 & 0\end{bmatrix}=[0\quad 1\quad 0]$$

$$\boldsymbol{c}_3=[1\quad 0]\begin{bmatrix}1 & 0 & 1\\0 & 1 & 0\end{bmatrix}=[1\quad 0\quad 1]$$

$$\boldsymbol{c}_4=[1\quad 1]\begin{bmatrix}1 & 0 & 1\\0 & 1 & 0\end{bmatrix}=[1\quad 1\quad 1]$$

因此，这个生成矩阵生成的码为 $C=\{000,010,101,111\}$。

3.2.2 校验矩阵

对于前述(7.3)线性分组码，为了更好地说明信息元与校验元的关系，将校验方程重新表述为

$$\begin{cases}c_3=u_2+u_0=c_6+c_4\\c_2=u_2+u_1+u_0=c_6+c_5+c_4\\c_1=u_2+u_1=c_6+c_5\\c_0=u_1+u_0=c_5+c_4\end{cases}$$

变换为

$$\begin{cases}1\cdot c_6+0\cdot c_5+1\cdot c_4+1\cdot c_3+0\cdot c_2+0\cdot c_1+0\cdot c_0=0\\1\cdot c_6+1\cdot c_5+1\cdot c_4+0\cdot c_3+1\cdot c_2+0\cdot c_1+0\cdot c_0=0\\1\cdot c_6+1\cdot c_5+0\cdot c_4+0\cdot c_3+0\cdot c_2+1\cdot c_1+0\cdot c_0=0\\0\cdot c_6+1\cdot c_5+1\cdot c_4+0\cdot c_3+0\cdot c_2+0\cdot c_1+1\cdot c_0=0\end{cases}$$

再用矩阵表示这些线性方程

$$\begin{bmatrix}1&0&1&1&0&0&0\\1&1&1&0&1&0&0\\1&1&0&0&0&1&0\\0&1&1&0&0&0&1\end{bmatrix}\begin{bmatrix}c_6\\c_5\\c_4\\c_3\\c_2\\c_1\\c_0\end{bmatrix}=\begin{bmatrix}0\\0\\0\\0\end{bmatrix}=\mathbf{0}^{\mathrm{T}}$$

或

$$\begin{bmatrix}c_6&c_5&c_4&c_3&c_2&c_1&c_0\end{bmatrix}\begin{bmatrix}1&1&1&0\\0&1&1&1\\1&1&0&1\\1&0&0&0\\0&1&0&0\\0&0&1&0\\0&0&0&1\end{bmatrix}=\begin{bmatrix}0&0&0&0\end{bmatrix}=\mathbf{0}$$

将上面的 4 行 7 列系数矩阵用 $\boldsymbol{H}$ 表示

$$\boldsymbol{H}=\begin{bmatrix}1&0&1&1&0&0&0\\1&1&1&0&1&0&0\\1&1&0&0&0&1&0\\0&1&1&0&0&0&1\end{bmatrix}$$

由此可见，若 $\boldsymbol{H}$ 已知，便可由信息元求出校验元，编码问题迎刃而解；或者说，要解决编码问题，只要找到 $\boldsymbol{H}$ 即可。由于(n,k)码的所有码字均按 $\boldsymbol{H}$ 所确定的规则求出，故称 $\boldsymbol{H}$ 为它的校验矩阵。一般而言，对于(n,k)线性码有 $r=n-k$ 个校验元，则必须有 r 个校验方程，如果 r 个校验方程线性独立，此时的校验矩阵称为一致校验矩阵。

(n,k)线性码的 $\boldsymbol{H}$ 矩阵由 r 行和 n 列组成，可表示为

$$\boldsymbol{H}=\begin{bmatrix}h_{11}&h_{12}&\cdots&h_{1n}\\h_{21}&h_{22}&\cdots&h_{2n}\\\vdots&\vdots&\ddots&\vdots\\h_{r1}&h_{r2}&\cdots&h_{rn}\end{bmatrix}$$

这里 h_{ij} 中，i 代表行号，j 代表列号。因此 $\boldsymbol{H}$ 是一个 r 行 n 列矩阵。由 $\boldsymbol{H}$ 矩阵可建立码的 r 个线性方程，由上可知：

$$\begin{bmatrix}h_{11}&h_{12}&\cdots&h_{1n}\\h_{21}&h_{22}&\cdots&h_{2n}\\\vdots&\vdots&\ddots&\vdots\\h_{r1}&h_{r2}&\cdots&h_{rn}\end{bmatrix}\begin{bmatrix}c_{n-1}\\c_{n-2}\\\vdots\\c_1\\c_0\end{bmatrix}=\mathbf{0}^{\mathrm{T}}$$

简写为

$$\boldsymbol{H}\boldsymbol{c}^{\mathrm{T}}=\boldsymbol{0}^{\mathrm{T}}$$

或

$$\boldsymbol{c}\boldsymbol{H}^{\mathrm{T}}=\boldsymbol{0} \tag{3-6}$$

这里 $\boldsymbol{c}=[c_{n-1},c_{n-2},\cdots,c_1,c_0]$，$\boldsymbol{c}^{\mathrm{T}}$ 是 $\boldsymbol{c}$ 的转置，$\boldsymbol{0}$ 是一个全为 0 的 r 重矩阵。

综上所述，将 $\boldsymbol{H}$ 矩阵的特点归纳如下：

(1) $\boldsymbol{H}$ 矩阵的每一行代表一个线性方程的系数，它表示求一个校验元的线性方程；

(2) $\boldsymbol{H}$ 矩阵的每一列代表此码元与哪几个校验方程有关；

(3) 由此 $\boldsymbol{H}$ 矩阵得到的 (n,k) 分组码的每一码字 $\boldsymbol{c}_i(i=1,2,\cdots,2^n)$ 都必须满足由 $\boldsymbol{H}$ 矩阵行所确定的线性方程；

(4) (n,k) 码须有 $r=n-k$ 个校验元，故须有 r 个独立的线性方程。因此，$\boldsymbol{H}$ 矩阵必须有 r 行，且各行之间线性无关；

(5) 考虑到生成矩阵 $\boldsymbol{G}$ 中的每一行及其线性组合都是 (n,k) 码，故有 $\boldsymbol{H}\boldsymbol{G}^{\mathrm{T}}=\boldsymbol{0}^{\mathrm{T}}$ 或 $\boldsymbol{G}\boldsymbol{H}^{\mathrm{T}}=\boldsymbol{0}$，即生成矩阵 $\boldsymbol{G}$ 的行与校验矩阵 $\boldsymbol{H}$ 的行相互正交。由于 $\boldsymbol{G}$ 是 $k\times n$ 阶矩阵，故 $\boldsymbol{H}$ 是 $(n-k)\times n$ 阶矩阵，$\boldsymbol{0}$ 是一个 $k\times(n-k)$ 阶的全零矩阵。

注：生成矩阵和校验矩阵是同一个编码方法的不同描述形式。

3.3 系统线性分组码

根据对信息元的处理方法不同，可以将纠错码分为分组码与卷积码。

分组码是把信源输出的信息序列，以 k 个码元划分为一段，通过编码器把这段 k 个信息元按一定规则产生 r 个校验（监督）元，输出码长为 $n=k+r$ 的一个码组。这种编码中每一码组的校验元仅与本组的信息元有关，而与别组无关。分组码用 (n,k) 表示，n 表示码长，k 表示信息位，如下：

<table>
<tr><td colspan="2">k 个信息码元序列</td><td>r 个监督码元</td></tr>
<tr><td>r 个监督码元</td><td colspan="2">k 个信息码元序列</td></tr>
</table>

通常称具有上图结构的分组码为系统线性分组码。由图知消息部分可以写在左半边也可以写在右半边，二者的纠错或检错能力是一样的。

系统线性分组码是分组码的一种，其构成应该和分组码一样，但由式 $\boldsymbol{c}=\boldsymbol{u}\boldsymbol{G}$ 得到的码字是否是上图的结构，将取决于生成矩阵 $\boldsymbol{G}$ 的结构。

在一般情况下，生成矩阵 $\boldsymbol{G}$ 是 $k\times n$ 矩阵，可通过初等变换将 $\boldsymbol{G}$ 变成如下形式：

$$\boldsymbol{G}=\begin{bmatrix}1 & 0 & \cdots & 0 & p_{11} & p_{12} & \cdots & p_{1(n-k)}\\ 0 & 1 & \cdots & 0 & p_{21} & p_{22} & \cdots & p_{2(n-k)}\\ \vdots & \vdots & \ddots & \vdots & \vdots & \vdots & \ddots & \vdots\\ 0 & 0 & \cdots & 1 & p_{k1} & p_{k2} & \cdots & p_{k(n-k)}\end{bmatrix}=[\boldsymbol{I}_k \vdots \boldsymbol{P}] \tag{3-7}$$

$\boldsymbol{I}_k$ 是 $k\times k$ 单位方阵，$\boldsymbol{P}$ 是 $k\times(n-k)$ 矩阵 $(n>k)$，称这种形式的 $\boldsymbol{G}$ 为标准生成矩阵，因为初等变换不改变矩阵的秩，因此 $[\boldsymbol{I}_k \vdots \boldsymbol{P}]$ 仍由 k 个线性无关的行矢量组成。

这样得到的线性分组码的矩阵表示为

$$\boldsymbol{c}=\boldsymbol{u}\boldsymbol{G}=\boldsymbol{u}[\boldsymbol{I}_k \vdots \boldsymbol{P}]=(c_{n-1},c_{n-2},\cdots,c_1,c_0) \tag{3-8}$$

前面 k 位 $c_{n-1},c_{n-2},\cdots,c_{n-k}$ 是信息位，后面 $(n-k)$ 位 $c_{n-k-1},c_{n-k-2},\cdots,c_1,c_0$ 是校验位，这样的编码即为线性系统分组码。

因为 $\boldsymbol{G}\boldsymbol{H}^{\mathrm{T}}=[\boldsymbol{I}_k \vdots \boldsymbol{P}]\begin{bmatrix}-\boldsymbol{P}^{\mathrm{T}}\\ \boldsymbol{I}_{n-k}\end{bmatrix}=\boldsymbol{0}$，这时校验矩阵相应地变成

$$\boldsymbol{H}=[-\boldsymbol{P}^{\mathrm{T}} \vdots \boldsymbol{I}_{n-k}] \tag{3-9}$$

式中，$\boldsymbol{I}_{n-k}$ 是 $(n-k)\times(n-k)$ 单位方阵，$-\boldsymbol{P}^{\mathrm{T}}$ 是矩阵 $\boldsymbol{P}$ 的逆元转置矩阵，对于模 2 加运算，0 的逆元为 0，1 的逆元为 1，故有 $-\boldsymbol{P}^{\mathrm{T}}=\boldsymbol{P}^{\mathrm{T}}$，因此

$$\boldsymbol{H}=[\boldsymbol{P}^{\mathrm{T}} \vdots \boldsymbol{I}_{n-k}] \tag{3-10}$$

常用的系统码有两种形式：信息组被排在码字的最左边 k 位，或信息组被排在码字的最右边 k 位。

一般来说，系统码的编译码相对非系统码要简单一些，但两者的纠错能力完全等价，因此一般总希望线性分组码采用系统码形式。

例 3-4 二元(6,3)线性分组码，下面给出的 $\boldsymbol{G}_1$ 和 $\boldsymbol{G}_2$ 都可以作为它的生成矩阵，即

$$\boldsymbol{G}_1=\begin{bmatrix}1&0&1&0&1&1\\1&1&0&1&0&1\\1&1&1&0&0&0\end{bmatrix},\quad \boldsymbol{G}_2=\begin{bmatrix}1&0&0&1&1&0\\0&1&0&0&1&1\\0&0&1&1&0&1\end{bmatrix}$$

表 3-3 给出了分别由 $\boldsymbol{G}_1$ 和 $\boldsymbol{G}_2$ 所生成的线性码。

表 3-3 由不同生成矩阵生成的线性分组码

信息组	由 $\boldsymbol{G}_1$ 生成的(6,3)码	由 $\boldsymbol{G}_2$ 生成的(6,3)码
000	000000	000000
001	111000	001101
010	110101	010011
011	001101	011110
100	101011	100110
101	010011	101011
110	011110	110101
111	100110	111000

从表 3-3 可以看出，由 $\boldsymbol{G}_1$ 和 $\boldsymbol{G}_2$ 所生成的线性码对应同一个三维子空间 V_6^3，也就是从 2^6 个码组中选出 2^3 个码组，而且这 2^3 个码组相同，只不过信息组与码组之间有着不同的映射关系。

观察由 $\boldsymbol{G}_2$ 所生成的线性码，由

$$\begin{aligned}\boldsymbol{c}&=\boldsymbol{u}\boldsymbol{G}_2\\&=[u_2\quad u_1\quad u_0]\begin{bmatrix}1&0&0&1&1&0\\0&1&0&0&1&1\\0&0&1&1&0&1\end{bmatrix}\\&=[u_2\quad u_1\quad u_0\quad u_2+u_0\quad u_2+u_1\quad u_1+u_0]\\&=[c_5\quad c_4\quad c_3\quad c_2\quad c_1\quad c_0]\end{aligned}$$

得

$$\begin{cases} c_5 = u_2 \\ c_4 = u_1 \\ c_3 = u_0 \\ c_2 = u_2 + u_0 \\ c_1 = u_2 + u_1 \\ c_0 = u_1 + u_0 \end{cases}$$

码组的前3位是信息位,后3位是校验位,因此这样的码是系统码。

例 3-5 一个(7,4)线性分组码的生成矩阵为

$$\boldsymbol{G} = \begin{bmatrix} 1 & 0 & 0 & 0 & 1 & 0 & 1 \\ 0 & 1 & 0 & 0 & 1 & 1 & 1 \\ 0 & 0 & 1 & 0 & 0 & 1 & 0 \\ 0 & 0 & 0 & 1 & 0 & 1 & 0 \end{bmatrix}, \text{可知矩阵 } \boldsymbol{P} = \begin{bmatrix} 1 & 0 & 1 \\ 1 & 1 & 1 \\ 0 & 1 & 0 \\ 0 & 1 & 0 \end{bmatrix}, \text{它的转置 } \boldsymbol{P}^{\mathrm{T}} = \begin{bmatrix} 1 & 1 & 0 & 0 \\ 0 & 1 & 1 & 1 \\ 1 & 1 & 0 & 0 \end{bmatrix}。$$

可以得到校验矩阵为

$$\boldsymbol{H} = [\boldsymbol{P}^{\mathrm{T}} \vdots \boldsymbol{I}_{n-k}] = \begin{bmatrix} 1 & 1 & 0 & 0 & 1 & 0 & 0 \\ 0 & 1 & 1 & 1 & 0 & 1 & 0 \\ 1 & 1 & 0 & 0 & 0 & 0 & 1 \end{bmatrix}$$

例 3-6 对于例3-2给出的(7,4)线性分组码,生成矩阵

$$\boldsymbol{G} = \begin{bmatrix} 1 & 0 & 0 & 1 & 0 & 1 & 1 \\ 0 & 1 & 0 & 1 & 0 & 1 & 0 \\ 0 & 0 & 1 & 1 & 0 & 0 & 1 \\ 0 & 0 & 0 & 0 & 1 & 1 & 1 \end{bmatrix} \xrightarrow{\text{初等变换}} \begin{bmatrix} 1 & 0 & 0 & 0 & 1 & 1 & 1 \\ 0 & 1 & 0 & 0 & 1 & 1 & 0 \\ 0 & 0 & 1 & 0 & 1 & 0 & 1 \\ 0 & 0 & 0 & 1 & 0 & 1 & 1 \end{bmatrix} = [\boldsymbol{I}_k \vdots \boldsymbol{P}]$$

则校验矩阵为

$$\boldsymbol{H} = [\boldsymbol{P}^{\mathrm{T}} \vdots \boldsymbol{I}_{n-k}] = \begin{bmatrix} 1 & 1 & 1 & 0 & 1 & 0 & 0 \\ 1 & 1 & 0 & 1 & 0 & 1 & 0 \\ 1 & 0 & 1 & 1 & 0 & 0 & 1 \end{bmatrix}$$

生成的码字如表3-4所示。表中的码字前4位是信息位,后3位是校验位。

表 3-4 (7,4)系统码

信息组	码字	信息组	码字
0000	0000000	1000	1000111
0001	0001011	1001	1001100
0010	0010101	1010	1010010
0011	0011110	1011	1011001
0100	0100110	1100	1100001
0101	0101101	1101	1101010
0110	0110011	1110	1110100
0111	0111000	1111	1111111

3.4 对偶码

设原码有 k 位信息位，其生成矩阵为 $\boldsymbol{G}$，校验矩阵为 $\boldsymbol{H}$，对应的线性码为 $\boldsymbol{C}$。

若用 $\boldsymbol{H}$ 作为生成矩阵，生成另一码 $\boldsymbol{C}^{\perp}$，则对应的校验矩阵为 $\boldsymbol{G}$，称 $\boldsymbol{C}^{\perp}$ 为 $\boldsymbol{C}$ 的对偶码，$\boldsymbol{C}^{\perp}$ 有 $(n-k)$ 位信息位，k 位校验位。

因为 $\boldsymbol{C}^{\perp}=\boldsymbol{uH}$，$\boldsymbol{C}=\boldsymbol{uG}$，$\boldsymbol{C}(\boldsymbol{C}^{\perp})^{\mathrm{T}}=\boldsymbol{uG}(\boldsymbol{uH})^{\mathrm{T}}=\boldsymbol{u}(\boldsymbol{GH}^{\mathrm{T}})\boldsymbol{u}^{\mathrm{T}}=0$，说明互为对偶码的码矢内积为 $\mathbf{0}$，即两码矢正交。

例 3-7　给定生成矩阵 $\boldsymbol{G}_{(7,3)}=\begin{bmatrix}1&0&0&1&1&1&0\\0&1&0&0&1&1&1\\0&0&1&1&1&0&1\end{bmatrix}$，求由 $\boldsymbol{G}_{(7,3)}$ 生成的原码 $\boldsymbol{C}$ 和它的对偶码 $\boldsymbol{C}^{\perp}$。

设 $u=(u_2,u_1,u_0)$，由 $\boldsymbol{G}_{(7,3)}$ 生成(7,3)线性分组码：

$$\boldsymbol{C}=\boldsymbol{uG}_{(7,3)}=[u_2\quad u_1\quad u_0]\cdot\begin{bmatrix}1&0&0&1&1&1&0\\0&1&0&0&1&1&1\\0&0&1&1&1&0&1\end{bmatrix}$$

$$=[u_2\quad u_1\quad u_0\quad u_2\oplus u_0\quad u_2\oplus u_1\oplus u_0\quad u_2\oplus u_1\quad u_1\oplus u_0]$$

具体码见表 3-5。

表 3-5　由 $\boldsymbol{G}_{(7,3)}$ 生成(7,3)线性分组码

信息位 u_2,u_1,u_0	码矢 $\boldsymbol{C}$	信息位 u_2,u_1,u_0	码矢 $\boldsymbol{C}$
000	0000000	100	1001110
001	0011101	101	1010011
010	0100111	110	1101001
011	0111010	111	1110100

而 $\boldsymbol{G}_{(7,3)}$ 就是其对偶码 $\boldsymbol{C}^{\perp}_{(7,4)}$ 的校验矩阵 $\boldsymbol{H}^{\perp}_{(7,4)}$，先将 $\boldsymbol{G}_{(7,3)}$ 通过初等变换化为校验矩阵的标准形式：

$$\boldsymbol{G}_{(7,3)}\xrightarrow{\text{初等变换}}\begin{bmatrix}1&1&1&0&1&0&0\\0&1&1&1&0&1&0\\1&1&0&1&0&0&1\end{bmatrix}=[\boldsymbol{P}^{\mathrm{T}}\vdots\boldsymbol{I}_3]=\boldsymbol{H}^{\perp}_{(7,4)}$$

根据 $\boldsymbol{H}^{\perp}_{(7,4)}$ 可得对偶码的生成矩阵 $\boldsymbol{G}^{\perp}_{(7,4)}$：

$$\boldsymbol{G}^{\perp}_{(7,4)}=[\boldsymbol{I}_4\vdots\boldsymbol{P}^{\mathrm{T}}]=\begin{bmatrix}1&0&0&0&1&0&1\\0&1&0&0&1&1&1\\0&0&1&0&1&1&0\\0&0&0&1&0&1&1\end{bmatrix}$$

设 $\boldsymbol{u}=(u_3,u_2,u_1,u_0)$，由 $\boldsymbol{G}^{\perp}_{(7,4)}$ 生成对偶码：

$$\boldsymbol{C}^{\perp}=\boldsymbol{u}\cdot\boldsymbol{G}^{\perp}_{(7,4)}=[u_3\quad u_2\quad u_1\quad u_0]\cdot\begin{bmatrix}1&0&0&0&1&0&1\\0&1&0&0&1&1&1\\0&0&1&0&1&1&0\\0&0&0&1&0&1&1\end{bmatrix}$$

$$=[u_3\quad u_2\quad u_1\quad u_0\quad u_3\oplus u_2\oplus u_1\quad u_2\oplus u_1\oplus u_0\quad u_3\oplus u_2\oplus u_0]$$

具体码见表 3-6。

表 3-6　由 $G^{\perp}_{(7,4)}$ 生成(7,4)线性分组码

信息位 u_3,u_2,u_1,u_0	码矢 $\boldsymbol{C}$	信息位 u_3,u_2,u_1,u_0	码矢 $\boldsymbol{C}$
0000	0000000	1000	1000101
0001	0001011	1001	1001110
0010	0010110	1010	1010011
0011	0011101	1011	1011000
0100	0100111	1100	1100010
0101	0101100	1101	1101001
0110	0110001	1110	1110100
0111	0111010	1111	1111111

可以验证，表 3-5 中的任何一个码字与表 3-6 中的任何一个码字的内积为 **0**。

若一个码的对偶码就是它自己，则称该码为自对偶码。自对偶码必是$(2m,m)$形式的分组码。例如(2,1)重复码就是一个自对偶码。

3.5 编码的实现

生成矩阵 $\boldsymbol{G}$ 的行是线性独立的，因此，行的线性组合可以用于生成 $\boldsymbol{c}$ 中的码字。生成矩阵将是秩为 k 的 $k\times n$ 阶矩阵，它完整地描述了编码的过程，有了生成矩阵 $\boldsymbol{G}$，编码器的结构就很容易确定，式 $\boldsymbol{c}=\boldsymbol{uG}$ 事实上给出了编码的实现方法。

当已知(n,k)线性分组码的生成矩阵 $\boldsymbol{G}$ 或校验矩阵 $\boldsymbol{H}$ 时，编码问题是容易实现的。

设(n,k)系统码的生成矩阵为

$$\boldsymbol{G}=\begin{bmatrix}1 & 0 & \cdots & 0 & p_{1,n-k-1} & p_{1,n-k-2} & \cdots & p_{1,0}\\ 0 & 1 & \cdots & 0 & p_{2,n-k-1} & p_{2,n-k-2} & \cdots & p_{2,0}\\ \vdots & \vdots & \ddots & \vdots & \vdots & \vdots & \ddots & \vdots\\ 0 & 0 & \cdots & 1 & p_{k,n-k-1} & p_{k,n-k-2} & \cdots & p_{k0}\end{bmatrix}=[\boldsymbol{I}_k\ \vdots\ \boldsymbol{P}]$$

若 $\boldsymbol{u}=(u_{k-1},u_{k-2},\cdots,u_0)$，由于系统码的前 k 位是信息位，则信息位可表示为 $\boldsymbol{u}=(u_{n-1},u_{n-2},\cdots,u_{n-k})$，相应的码字是

$$\boldsymbol{c}=(c_{n-1},c_{n-2},\cdots,c_1,c_0)=\boldsymbol{uG}$$

于是有，

$$\begin{cases}c_j=u_j & (n-k\leqslant j\leqslant n-1)\\ c_j=u_{n-1}p_{1,j}+u_{n-2}p_{2,j}+\cdots+u_{n-k}p_{k,j} & (0\leqslant j\leqslant n-k)\end{cases}\tag{3-11}$$

编码实现方法，如果采用硬件实现，电路如图 3-1 所示，电路由移位寄存器、模 2 乘法器和模 2 加法器等器件组成。在图中，“→□→”表示移位寄存器单元，“→⊕→”表示模 2 加法器，“→○→”及近旁的 $\boldsymbol{P}$ 矩阵元素 p_{ij} 表示模 2 乘法器，对于二元域，$p_{ij}=1$ 表示该处连通，$p_{ij}=0$ 表示该处断开。

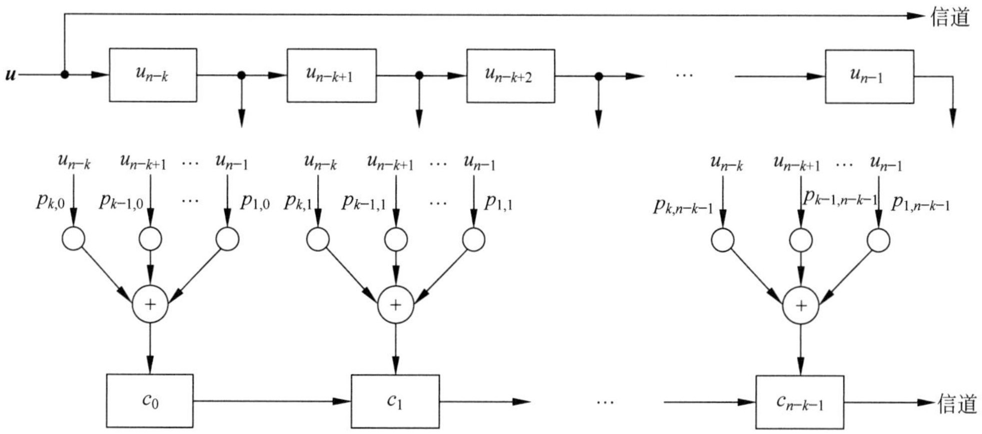

图 3-1 (n,k)线性分组码编码电路

对于例 3-7 给出的(7,3)线性分组码,则有,

$$\boldsymbol{c}=\boldsymbol{u}\boldsymbol{G}_{(7,3)}=\begin{bmatrix}u_6 & u_5 & u_4\end{bmatrix}\cdot\begin{bmatrix}1&0&0&1&1&1&0\\0&1&0&0&1&1&1\\0&0&1&1&1&0&1\end{bmatrix}$$

$$=\begin{bmatrix}u_6 & u_5 & u_4 & u_6\oplus u_4 & u_6\oplus u_5\oplus u_4 & u_6\oplus u_5 & u_5\oplus u_4\end{bmatrix}$$

根据图 3-1 的电路,可画出例 3-7 给出的(7,3)线性分组码的编码器电路,如图 3-2 所示。

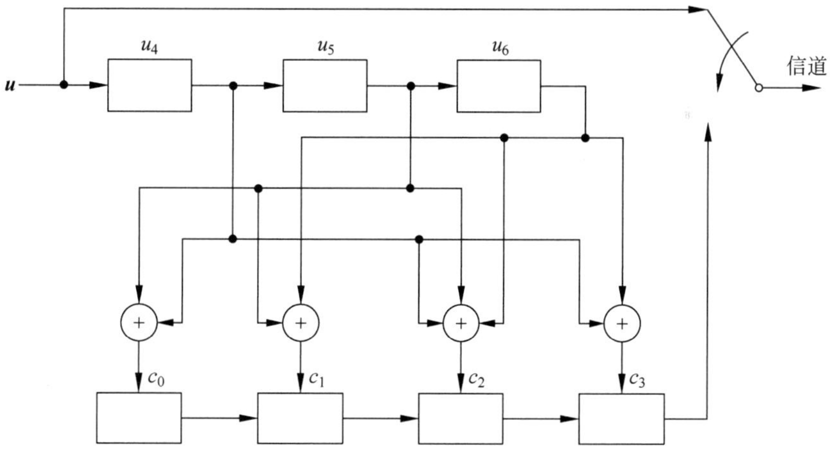

图 3-2 (7, 3)线性分组码编码电路

在图 3-2 中,3 位信息 $\boldsymbol{u}$ 在依次进入移位寄存器的同时也依次进入信道,当 3 位信息位输入结束后,停止信息输入,同时右边的开关切换到下方,此时图下方的 4 个模 2 加法器也已得到了 c_3,c_2,c_1 和 c_0,将这 4 个值存入移位寄存器,然后再依次送入信道,就得到编码 $\boldsymbol{c}$。

3.6 线性分组码的译码

3.6.1 信息传输系统模型

为了方便研究，将信息传输系统模型简化成图 3-3 所示的简化模型。

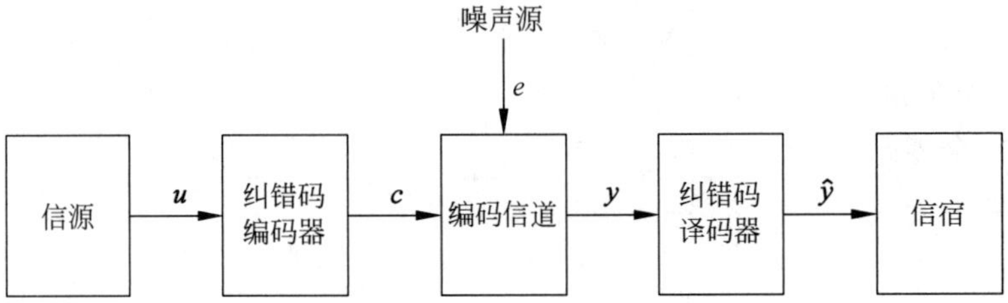

图 3-3 简化的信息传输系统模型

这里信源是指原来的信源和信源编码器，它的输出是二进制信息序列 $\boldsymbol{u}$，纠错编码器按一定的编码规则将 $\boldsymbol{u}$ 编成码字 $\boldsymbol{c}$ 送入信道。信道是包括调制器、传输媒质和解调器在内的数字信道（也称编码信道），它的输入是码字 $\boldsymbol{c}$，输出是接收码字 $\boldsymbol{y}$，纠错译码器根据编码规则对接收码字进行译码，输出估值 $\hat{\boldsymbol{y}}$，信宿包括信源译码器和用户，它的输入是经过纠错的估值序列 $\hat{\boldsymbol{y}}$。该模型突出了以控制差错为目的的纠错码编码器和译码器，因此也称为差错控制系统。

在译码过程中有两个重要的概念是错误图样和伴随式。

1. 错误图样

定义：$\boldsymbol{e}=\boldsymbol{y}-\boldsymbol{c}$，称 $\boldsymbol{e}$ 为错误图样，在二进制中模 2 加和模 2 减是相同的，因此有 $\boldsymbol{e}=\boldsymbol{y}+\boldsymbol{c}$ 和 $\boldsymbol{y}=\boldsymbol{e}+\boldsymbol{c}$。

注：从发送信息的角度看，错图图样即是噪声（或干扰）图样，因此有 $\boldsymbol{y}=\boldsymbol{c}+\boldsymbol{e}$；从接收信息的角度看，错图图样即是差错图样 $\boldsymbol{e}=\boldsymbol{y}-\boldsymbol{c}=\boldsymbol{y}+\boldsymbol{c}$。

2. 伴随式

定义：$\boldsymbol{s}=\boldsymbol{H}\boldsymbol{y}^{\mathrm{T}}$（或 $\boldsymbol{s}=\boldsymbol{y}\boldsymbol{H}^{\mathrm{T}}$），称 $\boldsymbol{s}$ 为 $\boldsymbol{y}$ 的伴随式。

$\boldsymbol{s}=\boldsymbol{H}\boldsymbol{y}^{\mathrm{T}}=\boldsymbol{H}(\boldsymbol{e}+\boldsymbol{c})^{\mathrm{T}}=\boldsymbol{H}\boldsymbol{e}^{\mathrm{T}}+\boldsymbol{H}\boldsymbol{c}^{\mathrm{T}}=\boldsymbol{H}\boldsymbol{e}^{\mathrm{T}}$

若 $\boldsymbol{s}=\boldsymbol{0}$，根据 $\boldsymbol{H}\boldsymbol{c}^{\mathrm{T}}=0$，则 $\boldsymbol{y}$ 是选用码字，认为传输无误；若 $\boldsymbol{s}\neq\boldsymbol{0}$，则 $\boldsymbol{y}$ 不是选用码字，说明在传输过程中产生了误码。

从物理意义上看，伴随式 $\boldsymbol{s}$ 并不反映发送的码字是什么，而只是反映信道对码字造成了怎样的影响。

错误图样 $\boldsymbol{e}$ 是 n 重矢量，共有 2^n 个可能的组合，而伴随式 $\boldsymbol{s}$ 是 $(n-k)$ 重矢量，只有 2^{n-k} 个可能的组合，因此不同的错误图样可能有相同的伴随式。

3.6.2 标准阵列

1. 标准阵列定义

线性分组码的 n 位码符号由 k 位信息位加上$(n-k)$位校验位组成，这 n 位码符号取自符号集$\{a_1,a_2,\cdots,a_q\}$，在整个 n 维空间 $\boldsymbol{V}_n$ 中共有 q^n 个矢量(一般 $q=2$)。

线性分组码对应 k 维子空间 $\boldsymbol{V}_n^k$，在 k 维子空间中，共有 2^k 个矢量，这 2^k 个矢量就是选用码矢或许用码矢，其余(2^n-2^k)个矢量称为禁用矢量。

下面将 2^n 个矢量排成标准阵列：

第 1 步：从全零码矢开始，把所有选用码矢$\{c_1,c_2,\cdots,c_{q^k}\}$依次写成一行。

第 2 步：选一个在第 1 行中没列出的且重量最轻的禁用矢量 $\boldsymbol{y}_1$ 写在第 2 行的第 1 列，其余各列都用 $\boldsymbol{y}_1$ 和第一行对应码矢相加(模 2 加)。

第 3 步：再选一个第 1 行、第 2 行没列出的且重量最轻的禁用矢量 $\boldsymbol{y}_2$，其余各列都用 $\boldsymbol{y}_2$ 和第一行对应码矢相加(模 2 加)。

第 4 步：如此重复，直至把所有 2^n 个矢量列完。

把这样列出的表格称为标准阵列。取 $q=2$，则 2^n 个矢量列出的标准阵列如表 3-7 所示。

表 3-7 线性分组码的标准阵列

许用码字	$c_1(e_0)$(陪集首)	c_2	c_3	$\cdots$	c_{2^k}
禁用码字	$y_1(e_1)$	y_1+c_2	y_1+c_3	$\cdots$	$y_1+c_{2^k}$
	$y_2(e_2)$	y_2+c_2	y_2+c_3	$\cdots$	$y_2+c_{2^k}$
	$\vdots$	$\vdots$	$\vdots$	$\vdots$	$\vdots$
	$y_{2^{n-k}-1}(e_{2^{n-k}-1})$	$y_{2^{n-k}-1}+c_2$	$y_{2^{n-k}-1}+c_3$	$\cdots$	$y_{2^{n-k}-1}+c_{2^k}$

例 3-8 二元(5,3)码，生成矩阵 $\boldsymbol{G}=\begin{bmatrix}1&0&0&1&1\\0&1&0&1&0\\0&0&1&1&1\end{bmatrix}$，信源有 8 个消息待发，对应信源编码器的 8 个输出序列，即{000,001,010,011,100,101,110,111}。根据 $\boldsymbol{c}=\boldsymbol{u}\boldsymbol{G}$ 编码，得到 8 个码矢，即

$$\{00000,00111,01010,01101,10011,10100,11001,11110\}$$

按上述方式将 $2^5=32$ 个 5 重矢量排成标准阵列，如表 3-8 所示。第一行为 8 个码矢，其余各行为本行的第一个元素与第一行元素的模 2 加。

表 3-8 将 32 个 5 重矢量排成标准阵列

00000	00111	01010	01101	10011	10100	11001	11110
00001	00110	01011	01100	10010	10101	11000	11111
00010	00101	01000	01111	10001	10110	11011	11100
00100	00011	01110	01001	10111	10000	11101	11010

码字 $\boldsymbol{c}=(c_4,c_3,c_2,c_1,c_0)$，通过有噪信道传输，信道输出 $\boldsymbol{y}=(y_4,y_3,y_2,y_1,y_0)$，由于信道干扰，$\boldsymbol{y}$ 序列中的某些码元可能与 $\boldsymbol{c}$ 序列中对应码元的值不同，即传输产生了错误。在二进制序列中，错误无非是 1 错成 0 或 0 错成 1，因此，信道中的干扰可用二进制序列 $\boldsymbol{e}=(e_4,e_3,e_2,e_1,e_0)$表示，有错的各位 e_i 取值为 1，无错的各位 e_i 取值为 0，则有 $\boldsymbol{y}=\boldsymbol{c}+\boldsymbol{e}$，$\boldsymbol{e}$ 即为信道的错误图样。

显然，当 $\boldsymbol{e}=\boldsymbol{0}$ 时，$\boldsymbol{y}=\boldsymbol{c}$，表示接收序列 $\boldsymbol{y}$ 无错；当 $\boldsymbol{e}\neq\boldsymbol{0}$ 时，$\boldsymbol{y}\neq\boldsymbol{c}$，表示接收序列 $\boldsymbol{y}$ 有错。当 $\boldsymbol{c}$ 序列长为 n 时，信道可能产生的错误图样 $\boldsymbol{e}$ 的数目共有 2^n 种。在此例中 $n=5$，信道可能产生的错误图样 $\boldsymbol{e}$ 的数目共有 $2^5=32$ 种，即表 3-8 列出的 32 个 5 重矢量都是可能的错误图样。从另一个角度来说，表 3-8 列出的 32 个 5 重矢量也都是可能的信道输出矢量 $\boldsymbol{y}$。

译码器的任务就是要从收到的 $\boldsymbol{y}$ 中得到 $\hat{\boldsymbol{c}}$，或者说由 $\boldsymbol{y}$ 中解出错误图样 $\boldsymbol{e}$，然后得到 $\hat{\boldsymbol{c}}=\boldsymbol{y}+\boldsymbol{e}$。这里 $\hat{\boldsymbol{c}}$ 是对码字 $\boldsymbol{c}$ 的估值，若 $\hat{\boldsymbol{c}}=\boldsymbol{c}$，则译码正确，否则译码错误。

2. 陪集分解

由标准阵列的构成法，有以下结论：

(1) 第 1 行是 2^k 个选用码矢，以后每行都是第 1 行的陪集，每行的第一个元素称为陪集首，分别记为 $e_0,e_1,e_2,\cdots,e_{2^{n-k}-1}$，如表 3-7 所示；一个陪集中具有最小重量的向量作为陪集首，如果有多于一个向量具有最小重量，则从中随机选择一个作为陪集首。

(2) 陪集首是前面列出的元素中没有出现过的，从而该陪集中的元素也是前面没有出现过的。

(3) 如果选的陪集首是该行中的另一个元素，则该行中的元素还是原来的 2^k 个元素，只不过排列顺序变了，这说明该行中的每个元素都可以作为陪集首。

(4) 根据(1)和(2)，最后把所有 2^n 个元素全列完(2^{n-k} 行$\times 2^k$ 列$=2^n$ 个元素)。

(5) 同一陪集中所有元素的伴随式相同，不同陪集的元素的伴随式不同。

上述(1)、(2)、(3)、(4)条是不言而喻的，下面证明第(5)条。

证明：取第 i 个陪集中的第 j 个元素 $\boldsymbol{e}_i+\boldsymbol{c}_j$，根据伴随式的定义，它的伴随式 $\boldsymbol{s}=\boldsymbol{H}(\boldsymbol{e}_i+\boldsymbol{c}_j)^{\mathrm{T}}=\boldsymbol{H}\boldsymbol{e}_i^{\mathrm{T}}$，可见，$\boldsymbol{s}$ 仅与第 i 个陪集首有关，而与 j 的取值无关，故同一陪集的元素的伴随式相同。

下面证明不同陪集的元素的伴随式不同，用反证法。

反证法　设第 i 个陪集与第 k 个陪集的伴随式相同，即 $\boldsymbol{H}\boldsymbol{e}_i^{\mathrm{T}}=\boldsymbol{H}\boldsymbol{e}_k^{\mathrm{T}}$，则 $\boldsymbol{H}(\boldsymbol{e}_i+\boldsymbol{e}_k)^{\mathrm{T}}=\boldsymbol{0}$。该式说明 $\boldsymbol{e}_i+\boldsymbol{e}_k$ 是一个码矢，即 $\boldsymbol{e}_i+\boldsymbol{e}_k=\boldsymbol{c}\in C$，则 $\boldsymbol{e}_i=\boldsymbol{e}_k+\boldsymbol{c}$。

该式表明第 k 个陪集中有一个元素 $\boldsymbol{e}_k+\boldsymbol{c}$ 与第 i 个陪集首相同，根据标准阵列的排法，这是不可能的，故不同陪集的元素的伴随式不同。

例 3-9　设 C 为一个二元(3,2)码，其生成矩阵如下：

$$\boldsymbol{G}=\begin{bmatrix}1 & 0 & 1\\0 & 1 & 0\end{bmatrix}$$

即 $C=\{000,010,101,111\}$。C 的陪集为

$$000+C=\{000,010,101,111\}$$
$$001+C=\{001,011,100,110\}$$

注意所有8个向量都被这两个陪集覆盖了。随便列出一种情况,则

$$100+C=\{100,110,001,011\}$$

可以看到这4个向量已在8个向量之中了。

例 3-10 考虑某(4,2)码 $C=\{0000,1011,0101,1110\}$。相应的标准阵列为

码字→0000,1011,0101,1110
1000,0011,1101,0110
0100,1111,0001,1010
0010,1001,0111,1100
↑
陪集首

例 3-11 在例3-8的表3-8所列的标准阵列中,每行的第一个元素为该行的陪集首,有 $\boldsymbol{e}_0=(00000)$,$\boldsymbol{e}_1=(00001)$,$\boldsymbol{e}_2=(00010)$,$\boldsymbol{e}_3=(00100)$。

由矩阵 $\boldsymbol{G}$ 可得 $\boldsymbol{H}=\begin{bmatrix}1&1&1&1&0\\1&0&1&0&1\end{bmatrix}$,根据伴随式的定义,$\boldsymbol{s}=\boldsymbol{He}_i^{\mathrm{T}}$,计算出4个伴随式,即 $\boldsymbol{s}_0=(00)$,$\boldsymbol{s}_1=(01)$,$\boldsymbol{s}_2=(10)$,$\boldsymbol{s}_3=(11)$。

从 $\boldsymbol{s}=\boldsymbol{Hy}^{\mathrm{T}}=\boldsymbol{H}(\boldsymbol{e}_i+\boldsymbol{c}_j)^{\mathrm{T}}=\boldsymbol{He}_i^{\mathrm{T}}$ 来看,若 $\boldsymbol{e}=\boldsymbol{0}$,则 $\boldsymbol{s}=\boldsymbol{0}$;若 $\boldsymbol{e}\neq\boldsymbol{0}$,则 $\boldsymbol{s}\neq\boldsymbol{0}$,伴随式 $\boldsymbol{s}$ 只由错误图样 $\boldsymbol{e}$ 决定,即伴随式 $\boldsymbol{s}$ 是否全为零矢量可以作为判断一个码字传送是否出错的依据。$\boldsymbol{s}\neq\boldsymbol{0}$ 时,译码器要做的就是如何从伴随式 $\boldsymbol{s}$ 中找到错误图样 $\boldsymbol{e}$,从而译出发送的码字 $\hat{\boldsymbol{c}}=\boldsymbol{y}+\boldsymbol{e}$。

3.6.3 译码及纠错能力

1. 用标准阵列译码

由标准阵列的构成可知,第一行为码矢,从第二行开始,每一列与本列的第一行元素都只相差一个陪集首。在标准阵列中出现的 2^n 个矢量都是可能的错误图案,而陪集首选的是本行中重量最轻的矢量,所以 $\hat{\boldsymbol{y}}=\boldsymbol{y}+\boldsymbol{e}$ 就是最小距离译码,即最小错误概率译码。

接收到 $\boldsymbol{y}$ 后,到标准阵列中去找(因为 2^n 个矢量全部列在其中,总可以找到),如果接收到的码字是个合法码字,那么可以下结论说没有错误发生(这个结论可能是错的,因为噪声也可能把一个合法码字改变成另一个合法码字,但这种错误发生概率很低)。如果接收到的码字是一个禁用码字,则推测发生了错误。译码器则声明陪集首就是错误图样 $\boldsymbol{e}$,然后译码为 $\boldsymbol{y}+\boldsymbol{e}$,这就是在 $\boldsymbol{y}$ 同一列中第一行的那个码字。因此,标准阵列译码就是把接收到的码字译为包含该码字的列的第一行的那个码字。

例 3-12 考虑码 $C=\{0000,1011,0101,1110\}$,若接收到的码字为 $\boldsymbol{y}=(1101)$,因为它不是一个合法的码字,则推测发生了错误。因此要估计4个可能的码字中哪一个是实际被传送的。标准阵列为

码字→0000,1011,0101,1110
1000,0011,1101,0110
0100,1111,0001,1010
0010,1001,0111,1100

可以发现1101在第三列，该列第一行的码字为0101，于是估计码字为0101。进一步可观察到 $d(1101,0000)=3$，$d(1101,1011)=2$，$d(1101,0101)=1$，$d(1101,1110)=2$。

错误图样 $\boldsymbol{e}=(1000)$，即陪集首。说明满足最大似然译码方法。

例3-13 仍考虑例3-8所述的二元(5,3)码，假设接收矢量为 $\boldsymbol{y}=(10110)$，在表3-8列出的标准阵列中，找到 $\boldsymbol{y}$ 位于第6列，相应地译成 $\hat{\boldsymbol{y}}=(10100)$。错误图样是 $\boldsymbol{y}=(10110)$ 所在行的陪集首 $\boldsymbol{e}_2=(00010)$。

具有较大分组长度的码是可取的，因为大的码在码率方面更接近香农限。但当取越来越大的码长时（大的 k 值和 n 值），采用标准阵列方法越来越不实际，因为大小为 $2^{n-k}\times 2^k$ 的标准阵列将大到不可操作。编码理论的基本目标之一就是要设计有效的译码方法。那么，能不能缩减标准阵列呢？

2. 伴随式与错误位数

伴随式译码与标准阵列的译码相似，伴随式译码的一般步骤如下：

(1) 计算接收矢量的伴随式。

(2) 由伴随式找到对应于它的陪集首（即寻找与该伴随式相同的陪集首）。

(3) 纠正错误 $\hat{\boldsymbol{y}}=\boldsymbol{y}+\boldsymbol{e}$，$\hat{\boldsymbol{y}}$ 即为译码输出的码字。

设 (n,k) 码的一致校验矩阵为

$$\boldsymbol{H}=\begin{bmatrix} h_{0,n-1} & h_{0,n-2} & \cdots & h_{0,0} \\ h_{1,n-1} & h_{1,n-2} & \cdots & h_{1,0} \\ \vdots & \vdots & \ddots & \vdots \\ h_{n-k-1,n-1} & h_{n-k-1,n-2} & \cdots & h_{n-k-1,0} \end{bmatrix}=[\boldsymbol{h}_{n-1} \quad \boldsymbol{h}_{n-2} \quad \cdots \quad \boldsymbol{h}_0] \tag{3-12}$$

式中，$\boldsymbol{h}_{n-j}(j=0,1,\cdots,n)$ 是 $\boldsymbol{H}$ 矩阵的第 j 列，它是一个 $n-k$ 重列矢量。

设码字传送发生 t 位错误，为不失一般性，设码字的第 $j_1,j_2,\cdots,j_t$ 位有错，则错误图样可表示成

$$\boldsymbol{e}=(0\cdots e_{j_1}\cdots 0\cdots e_{j_2}\cdots e_{j_t}\cdots 0\cdots 0) \tag{3-13}$$

在二进制情况下，$e_{j_1},e_{j_2},\cdots,e_{j_t}$ 为1，那么伴随式

$$\begin{aligned} \boldsymbol{s} &= \boldsymbol{eH}^{\mathrm{T}} \\ &= (0\cdots e_{j_1}\cdots 0\cdots e_{j_2}\cdots e_{j_t}\cdots 0\cdots 0)\cdot \begin{bmatrix} \boldsymbol{h}_{n-1} \\ \boldsymbol{h}_{n-2} \\ \vdots \\ \boldsymbol{h}_0 \end{bmatrix} \\ &= e_{j_1}\cdot \boldsymbol{h}_{n-j_1}+e_{j_2}\cdot \boldsymbol{h}_{n-j_2}+\cdots+e_{j_t}\cdot \boldsymbol{h}_{n-j_t} \\ &= \boldsymbol{h}_{n-j_1}+\boldsymbol{h}_{n-j_2}+\cdots+\boldsymbol{h}_{n-j_t} \end{aligned} \tag{3-14}$$

上式说明，$\boldsymbol{s}$ 是 $\boldsymbol{H}$ 矩阵中对应于 $e_{j_1},e_{j_2},\cdots,e_{j_t}$ 为1的那几列 $\boldsymbol{h}_{n-j}$ 的线性组合，因 $\boldsymbol{h}_{n-j}$ 是 $n-k$ 重列矢量，则 $\boldsymbol{s}$ 也是一个 $n-k$ 重列矢量。

值得注意的是，若 $\boldsymbol{e}$ 本身就是一个码字，计算得 $\boldsymbol{s}$ 等于 $\boldsymbol{0}$。此时的错误不能被发现，也无法纠正，称之为不可检错误图样。

3. 译码表译码

在标准阵列中，每个陪集全部 2^k 个矢量都有相同的伴随式，而不同陪集的矢量有不同的伴随式。这就表明陪集首和伴随式有一一对应的关系，而这些陪集首实际上也就代表着可纠正的错误图样。根据这一关系可把上述标准阵列表进行简化，得到一个简化译码表。

将标准阵列译码和伴随式译码结合起来简化成更为实用的译码表，译码表保留了标准阵列中的 2^{n-k} 个可纠正错误图样 $\boldsymbol{e}_j$（陪集首）与其伴随式 $\boldsymbol{s}=\boldsymbol{H}\boldsymbol{e}_j^{\mathrm{T}}$ 之间的一一对应关系，译码器存储该表后，在译码时就可以查表实现从伴随式到错误图样的转换。表 3-9 就是表 3-8 所列(5,3)线性分组码标准阵列的译码表。

表 3-9 (5,3)线性分组码标准阵列的译码表

伴随式 $\boldsymbol{s}$	错误图样(陪集首)$\boldsymbol{e}$	伴随式 $\boldsymbol{s}$	错误图样(陪集首)$\boldsymbol{e}$
00	00000	10	00010
01	00001	11	00100

例 3-14 仍考虑例 3-8 所述的二元(5,3)码，假设接收矢量为 $\boldsymbol{y}=(10110)$，计算伴随式

$$\boldsymbol{s}=\boldsymbol{H}\boldsymbol{y}^{\mathrm{T}}=\begin{bmatrix}1&1&1&1&0\\1&0&1&0&1\end{bmatrix}\begin{bmatrix}1\\0\\1\\1\\0\end{bmatrix}=\begin{bmatrix}1\\0\end{bmatrix}$$

从表 3-9 中找到对应陪集首 $\boldsymbol{e}_2$ 为(00010)，则

$$\hat{\boldsymbol{y}}=\boldsymbol{y}+\boldsymbol{e}=10110\oplus 00010=10100$$

从表 3-8 可知 $\hat{\boldsymbol{y}}$ 就是 $\boldsymbol{y}$ 所在列的第一个矢量。

用译码表译码，译码正确的概率与陪集首的选择有关。根据最大后验概率译码准则，重量最轻的错误图样产生的可能性最大，所以应该优先选择重量小的 n 重矢量作为陪集首。这样构造的译码表，使得 $\boldsymbol{e}_j+\boldsymbol{c}_i$ 与 $\boldsymbol{c}_i$ 之间的距离最小，从而使译码器能以更大的正确概率译码，这就是最小距离译码。

4. 纠错能力分析

线性分组码的纠错能力 t 和码字的最小 d_0 有关，一般 t 是由通信系统提出的，那么寻找满足纠正 t 个错误码元的码字就是编码技术的任务，为此还需进一步研究 d_0 和码字结构的关系。线性分组码码字的结构是由其生成矩阵决定的，当然也可由一致校验矩阵决定。实际上，所谓检验就是利用 $\boldsymbol{H}$ 矩阵去鉴别接收矢量 $\boldsymbol{y}$ 的结构。若已知 $\boldsymbol{H}$ 矩阵，该码的结构也就知道了。那么从研究码纠错能力的角度来看，d_0 与 $\boldsymbol{H}$ 有什么关系呢？

首先，我们来看一个利用伴随式对码字译码的例子。

例 3-15 已知(7,3)线性分组码的一致校验矩阵为

$$\boldsymbol{H}=\begin{bmatrix}1&0&1&1&0&0&0\\1&1&1&0&1&0&0\\1&1&0&0&0&1&0\\0&1&1&0&0&0&1\end{bmatrix}$$

对两个码字进行译码 $\boldsymbol{c}_1=(1110100)$，$\boldsymbol{c}_2=(0111010)$。我们假设有以下几种传输可能：

(1) 发送码字在传输中没有发生错误。

即 $\boldsymbol{e}=(0000000)$，此时伴随式为

$$\boldsymbol{s}_1^{\mathrm{T}}=\boldsymbol{H}\boldsymbol{y}_1^{\mathrm{T}}=\boldsymbol{H}\boldsymbol{c}_1^{\mathrm{T}}=\boldsymbol{0}^{\mathrm{T}}$$

$$\boldsymbol{s}_2^{\mathrm{T}}=\boldsymbol{H}\boldsymbol{y}_2^{\mathrm{T}}=\boldsymbol{H}\boldsymbol{c}_2^{\mathrm{T}}=\boldsymbol{0}^{\mathrm{T}}$$

(2) 发送码字在传输中发生一位错误。

若 $\boldsymbol{e}=(1000000)$，即传输中码字的第 1 位出错，则 $\boldsymbol{y}_1=(0110100)$，$\boldsymbol{y}_2=(1111010)$，则可根据接收矢量分别计算伴随式，得

$$\boldsymbol{s}_1^{\mathrm{T}}=\boldsymbol{H}\boldsymbol{y}_1^{\mathrm{T}}=\begin{bmatrix}1&0&1&1&0&0&0\\1&1&1&0&1&0&0\\1&1&0&0&0&1&0\\0&1&1&0&0&0&1\end{bmatrix}\begin{bmatrix}0\\1\\1\\0\\1\\0\\0\end{bmatrix}=\begin{bmatrix}1\\1\\1\\0\end{bmatrix}$$

$$\boldsymbol{s}_2^{\mathrm{T}}=\boldsymbol{H}\boldsymbol{y}_2^{\mathrm{T}}=\begin{bmatrix}1&0&1&1&0&0&0\\1&1&1&0&1&0&0\\1&1&0&0&0&1&0\\0&1&1&0&0&0&1\end{bmatrix}\begin{bmatrix}1\\1\\1\\1\\0\\1\\0\end{bmatrix}=\begin{bmatrix}1\\1\\1\\0\end{bmatrix}$$

若 $\boldsymbol{e}=(0100000)$，即传输中码字的第 2 位出错，则 $\boldsymbol{y}_1=(1010100)$，$\boldsymbol{y}_2=(0011010)$，则同样计算出伴随式，得

$$\boldsymbol{s}_1^{\mathrm{T}}=\boldsymbol{H}\boldsymbol{y}_1^{\mathrm{T}}=\begin{bmatrix}0\\1\\1\\1\end{bmatrix},\quad \boldsymbol{s}_2^{\mathrm{T}}=\boldsymbol{H}\boldsymbol{y}_2^{\mathrm{T}}=\begin{bmatrix}0\\1\\1\\1\end{bmatrix}$$

这说明，$\boldsymbol{s}$ 的确仅与 $\boldsymbol{e}$ 有关，而与发送码字无关。此外，对于该(7,3)码，若发生一位错误，计算得到的 $\boldsymbol{s}^{\mathrm{T}}$ 正好与 $\boldsymbol{H}$ 中的某一列矢量相同。也就是说，如果 $\boldsymbol{s}^{\mathrm{T}}$ 正好与 $\boldsymbol{H}$ 中的第 i 列相同，则接收码字的第 i 位出错。对于第一对接收码字，$\boldsymbol{s}^{\mathrm{T}}$ 均为 $\boldsymbol{H}$ 矩阵的第一列，因此有 $\boldsymbol{e}=(1000000)$；对于第二对接收码字，$\boldsymbol{s}^{\mathrm{T}}$ 均为 $\boldsymbol{H}$ 矩阵的第二列，因此有 $\boldsymbol{e}=(0100000)$。这正好与假设的错误图样一致。

(3) 发送码字在传输中发生两位错误。

若 $\boldsymbol{e}_1=(1100000)$，则 $\boldsymbol{y}_1=(0010100)$，若 $\boldsymbol{e}_2=(0010100)$，则 $\boldsymbol{y}_2=(0101110)$，根据接收

矢量分别计算伴随式，得

$$s_1^{\mathrm{T}}=\boldsymbol{H}\boldsymbol{y}_1^{\mathrm{T}}=\begin{bmatrix}1\\0\\0\\1\end{bmatrix},\quad s_2^{\mathrm{T}}=\boldsymbol{H}\boldsymbol{y}_2^{\mathrm{T}}=\begin{bmatrix}1\\0\\0\\1\end{bmatrix}$$

由于 $s\neq\mathbf{0}$，说明传送的码字有错，但 s^{T} 与 $\boldsymbol{H}$ 中任何一列均不相同，说明是不可纠的错误，即无法由 s 得到 e。因为 $e_1=(1100000)$，$e_2=(0010100)$，表明这两个接收码字都有两位错误，但各自的错误位置不同。然而，s_1^{T} 和 s_2^{T} 却相同，这也说明无法由 s^{T} 确定 e。

虽然无法由 s^{T} 确定 e，但是 s^{T} 与 e 是有关系的。$e_1=(1100000)$，表明接收码字第一位和第二位出错，而 s_1^{T} 正好是 $\boldsymbol{H}$ 中第一列与第二列之和。同样，s_2^{T} 正好是 $\boldsymbol{H}$ 中第三列与第五列之和。这即表明 s^{T} 与 e 有关系，同时也验证了式(3-14)。

(4) 发送码字在传输中发生三位错误。

若 $\boldsymbol{y}_1=(0000100)$，可判知 $e=(1110000)$，计算伴随式，得

$$s_1^{\mathrm{T}}=\boldsymbol{H}\boldsymbol{y}_1^{\mathrm{T}}=\begin{bmatrix}0\\1\\0\\0\end{bmatrix}$$

由于 $s\neq\mathbf{0}$，说明传送的码字有错，但此时 s_1^{T} 与 $\boldsymbol{H}$ 中第五列相等，是否说明是第五位出错呢？显然不是。因为该编码的最小距离为 4，由纠错性能与码距的关系可知，该码的纠错能力为纠正一位错误，检测两位或三位错误。同时，也可以分析出 s_1^{T} 是 $\boldsymbol{H}$ 中第一、第二、第三列之和。

综上所述，一个(n,k)码要能纠正所有单个错误，则由所有单个错误的错误图样确定的 s 均不相同且不等于 $\mathbf{0}$。那么，一个(n,k)码怎样才能纠正小于或等于 t 个错误呢？这就必须要求所有小于或等于 t 个错误的所有可能组合的错误图样，都必须有不同的伴随式与之对应。

任一(n,k)线性分组码若要纠正小于或等于 t 个错误，其充要条件是 $\boldsymbol{H}$ 矩阵中任何 $2t$ 列线性无关。

例 3-16 以表 3-4 给出的(7,4)线性分组码为例。已知该码的校验矩阵 $\boldsymbol{H}$ 为

$$\boldsymbol{H}=\begin{bmatrix}1&1&1&0&1&0&0\\1&1&0&1&0&1&0\\1&0&1&1&0&0&1\end{bmatrix}$$

(1) 若传送时发生一位错误。

设 $e_1=(1000000)$，计算伴随式得

$$s_1=\boldsymbol{H}e_1^{\mathrm{T}}=\begin{bmatrix}1\\1\\1\end{bmatrix}$$

s_1 正好就是矩阵 $\boldsymbol{H}$ 的第一列，在一般情况下，若传送时发生一位错码，如果错的是第 j 列，则伴随式 s 恰好就等于矩阵 $\boldsymbol{H}$ 的第 j 列。

(2) 若传送时发生两位错误。

设 $\boldsymbol{e}_2=(0001001)$，第四位和第七位出错，计算伴随式得

$$\boldsymbol{s}_2=\boldsymbol{He}_2^{\mathrm{T}}=\begin{bmatrix}0\\1\\0\end{bmatrix}$$

又设 $\boldsymbol{e}_3=(1000001)$，第一位和第七位出错，计算伴随式得

$$\boldsymbol{s}_3=\boldsymbol{He}_3^{\mathrm{T}}=\begin{bmatrix}1\\1\\0\end{bmatrix}$$

经观察可以发现，$\boldsymbol{s}_2$ 是 $\boldsymbol{H}$ 矩阵中第四列与第七列之和，$\boldsymbol{s}_3$ 是 $\boldsymbol{H}$ 矩阵中第一列与第七列之和。

(3) 若传送时发生三位错误。

$\boldsymbol{e}_4=(0111000)$，第二位、第三位和第四位出错，计算伴随式得

$$\boldsymbol{s}_4=\boldsymbol{He}_4^{\mathrm{T}}=\begin{bmatrix}0\\0\\0\end{bmatrix}$$

这种情况说明伴随式 $\boldsymbol{s}_4=\boldsymbol{0}$，表明无错，但实际情况是发生了错误，这说明三位(及其以上)的错误检测不出来，注意观察可以发现，$\boldsymbol{s}_4$ 是 $\boldsymbol{H}$ 矩阵中第二位、第三位和第四位之和。验证了伴随式 $\boldsymbol{s}$ 是 $\boldsymbol{H}$ 矩阵中码字出错位置所对应的列矢量的线性组合。

5. 译码后的错误概率

假设有 M 个码字(长度为 n)，它们被使用的概率相同。假设译码用标准阵列。记 α_i 为重量 i 的陪集首的个数。我们假定信道为二元对称信道(BSC)，符号错误概率为 p。如果错误图样 $\boldsymbol{e}$ 不是一个陪集首，则译码出错。因此正确译码概率为

$$P_c=\sum_{i=0}^{n}\alpha_i p^i(1-p)^{n-i} \tag{3-15}$$

译码后的错误概率

故错误概率为

$$P_e=1-P_c=1-\sum_{i=0}^{n}\alpha_i p^i(1-p)^{n-i} \tag{3-16}$$

例 3-17 考虑码 $C=\{0000,1011,0101,1110\}$，相应的标准阵列为

码字→0000,1011,0101,1110
1000,0011,1101,0110
0100,1111,0001,1010
0010,1001,0111,1100
↑
陪集首

陪集首为 0000、1000、0100、0010，可知 $\alpha_0=1$(只有一个重量等于零的陪集首)，$\alpha_1=3$(有 3 个重量等于 1 的陪集首)，而且所有其余的 $\alpha_i=0(i\geqslant 2)$。因此，在编码的情况下，错误概率为

$$P_e = 1 - P_c = 1 - \sum_{i=0}^{n} \alpha_i p^i (1-p)^{n-i} = 1 - [\alpha_0 p^0 (1-p)^4 + \alpha_1 p^1 (1-p)^3]$$

$$= 1 - [p^0 (1-p)^4 + 3p^1 (1-p)^3]$$

该码有 4 个码字，且可用来每次发送两比特。如果不采用编码，$n=2$，陪集首为 00，$\alpha_0 = 1$（只有一个重量等于零的陪集首），而所有其余的 $\alpha_i = 0 (i \geqslant 1)$。

因此，无编码情况下的错误概率为

$$P_e = 1 - P_c = 1 - \sum_{i=0}^{n} \alpha_i p^i (1-p)^{n-i} = 1 - (1-p)^2$$

若 $p=0.01$，则在编码的情况下，码字出错的概率为 $P_e = 0.01030$，而对于无编码的情况 $P_e = 0.0199$。因此编码几乎把码字出错概率减小了一半。如图 3-4 对有编码和无编码情况下的 P_e 进行了比较。可以看出，当 $p=0.5$ 时，编码和无编码的误码率相同，此时任何编码方法都不能降低误码率；当 $p<0.5$ 时编码性能优于无编码性能，当 $p>0.5$ 时编码性能反而劣于有编码性能，出现这种情况的原因与 1.5 节的译码规则有关。注意编码带来的改进是以信息传输速率的减小为代价的，由于我们对任意两个信息比特都要发送两个校验比特，因此信息传输速率被降低为原来的一半。

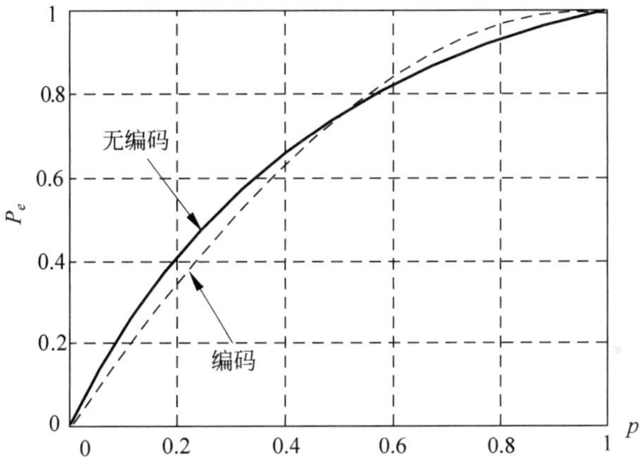

图 3-4 消息有编码和无编码的误码率比较

例 3-18 考虑一个符号出错概率为 $p=10^{-7}$ 的 BSC 信道。假设 10bit 长的码字未经编码就被传输了。设发送端的比特速率为 10^7 bit/s，这表明每秒可以发送 10^6 个码字。一个码字不能被正确接收的概率为

$$\binom{10}{1}(1-p)^9 p + \binom{10}{2}(1-p)^8 p^2 + \binom{10}{3}(1-p)^7 p^3 \cdots \approx \binom{10}{1}(1-p)^9 p \approx 10^{-6}$$

因此一秒将有 $10^{-6} \times 10^6 = 1$ 个码字出错！这意味着每秒都有一个错误而且它未被检测到。

下面我们在未编码的码字中加进一个奇偶校验比特使它们变为 11bit。该奇偶校验比特使所有码字为偶校验，这样可以确保单个错误被检测到。仅当两个或更多比特有错时译码后的码字才会有错，即至少有两个比特有错。单个比特有错的情况可以以概率 1 被检测出来。因此码字错误概率将为

$$1 - (1-p)^{11} - \binom{11}{1}(1-p)^{10} p \approx 1 - (1 - 11p) - 11(1 - 10p)p = 110p^2 = 11 \times 10^{-13}$$

新的码率为每秒 $10^7/11$ 个码字，因为每个码字有 11bit 而比特速率与以前相同。因此1秒将有 $(10^7/11)\times(11\times10^{-13})=10^{-6}$ 个码字出错。这表明编码后每 10^6 秒即大约 11.6 天将有一个错误码字未被检测而被错误地接收！

可以看出，仅仅把字长从 10bit（未编码）增加到 11bit（编码），就能使码字出错概率惊人地减小。

3.7 汉明码

汉明码是 1951 年由汉明提出的能纠正单个错误的线性分组码。它性能良好，既具有较高的可靠性，又具有较高的传输效率，而且编译码电路较为简单，易于工程实现，因此汉明码在发现后不久，就得到了广泛的应用。

3.7.1 汉明码的构造

汉明码是一个能纠正单个错误，且信息传输率（码率 $R=k/n$）最大的线性分组码。我们已经知道，具有纠正单个错误能力的线性分组码的最小距离应为 3，即要求其 $\boldsymbol{H}$ 矩阵中至少任意两列线性无关。要做到这一点，只要 $\boldsymbol{H}$ 矩阵满足"两无"——无相同的列，无全零列就可以了。

一个 (n,k) 线性分组码的 $\boldsymbol{H}$ 矩阵是一个 $(n-k)\times n=r\times n$ 阶矩阵，这里 $r=n-k$ 是校验元的数目。显然，r 个校验元能组成 2^r 列互不相同的 r 重矢量，其中非全零矢量有 2^r-1 个。如果用这 2^r-1 个非全零矢量作为 $\boldsymbol{H}$ 矩阵的全部列，即令 $\boldsymbol{H}$ 矩阵的列数 $n=2^r-1$，则此 $\boldsymbol{H}$ 矩阵的各列均不相同，且无全零列，由此可构造一个能纠正单个错误的 (n,k) 线性分组码。

同时，2^r-1 是 n 所能取的最大值，因为如果 $n>2^r-1$，那么 $\boldsymbol{H}$ 矩阵的 n 列中必会出现相同的两列，这样就不能满足对 $\boldsymbol{H}$ 矩阵的要求。而由于 $n=2^r-1$ 是 n 所能取的最大值，也就意味着码率 R 取得了最大值，即

$$R=\frac{k}{n}=\frac{n-r}{n}=1-\frac{r}{n}=1-\frac{r}{2^r-1} \tag{3-17}$$

这样设计出来的码是符合要求的，这样的码就是汉明码。

定义 3-1 若 $\boldsymbol{H}$ 矩阵的列是由非全零且互不相同的所有二进制 r 重矢量组成，则由此得到的线性分组码，称为 GF(2)上的 $(2^r-1,2^r-1-r)$ 汉明码。

表 3-10 列出了几种 r 取不同值时汉明码的 $(n=2^r-1,k=2^r-1-r)$ 值。

表 3-10 几种汉明码的 (n,k) 值

r	$n=2^r-1$	$k=2^r-1-r$
1	1	0
2	3	1
3	7	4
4	15	11
5	31	26
6	63	57

例 3-19 二元(7,4)汉明码的生成矩阵为

$$G=\begin{bmatrix}1&1&0&1&0&0&0\\0&1&1&0&1&0&0\\0&0&1&1&0&1&0\\0&0&0&1&1&0&1\end{bmatrix}$$

相应的校验矩阵为

$$H=\begin{bmatrix}1&0&1&1&1&0&0\\0&1&0&1&1&1&0\\0&0&1&0&1&1&1\end{bmatrix}$$

观察到该校验矩阵的列由(100),(010),(101),(110),(111),(011)和(001)构成,这7个是所有长为3的非零二元向量,很容易可以得到一个系统汉明码。该校验矩阵 $\boldsymbol{H}$ 可以被安排成如下的系统型:

$$H=\begin{bmatrix}1&1&1&0&1&0&0\\0&1&1&1&0&1&0\\1&1&0&1&0&0&1\end{bmatrix}=[-\boldsymbol{P}^{\mathrm{T}}\vdots\boldsymbol{I}]=[\boldsymbol{P}^{\mathrm{T}}\vdots\boldsymbol{I}]$$

于是该二元汉明码的生成矩阵的系统型为

$$G=[\boldsymbol{I}\vdots\boldsymbol{P}]=\begin{bmatrix}1&0&0&0&1&0&1\\0&1&0&0&1&1&1\\0&0&1&0&1&1&0\\0&0&0&1&0&1&1\end{bmatrix}$$

例 3-20 取 $r=3$,构造GF(2)上的(7,4)汉明码。

当 $r=3$ 时,有7个非全零的三重矢量

(100),(010),(101),(110),(111),(011),(001)

构成矩阵

$$H=\begin{bmatrix}0&0&0&1&1&1&1\\0&1&1&0&0&1&1\\1&0&1&0&1&0&1\end{bmatrix}$$

由此得到一个能纠正单个错误的(7,4)汉明码。若码字传输中左边第一位出错,则相应的伴随式 $\boldsymbol{s}=(001)$ 就是 $\boldsymbol{H}$ 矩阵的第一列,也正好是"1"的二进制表示。同理可知,无论哪一位出错,它对应的伴随式就是该位的二进制表示,故译码十分方便,特别适用于计算机内部运算和记忆系统中的纠错。

如果要得到系统码形式的 $\boldsymbol{H}$ 矩阵,只需对上述矩阵进行初等变换交换列即可,则

$$H=\begin{bmatrix}1&1&1&0&1&0&0\\1&1&0&1&0&1&0\\1&0&1&1&0&0&1\end{bmatrix}$$

相应地,生成矩阵 $\boldsymbol{G}$ 为

$$G=\begin{bmatrix}1&0&0&0&1&1&1\\0&1&0&0&1&1&0\\0&0&1&0&1&0&1\\0&0&0&1&0&1&1\end{bmatrix}$$

由此构成的(7,4)汉明码如表3-4所示。

3.7.2 汉明限与完备码

一个二进制(n,k)线性分组码，若要纠正t个错误，则应使小于或等于t个错误所组成的所有错误图样，都必须有不同的伴随式与之对应，即不等式成立

$$2^{n-k} \geqslant \binom{n}{0}+\binom{n}{1}+\cdots+\binom{n}{t}=\sum_{i=0}^{t}\binom{n}{i} \tag{3-18}$$

式中，2^{n-k}为全部$r=n-k$重矢量数目，即伴随式数目；$\sum_{i=0}^{t}\binom{n}{i}$为所有错误个数小于或等于$t$的错误图样数。

式(3-18)称为汉明限。该限是构造任何二进制码所必须满足的，也就是构造码的必要条件。

如果某一(n,k)线性分组码能使式(3-18)等号成立，即错误图样总数正好等于伴随式数目，则称这种码为完备码。完备码相当于在标准阵列中，能将重量小于等于t的所有错误图样作为陪集首，而大于t的错误图样都不作为陪集首，其校验元得到充分的利用。显然无论r取何值，汉明码都是可纠正$t=1$位错误的完备码。

如果一个(n,k)线性分组码，除了能将重量小于或等于t的所有错误图样作为陪集首外，还有部分(但不是全部)重量大于t的错误图样作为陪集首，则称这种码为准完备码。

表3-8列出的二元(5,3)码，就不是一个完备码，由它的生成矩阵

$$\boldsymbol{G}=\begin{bmatrix}1&0&0&1&1\\0&1&0&1&0\\0&0&1&1&1\end{bmatrix}$$

可得到校验矩阵

$$\boldsymbol{H}=\begin{bmatrix}1&1&1&1&0\\1&0&1&0&1\end{bmatrix}$$

由此算出$l=1$(l是$\boldsymbol{H}$中线性无关的列数)，$d=2$(d是码的最小距离，$d=l+1$)，$t=\left[\frac{d-1}{2}\right]=\left[\frac{2-1}{2}\right]=0$(纠错能力的计算方法)，纠错能力为$t=0$，除全零码外，标准阵列中还有部分重量等于1的矢量作为陪集首。

例 3-21 (7,4)系统码生成矩阵为

$$\boldsymbol{G}=\begin{bmatrix}1&0&0&0&1&1&1\\0&1&0&0&1&1&0\\0&0&1&0&1&0&1\\0&0&0&1&0&1&1\end{bmatrix}$$

校验矩阵为

$$\boldsymbol{H}=\begin{bmatrix}1&1&1&0&1&0&0\\1&1&0&1&0&1&0\\1&0&1&1&0&0&1\end{bmatrix}$$

由此算出$l=2$，$d=3$，$t=\left[\frac{d-1}{2}\right]=\left[\frac{3-1}{2}\right]=1$，列出它的标准阵列如表3-11所示。

从表3-11可看出，上述(7,4)码是完备汉明码。

表 3-11　(7,4)系统码的标准阵列

0000000	0001011	0010101	001110	0100110	0101101	0110011	0111000	1000111	1001100	1010010	1011001	1100001	1101010	1110100	1111111
0000001	0001010	0010100	0011111	0100111	0101100	0110010	0111001	1000110	1001101	1010011	1011000	1100000	1101011	1110101	1111110
0000010	0001001	0010111	0011100	0100100	0101111	0110001	0111010	1000101	1001110	1010000	1011011	1100011	1101000	1110110	1111101
0000100	0001111	0010001	0011010	0100010	0101001	0110111	0111100	1000011	1001000	1010110	1011101	1100101	1101110	1110000	1111011
0001000	0000011	0011101	0010110	0101110	0100101	0111011	0110000	1001111	1000100	1011010	1010001	1101001	1100010	1111100	1110111
0010000	0011011	0000101	0001110	0110110	0111101	0100011	0101000	1010111	1011100	1000010	1001001	1110001	1111010	1100100	1101111
0100000	0101011	0110101	0111110	0000110	0001101	0100011	0011000	1100111	1101100	1110010	1111001	1000001	1001010	1010100	1011111
1000000	1001011	1010101	1011110	1100110	1101101	1110011	1111000	0000111	0001100	0010010	0011001	0100001	0101010	0110100	0111111

3.8 线性分组码的实现与仿真

利用 MATLAB 来实现线性分组码的生成矩阵、校验矩阵、编码、译码，可以进一步加深对线性分组码的概念以及实现原理的理解；通过编程和 Simulink 对通信过程进行仿真，可以对通信系统的组成及各组成模块之间的关系有较好的掌握；同时通过仿真可以理解纠错编码在整个通信过程中的重要性。

3.8.1 生成矩阵与校验矩阵

1. 从码元符号与信息符号的关系得到生成矩阵

在进行编码时，有时候并不知道编码的生成矩阵，而只知道码元符号与信源符号之间的线性关系，由这些线性关系可以求出生成矩阵。

对于例 3-2，已知码元符号与信源符号的关系，获得生成矩阵的方法如下：

程序 3_1（program3_1.m）

```
%由已知的线性关系得出生成矩阵
%信源符号 u=(u3,u2,u1,u0),码符号 c=(c6,c5,c4,c3,c2,c1,c0)
%码符号与信源符号的关系为 c6=u3,c5=u2,c4=u1,c3=u3+u2+u1,c2=u0,c1=u3+u2+u0,
%c0=u3+u1+u0
%将码符号的每一位用 4 位信源符号来表示
c6=[1 0 0 0]; %c6=u3,只与 u3 有关,对应系数为 1,与 u2,u1,u0 无关,则对应系数为 0
c5=[0 1 0 0]; %c5=u2
c4=[0 0 1 0]; %c4=u1
c3=[1 1 1 0]; %c3=u3+u2+u1
c2=[0 0 0 1]; %c2=u0
c1=[1 1 0 1]; %c1=u3+u2+u0
c0=[1 0 1 1]; %c0=u3+u1+u0
G=[(c6)',(c5)',(c4)',(c3)',(c2)'(c1)',(c0)'];
```

运行该程序后，在 MATLAB 命令窗口（COMMAND WINDOW）输入 G，结果如下：

```
G =
    1    0    0    1    0    1    1
    0    1    0    1    0    1    0
    0    0    1    1    0    0    1
    0    0    0    0    1    1    1
```

2. 从码元符号与信息符号的关系得到校验矩阵

在进行编码时，有时候并不知道编码的校验矩阵，而只知道校验位与信源符号之间的线性关系，由这些线性关系可以求出校验矩阵。

对于 3.2.2 节内容，已知信息元与校验元的关系，获得校验矩阵的方法如下：

程序 3_2(program3_2.m)

```
%由已知的线性关系得出校验矩阵
%信源符号 u = (u2,u1,u0),码符号 c = (c6,c5,c4,c3,c2,c1,c0)
%码符号与信源符号的关系为 c6 = u2,c5 = u1,c4 = u0,c3 = u2 + u0,c2 = u2 + u1 + u0,c1 = u2 + u1,
%c0 = u1 + u0
%则信息元与校验元的关系为 c3 = c6 + c4,c2 = c6 + c5 + c4,c1 = c6 + c5,c0 = c5 + c4
%因二进制数自身相加为 0,则有 c6 + c4 + c3 = 0,c6 + c5 + c4 + c2 = 0,c6 + c5 + c1 = 0,c5 + c4 + c0 = 0
%将等式用码符号的 7 位符号来表示
%c6 + c4 + c3 = 0,与 c6,c4,c3 有关,对应系数为 1,与 c5,c2,c1,c0 无关,则对应系数为 0
%1 × c6 + 0 × c5 + 1 × c4 + 1 × c3 + 0 × c2 + 0 × c1 + 0 × c0 = 0
%[1 0 1 1 0 0 0]·[c6 c5 c4 c3 c2 c1 c0]' = 0
r3 = [1 0 1 1 0 0 0];
%c6 + c5 + c4 + c2 = 0,则 1 × c6 + 1 × c5 + 1 × c4 + 0 × c3 + 1 × c2 + 0 × c1 + 0 × c0 = 0
%[1 1 1 0 1 0 0]·[c6 c5 c4 c3 c2 c1 c0]' = 0
r2 = [1 1 1 0 1 0 0];
%c6 + c5 + c1 = 0,则 1 × c6 + 1 × c5 + 0 × c4 + 0 × c3 + 0 × c2 + 1 × c1 + 0 × c0 = 0
%[1 1 0 0 0 1 0]·[c6 c5 c4 c3 c2 c1 c0]' = 0
r1 = [1 1 0 0 0 1 0];
%c5 + c4 + c0 = 0,则 0 × c6 + 1 × c5 + 1 × c4 + 0 × c3 + 0 × c2 + 0 × c1 + 1 × c0 = 0
%[0 1 1 0 0 0 1]·[c6 c5 c4 c3 c2 c1 c0]' = 0
r0 = [0 1 1 0 0 0 1];
H = [r3;r2;r1;r0];
```

运行该程序后,在 MATLAB 命令窗口(COMMAND WINDOW)输入 H,结果如下:

```
H =
     1     0     1     1     0     0     0
     1     1     1     0     1     0     0
     1     1     0     0     0     1     0
     0     1     1     0     0     0     1
```

3. 利用 hammgen()函数产生生成矩阵和校验矩阵

MATLAB 有大量的库函数,很方便编程。可以利用 MATLAB 的 hammgen()函数产生生成矩阵和校验矩阵。

hammgen 函数的功能:产生汉明码生成矩阵和校验矩阵。

语法:$\boldsymbol{H}=\text{hammgen}(r)$;

$[\boldsymbol{H},\boldsymbol{G}]=\text{hammgen}(\cdots)$;

$[\boldsymbol{H},\boldsymbol{G},n,k]=\text{hammgen}(\cdots)$;

说明:用 $\boldsymbol{H}=\text{hammgen}(r)$产生 $r\times n$ 汉明校验矩阵(r 为校验位数,n 是码长)。

用$[\boldsymbol{H},\boldsymbol{G}]=$ hammgen(…)产生生成矩阵 $\boldsymbol{G}$ 和校验矩阵 $\boldsymbol{H}$。

用$[\boldsymbol{H},\boldsymbol{G},n,k]=$ hammgen(r)产生生成矩阵 $\boldsymbol{G}$ 和校验矩阵 $\boldsymbol{H}$,码长 n 以及信息位长度 k。

例如,若 $r=3$,$[\boldsymbol{H},\boldsymbol{G},n,k]=$ hammgen(3)。

代码$[H,G,n,k]=$hammgen(3)运行结果为

```
H =
    1    0    0    1    0    1    1
    0    1    0    1    1    1    0
    0    0    1    0    1    1    1
G =
    1    1    0    1    0    0    0
    0    1    1    0    1    0    0
    1    1    1    0    0    1    0
    1    0    1    0    0    0    1
n =
    7
k =
    4
```

4. 生成矩阵与校验矩阵的相互转换

如果知道生成矩阵，根据生成矩阵与校验矩阵之间的关系可以求出校验矩阵。同样，如果知道校验矩阵，根据生成矩阵与校验矩阵之间的关系可以求出生成矩阵。

(1) 标准形式的生成矩阵转化为校验矩阵。

实现方法如下：

```
% 标准形式的生成矩阵转化为校验矩阵
G = [1 0 0 0 1 0 1; 0 1 0 0 1 1 1; 0 0 1 0 0 1 0; 0 0 0 1 0 1 0]; % 标准形式的生成矩阵
H = gen2par(G); % 该函数用来将标准形式的生成矩阵转换为校验矩阵
```

运行结果如下：

```
H =
    1    1    0    0    1    0    0
    0    1    1    1    0    1    0
    1    1    0    0    0    0    1
```

(2) 标准形式的校验矩阵转化为生成矩阵。

实现方法如下：

```
% 标准形式的校验矩阵转化为生成矩阵
H = [1 0 1 1 0 0 0; 1 1 1 0 1 0 0; 1 1 0 0 0 1 0; 0 1 1 0 0 0 1]; % 标准形式的校验矩阵
G = gen2par(H); % 该函数用来将标准形式的校验矩阵转换为生成矩阵
```

运行结果如下：

```
G =
    1    0    0    1    1    1    0
    0    1    0    0    1    1    1
    0    0    1    1    1    0    1
```

3.8.2 编码

利用 MATLAB 实现线性分组码编码的方法比较多，我们对其中的几种方法加以介绍。

1. 利用 encode 函数来实现编码

语法：code=encode(msg,n,k)；

code＝encode(msg,n,k,method,opt)；

[code,added]＝encode(…)；

说明：这个函数可完成三种主要的差错控制编码，汉明码、线性分组码、循环码。

code＝encode(msg, n, k)对二进制信息 msg 进行汉明编码。信息位为 k bit，码字长为 n bit。生成矩阵是系统默认的 msg 可用一个矢量形式或 k 列矩阵的形式表达。汉明码是一种可纠正单个错误的线性分组码。

code＝encode(msg,n,k,method, opt)是使用这一函数的通用形式。式中，msg 是信息；method 是编码方式；n 是码字长度；k 是信息位长度；opt 是有些编码方式需要的参数，具体含义如表 3-12 所示。

表 3-12 encode 函数的参数用法

method	含　义	opt
'hamming'	汉明编码	可用来指定一个原始多项式，如省略，则使用默认多项式
'linear'	线性分组码	opt 必须指定一个校验矩阵
'cyclic'	循环码	必须指定一个生成多项式

在所有编码的方式中，信息位必须以二进制矢量方式或列矩阵的形式表示。

在[code,added]＝encode(…)中，输出函数为使输入信息位数达到 k 时所需添加的列数，添加的信息位是“0”。

```
code = encode([1 0 0 1],7,4); % 产生(7,4)汉明码，生成矩阵是系统默认的，这里输入的 k = 4
```

运行结果如下：

```
code =
     0     1     1     1     0     0     1
[code,added] = encode([1 0 0],7,4);     % 这里输入的 k = 3，编码时添加了 1 位"0"
```

运行结果如下：

```
code =
     1   1     0     1     0     0     0
added =
     1
```

下面以线性分组码为例，看看如何使用 encode 函数。

已知(7,4)线性分组码，其生成矩阵为 $\boldsymbol{G}=\begin{bmatrix}1&0&0&1&0&1&1\\0&1&0&1&0&1&0\\0&0&1&1&0&0&1\\0&0&0&0&1&1&1\end{bmatrix}$，根据不同的情况分别求编码。

(1) 如果信息序列已知，如 $\boldsymbol{m}=[1\ 0\ 0\ 1]$，采用线性分组码编码，则编码的语句如下：

```
msg = [1 0 0 1]; % 已知的信息序列
code = encode(msg,7,4,'linear', [1 0 0 1 0 1 1; 0 1 0 1 0 1 0; 0 0 1 1 0 0 1; 0 0 0 0 1 1 1]);
% 已知生成矩阵 G，调用 encode 函数进行(7,4)线性分组码的编码
```

运行结果如下：

```
code =
    1     0     0     1     1     0     0
```

（2）如果信息序列是随机产生的，则编码的语句如下：

```
msg = randi([0,1],1,4); % 随机产生长度为 4 的信息序列
code = encode(msg,7,4,'linear', [1 0 0 1 0 1 1; 0 1 0 1 0 1 0; 0 0 1 1 0 0 1; 0 0 0 0 1 1 1]);
% 已知生成矩阵 G,调用 encode 函数进行(7,4)线性分组码的编码
```

运行结果如下：

```
msg =
    0     0     1     0(每次运行产生的信息序列不同)
code =
    0     0     1     1     0     0     1
```

（3）如果要随机产生长串的信息序列，则编码的语句如下：

```
msg = randi([0,1],1,1000); % 随机产生长度为 1000 的信息序列
code = encode(msg,7,4,'linear', [1 0 0 1 0 1 1; 0 1 0 1 0 1 0; 0 0 1 1 0 0 1; 0 0 0 0 1 1 1]);
% 已知生成矩阵 G,调用 encode 函数进行(7,4)线性分组码的编码
```

注：如果产生的信息序列的长度不是 4 的整数倍，则编码时会自动在序列的末尾补零。

2. 利用生成矩阵来实现编码

利用 encode 函数编码，编码过程隐含在 encode 函数内部，为了加深对编码原理的理解，下面根据编码原理的编码步骤来实现译码。

例 3-22 如果生成矩阵为 $\boldsymbol{G}=\begin{bmatrix}1 & 0 & 0 & 1 & 0 & 1 & 1\\0 & 1 & 0 & 1 & 0 & 1 & 0\\0 & 0 & 1 & 1 & 0 & 0 & 1\\0 & 0 & 0 & 0 & 1 & 1 & 1\end{bmatrix}$，根据不同情况分别求编码结果。

（1）信息序列 $\boldsymbol{m}=[1\ 0\ 1\ 1]$，求编码后的序列 c。则编码的语句如下：

```
G = [1 0 0 1 0 1 1; 0 1 0 1 0 1 0; 0 0 1 1 0 0 1; 0 0 0 0 1 1 1];     % 生成矩阵
m = [1 0 1 1];                                                         % 信息码字
c = rem(m * G,2);                                                      % 生成码字
disp(c)                                                                % 显示编码结果
```

运行结果如下：

```
1     0     1     0     1     0     1
```

（2）如果自己设置信息序列，并显示编码结果，则语句如下：

```
G = [1 0 0 1 0 1 1; 0 1 0 1 0 1 0; 0 0 1 1 0 0 1; 0 0 0 0 1 1 1];     % 生成矩阵
m = input('请输入信息码字：');                                          % 从命令窗口输入参数的函数
c = rem(m * G,2);                                                      % m 与 G 相乘后进行模 2 运算
fprintf('编码为：c = ')                                                 % 输出字符
```

```
disp(c);
```

注：输入的序列必须是矩阵形式的，如[1 0 1 0]，而不能为 1010 或 1 0 1 0。

运行结果如下：

```
请输入信息码字: [1 0 1 0]
编码为 c =    1    0    1    0    0    1    0
```

(3) 如果要得到所有的编码序列，并显示编码结果，则语句如下：

```
G = [1 0 0 1 0 1 1; 0 1 0 1 0 1 0; 0 0 1 1 0 0 1; 0 0 0 0 1 1 1]; % 生成矩阵
% 利用循环语句产生所有可能的信息序列
for i = 0: 1: 15
      a = dec2bin(i,4); % 将十进制的整数转换为二进制序列
      c = mod(a * G,2);
      disp(a);
      disp('对应的码字为: ');
      disp(c);
end
```

运行结果如下：

0000 对应的码字为

```
0    0    0    0    0    0    0
```

0001 对应的码字为

```
0    0    0    0    1    1    1
```

0010 对应的码字为

```
0    0    1    1    0    0    1
```

0011 对应的码字为

```
0    0    1    1    1    1    0
```

0100 对应的码字为

```
0    1    0    1    0    1    0
```

0101 对应的码字为

```
0    1    0    1    1    0    1
```

0110 对应的码字为

```
0    1    1    0    0    1    1
```

0111 对应的码字为

```
0    1    1    0    1    0    0
```

1000 对应的码字为

```
1    0    0    1    0    1    1
```

1001 对应的码字为

```
1    0    0    1    1    0    0
```

1010 对应的码字为

```
1    0    1    0    0    1    0
```

1011 对应的码字为

```
1    0    1    0    1    0    1
```

1100 对应的码字为

```
1    1    0    0    0    0    1
```

1101 对应的码字为

```
1    1    0    0    1    1    0
```

1110 对应的码字为

```
1    1    1    1    0    0    0
```

1111 对应的码字为

```
1    1    1    1    1    1    1
```

也可以用下面的方法得到所有的码字。

(7,4)分组码，已知校验矩阵，由校验矩阵求出生成矩阵，列出所有的信息码字，求出所有的编码码字。

```
H = [1 1 1 0 1 0 0; 0 1 1 1 0 1 0; 1 1 0 1 0 0 1]; %已知校验矩阵
G = gen2par(H);                                   %调用 MATLAB 函数求与 H 对应的生成矩阵
msg = [0 0 0 0; 0 0 0 1; 0 0 1 0; 0 0 1 1; 0 1 0 0; 0 1 0 1; 0 1 1 0; 0 1 1 1; …
      1 0 0 0; 1 0 0 1; 1 0 1 0; 1 0 1 1; 1 1 0 0; 1 1 0 1; 1 1 1 0; 1 1 1 1]; %列出所有信息序列
C = rem(msg * G,2);
```

运行结果如下：

```
C =
     0     0     0     0     0     0     0
     0     0     0     1     0     1     1
     0     0     1     0     1     1     0
     0     0     1     1     1     0     1
     0     1     0     0     1     1     1
     0     1     0     1     1     0     0
     0     1     1     0     0     0     1
     0     1     1     1     0     1     0
     1     0     0     0     1     0     1
     1     0     0     1     1     1     0
     1     0     1     0     0     1     1
     1     0     1     1     0     0     0
```

```
    1     1     0     0     0     1     0
    1     1     0     1     0     0     1
    1     1     1     0     1     0     0
    1     1     1     1     1     1     1
```

3. 利用自定义函数来实现编码

为了方便编码,在已知生成矩阵的情况下可以利用自定义函数来实现编码。

对于(7,4)汉明码,若 $\boldsymbol{G}=\begin{bmatrix}1&0&0&0&1&0&1\\0&1&0&0&1&1&1\\0&0&1&0&1&1&0\\0&0&0&1&0&1&1\end{bmatrix}$,求编码码字。

方法一　如果给定 k 位信息,求出相应的 n 位码字,对应(7,4)汉明编码,实现的方法如下:

自定义函数:hmencode74_1.m,即

```
function bitcoded = hmencode74_1(m)
对输入的任意 4 位信息序列进行汉明编码,并输出编码序列
G = [1 0 0 0 1 0 1; 0 1 0 0 1 1 1; 0 0 1 0 1 1 0; 0 0 0 1 0 1 1];     % (7,4)汉明码的生成矩阵
bitcoded = mod(msg * G,2);                                            % 编码的码字
disp('编码后序列为: ');
disp(bitcoded);
```

程序 3_3(program3_3.m)

```
% 该程序调用 hmencode74_1.m 函数文件,得到编码结果
msg = [1 0 0 1];                          % 给定的 4 位信息
bitcoded = hmencode74_1(msg);             % 调用编码函数 hmencode74_1,得到编码码字
```

运行结果如下:

```
编码后序列为:
    1     0     0     1     1     1     0
```

对于其他的编码方式改变相应的参数和生成矩阵就可以得到相应的编码结果。

方法二　如果给定或随机产生的长串输入信息序列,要求出相应的编码序列,实现方法如下:

自定义的函数:hmencode74_2.m,即

```
function bitcoded = hmencode74_2(msg,G,k)
A = vec2mat(msg,k);                       % 输入的序列转换为矩阵,矩阵的列为 k
U = A * G;
U = mod(U,2);
bitcoded = reshape(U',1,[]);              % 重新构造为行矩阵输出
disp(bitcoded);                           % 显示编码结果
```

程序 3_4(program3_4.m)

```
% 该程序调用 hmencode74_2.m 函数文件,得到编码序列
msg = randi([0,1],1,40);                  % 随机产生的信息序列
```

```
G= [1 0 0 1 0 1 1; 0 1 0 1 0 1 0; 0 0 1 1 0 0 1; 0 0 0 0 1 1 1];    %生成矩阵
k = 4;                                          %信息元长度
bitcoded = hmencode74_2 (msg,G,k); %调用编码函数 hmencode74_2,得到编码序列
```

运行结果如下：

```
Columns 1 through 27
0    1    0    1    1    0    1    1    1    0    0    0    0    1    0    1    0    1
1    0    1    0    0    0    0    0    0
Columns 28 through 54
0    1    1    1    1    0    0    0    1    1    0    0    1    1    0    0    0    0
0    0    0    0    0    0    0    0    0
Columns 55 through 70
0    0    1    1    0    0    0    0    1    0    1    0    1    0    1    0
```

注：每次运行结果均不相同，因为序列是随机产生的。

方法一和方法二的区别有：方法一只能对单个长度为 k 的信息求编码码字。方法二不限信息的长度，对输入的任意长串序列进行编码。方法二将生成矩阵、信息长度和编码长度参数都放在程序 3_4 中，这样更具有通用性，在不用修改函数文件的情况下，只要改变程序 3_4 中相应的参数，就可以进行其他方式的编码；如果将生成矩阵、信息长度和编码长度参数都放在 encode74_2. m 函数文件中，要进行其他的编码，则必须修改函数文件。

3.8.3 译码

1. 利用库函数(decode)来实现译码

语法：msg=decode(code,n,k)；

msg=decode(code,n,k,method,opt1,opt2,opt3,opt4)；

[msg,err]=decode(…)；

[msg,err,ccode]=decode(…)；

[msg,err,ccode,cerr]=decode(…)；

说明：这个函数对接收到的码字进行译码，恢复出原始的信息，译码参数和方式必须和编码时采用的严格相同。

msg=decode(code,n,k)是对码长为 n，信息位长度为 k 的汉明码进行译码。

msg=decode(code,n,k,method,opt1,opt2,opt3,opt4)对接收到的码字，按 method 指定的方式进行译码。opt1,opt2,opt3 和 opt4 是可选项参数，它们的用法如表 3-13 所示。

表 3-13 decode 函数的参数用法

method	含　义	opt
'hamming'	汉明译码	opt1 可用来指定一个原始多项式，也可省略不用，opt2 不用
'linear'	线性分组码译码	opt1 必须指定一个校验矩阵，opt2 用来指定一个检错逻辑电路，如果省略，则默认单个错纠正逻辑
'cyclic'	循环码译码	opt1 是必须指定的生成多项式，可使用 cycpoly 函数选择一个合适的循环多项式，opt2 用来指定一个检错逻辑电路，如果省略，则默认单个错纠正逻辑

译码器输出 msg 与码字 code 的格式匹配，当码字是一个 n 列矩阵时，输出 msg 信息以 k 列矩阵表示。当 decode 函数输入的码字与 encode 函数的格式不一样时，这个函数停止工作。

用[msg,err]=decode(…)可输出译码过程检测出的错误数。当 err 为复数时，它表示纠错逻辑对差错控制无能为力了。

[msg,err,ccode]=decode(…)输出纠正的码字。

[msg,err,ccode,cerr]=decode(…)输出 ccode 每行的错误数。在'convol'方式下，cerr 表示输出译码判决的计算尺度，而不是纠错个数。

下面以线性分组码为例，看看如何使用 decode 函数。

已知(7,4)线性分组码，生成矩阵为 $\boldsymbol{G}=\begin{bmatrix}1&0&0&0&1&0&1\\0&1&0&0&1&1&1\\0&0&1&0&0&1&0\\0&0&0&1&0&1&0\end{bmatrix}$，在不同的情况下分别求译码结果。

(1) 如果接收到的序列为已知，若 $\boldsymbol{r}=[1\ 0\ 0\ 1\ 0\ 1\ 1]$，进行线性分组码译码，则译码的语句如下：

```
r = [1 0 0 1 0 1 1]; % 接收到的序列
msg = decode(r,7,4,'linear', [1 0 0 0 1 0 1; 0 1 0 0 1 1 1; 0 0 1 0 0 1 0; 0 0 0 1 0 1 0]); % 线性分
% 组码译码,生成矩阵必须是标准形式的
```

运行结果如下：

```
msg =
    1     0     0     1
```

若 $\boldsymbol{r}=[1\ 0\ 0\ 1\ 0\ 1\ 0]$，则译码的语句如下：

```
r = [1 0 0 1 0 1 0]; % 接收到的序列
msg = decode(r,7,4,'linear', [1 0 0 0 1 0 1; 0 1 0 0 1 1 1; 0 0 1 0 0 1 0; 0 0 0 1 0 1 0]); % 线性分
% 组码译码,生成矩阵必须是标准形式的
```

运行结果如下：

```
msg =
    0     0     0     1
```

(2) 如果接收到的码字是随机产生的，则译码的语句如下：

```
r = randi([0,1],1,7); % 随机产生长度为 7 的接收序列
msg = decode(r,7,4,'linear', [1 0 0 0 1 0 1; 0 1 0 0 1 1 1; 0 0 1 0 0 1 0; 0 0 0 1 0 1 0]); % 线性分
% 组码译码,生成矩阵必须是标准形式的
```

运行结果如下：

```
r =
    1     1     1     1     1     0     1(每次运行产生的码不同)
msg =
    1     0     1     1
```

(3) 如果接收到的是随机产生的长串序列，则译码的语句如下：

```
r = randi([0,1],1,1000); % 随机产生长度为 1000 的信息序列
msg = decode(r,7,4,'linear', [1 0 0 0 1 0 1; 0 1 0 0 1 1 1; 0 0 1 0 0 1 0; 0 0 0 1 0 1 0]); % 线性分
% 组码译码,生成矩阵必须是标准形式的
```

注：如果产生的接收序列的长度不是 7 的整数倍，则译码时会自动在序列的末尾补零。

2. 利用校验矩阵实现译码

利用 decode 函数译码，译码过程隐含在 decode 函数内部，为了加深对译码原理的理解，下面根据译码原理的译码步骤来实现译码。

已知校验矩阵 $\boldsymbol{H}=\begin{bmatrix}1&1&1&0&1&0&0\\1&1&0&1&0&1&0\\1&0&1&1&0&0&1\end{bmatrix}$，求接收到码字的译码。

(1) 利用错误图样译码。

程序 3_5(program3_5.m)

```
% (7,4)线性码的译码
% r 为接收到的码元,H 为监督矩阵
% S 为校正子,code 为纠错后的码元
r = input('请输入接收到的码元(矩阵形式 7 位): ');           % 从命令窗口输入接收码字
H = [ 1 1 1 0 1 0 0; 1 1 0 1 0 1 0; 1 0 1 1 0 0 1];          % 校验矩阵
S0 = rem([0 0 0 0 0 0 0] * H',2);                            % 求错误图样的校正子
S1 = rem([0 0 0 0 0 0 1] * H',2);
S2 = rem([0 0 0 0 0 1 0] * H',2);
S3 = rem([0 0 0 0 1 0 0] * H',2);
S4 = rem([0 0 0 1 0 0 0] * H',2);
S5 = rem([0 0 1 0 0 0 0] * H',2);
S6 = rem([0 1 0 0 0 0 0] * H',2);
S7 = rem([1 0 0 0 0 0 0] * H',2);
S = rem(r * H',2);                                           % 模 2 加
if S == S0
    code = bitxor(r,[0 0 0 0 0 0 0]);                        % 由接收码字和对应的错误图样求码字
end
if S == S1
    code = bitxor(r,[0 0 0 0 0 0 1]);
end
if S == S2
      y1 = bitxor(r,[0 0 0 0 0 1 0]);
end
if S == S3
    code = bitxor(r,[0 0 0 0 1 0 0]);
end
if S == S4
    code = bitxor(r,[0 0 0 1 0 0 0]);
end
if S == S5
      y1 = bitxor(r,[0 0 1 0 0 0 0]);
end
```

```
if S == S6
    code = bitxor(r,[0 1 0 0 0 0 0]);
end
if S == S7
    code = bitxor(r,[1 0 0 0 0 0 0]);
end
disp('纠错后的码元为: ');
disp(code);
u = zeros(1,4);
u = [code(: ,1),code(: ,2),code(: ,3),code(: ,4)]; %因是系统码,因此原信息码是编码的前 4 位
disp('原信息码元为: ');
disp(u);
```

运行结果如下：

```
请输入接收到的码元(矩阵形式 7 位): [1 0 1 0 1 0 1]
纠错后的码元为:
    0    0    1    0    1    0    1

原信息码元为:
    0    0    1    0
```

(2) 利用校正子和校验矩阵的关系译码。

程序 3_6（program3_6. m）

```
%对接收到的序列进行译码,得到译码后的码字
H =[1 1 1 0 1 0 0; 0 1 1 1 0 1 0; 1 1 0 1 0 0 1];        %校验矩阵
r = input('请输入接收到的码元(矩阵形式 7 位): ');          %接收到的码字
S = mod(r * (H'),2);                                       %S 为校正子
E = [1 1 1 1 1 1 1];                                       %初始化错误图样
% ----------------------------------
for i = 1: 7 %用该 for 循环取出 H 中的每一列,然后与 S 相加
  T = H(: ,[i]);
  % ----------------------------------
  B1 = S + T';
  B = mod(B1,2);                                           %S 与 H 的第 i 列之和
    if (all(B(: ) == 0)) %若 S 与 H 的第 i 列之和 B 为零矩阵,则表示 r 中第 i 个码字有误
      fprintf('r 序列中错误码位是第: ');
      disp(i)
    else %如果 S 与 H 的第 i 列之和 B 不为零矩阵,则表示 r 中第 i 个码字无误。
      E(1,i) = 0;                                          %错误图样第 i 列为 0
    end;
end;
% ----------------------------------
C = mod((r + E),2);                                        %求出纠错后码字
fprintf('纠错后的码字应该为: C = ');
disp(C);
% ----------------------------------
% 显示编码前的原码字
u = zeros(1,4);
u = [C(: ,1),C(: ,2),C(: ,3),C(: ,4)]; %因为是系统码,因此原信息码是编码的前 4 位
```

```
disp('原信息码元为：');
disp(u);
```

运行结果如下：

```
请输入接收到的码元(矩阵形式7位)：[1 0 1 0 1 0 1]
r序列中错误码位是第：      3
纠错后的码字应该为：C =     1     0     0     0     1     0     1
原信息码元为：
     1     0     0     0
```

注：以上两种译码方法对于同样的接收码字[1 0 1 0 1 0 1]，得到的信息码字分别是[0 0 1 0]和[1 0 0 0]，不同的原因是两种编码使用的生成矩阵不同（校验矩阵不同）。

3.8.4 通信过程的编程仿真

纠错编码的目的是提高通信的可靠性，而衡量可靠性的一个重要指标是误码率，误码率越小，系统的可靠性越高。下面就利用MATLAB对通信过程进行仿真，以此来说明线性分组码对通信系统性能的改善。

1. 采用encode、decode函数进行编译码

程序3_7（program3_7.m）

```
%(7,4)汉明编码性能(纠错后还原为信息序列,与原信息序列进行比较)
bits = 100000;                                    %符号数
msg = randi([0,1],bits,1);                        %随机产生的信息序列
% -----------------------------------
SNR = 0: 1: 12;                                   %信噪比
L = length(SNR);
BER1 = zeros(1,L);
BER2 = zeros(1,L);
% -----------------------------------
modbit1 = pskmod(msg,2);                          %PSK调制
% -----------------------------------
for k = 1: L %未编码的序列,调制后经过高斯白噪声信道,再解调制,求误码
    y1 = awgn(modbit1,SNR(k),'measured');         %在传输序列中加入AWGN噪声
    demmsg1 = pskdemod(y1,2);                     %PSK解调
    recode = reshape(demmsg1',1,[]);              %重新构造为行矩阵
    error1 = (recode~ = msg');
    errornum = sum(error1);
    BER1(k) = errornum/length(msg);
end
% -----------------------------------
code = encode(msg,7,4,'hamming');                 %(7,4)汉明编码
modbit2 = pskmod(code,2);                         %PSK调制
% -----------------------------------
for k = 1: L %编码的序列,调制后经过高斯白噪声信道,再解调制,再纠错后求误码
    y2 = awgn(modbit2,SNR(k),'measured');         %在传输序列中加入AWGN噪声
    demmsg2 = pskdemod(y2,2);                     %PSK解调
    recode = reshape(demmsg2',1,[]);
    bitdecoded = decode(recode,7,4,'hamming');    %汉明译码
    % -----------------------------------
```

```
    %计算误码率
    error2 = (bitdecoded~ = msg');
    errorbits = sum(error2);
    BER2(k) = errorbits/length(msg);
end
% -----------------------------------
semilogy(SNR,(BER1),'b- * ')                        %画图
hold on
semilogy(SNR,(BER2),'r - o')
grid on
legend('未编码','(7,4)汉明编码');
xlabel('SNR/dB');
ylabel('BER');
title('(7,4)汉明编码性能');
```

运行结果如图 3-5 所示。

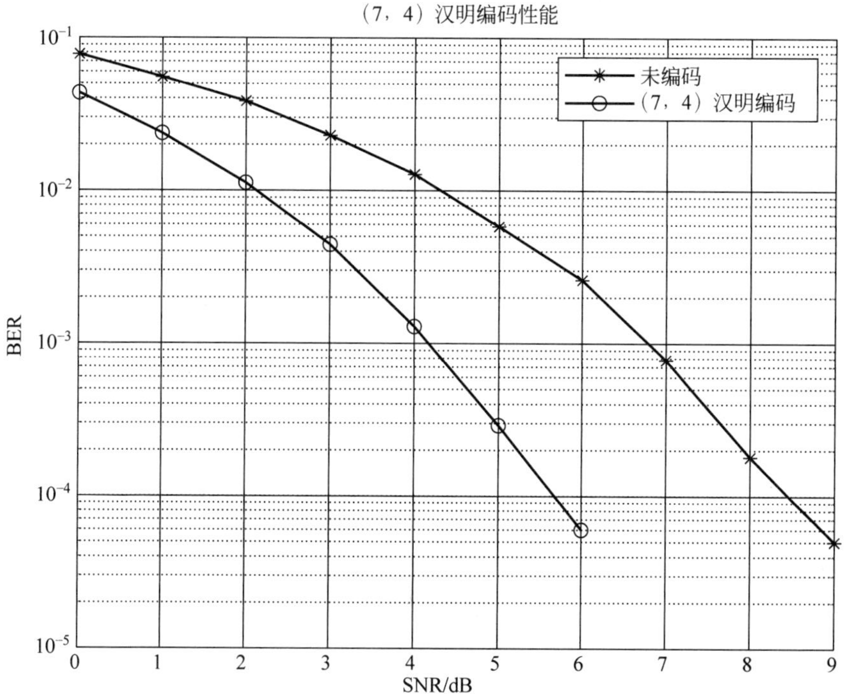

图 3-5 (7,4)汉明编码性能

由图 3-5 可见,采用(7,4)汉明编码后,通信系统的误码率大大降低。误码率的大小与多种因素有关,如编码方法、信道噪声、调制方式等,改变编码过程中相应的参数,则误码率也跟着发生改变。

2. 编程实现编译码

程序 3_8(program3_8. m)

```
%(7,4)汉明编码性能(包含编码和译码的过程)
```

```
bits = 100000;                                           % 符号数
msg = randi([0,1],bits,1);                               % 随机产生的信息序列
% ----------------------------------
G = [1 1 1 1 0 0 0; 1 0 1 0 1 0 0; 0 1 1 0 0 1 0; 1 1 0 0 0 0 1];   % 生成矩阵
H = [1 0 0 1 1 0 1; 0 1 0 1 0 1 1; 0 0 1 1 1 1 0];       % 监督矩阵
Et =   [0 0 0 0 0 0 0;
        0 0 0 0 0 0 1;
        0 0 0 0 0 1 0;
        0 0 0 0 1 0 0;
        0 0 0 1 0 0 0;
        0 0 1 0 0 0 0;
        0 1 0 0 0 0 0;
        1 0 0 0 0 0 0];                                  % 错误图样
Sm = Et * H';                                            % 对应的伴随式
% ----------------------------------
SNR = 0: 1: 12;                                          % 信噪比
L = length(SNR)
BER1 = zeros(1,L);
BER2 = zeros(1,L);
% ----------------------------------
modbit1 = pskmod(msg,2);                                 % 调制
for k = 1: L % 未编码的序列,调制后经过高斯白噪声信道,再解调制,求误码
    y1 = awgn(modbit1,SNR(k),'measured');                % 在传输序列中加入 AWGN 噪声
    demmsg1 = pskdemod(y1,2);                            % 解调
    recode = reshape(demmsg1',1,[]);
    error1 = (recode~ = msg');
    errornum = sum(error1);
    BER1(k) = errornum/length(msg);
end
% ----------------------------------
% 编码
A = vec2mat(msg,4);                                      % 序列转换为矩阵
U = A * G;
U = mod(U,2);
bitcoded = reshape(U',1,[]);
% ----------------------------------
modbit2 = pskmod(bitcoded,2);                            % 调制
% ----------------------------------
for k = 1: L % 编码的序列,调制后经过高斯白噪声信道,再解调制,再纠错后求误码
    y2 = awgn(modbit2,SNR(k),'measured');                % 在传输序列中加入 AWGN 噪声
    demmsg2 = pskdemod(y2,2);                            % 解调
    recode = reshape(demmsg2',1,[]);
    % ----------------------------------
    % 译码
        row = length(recode)/7;                          % 行数
        E = zeros(row,7);                                % 错误图样
        RM = zeros(row,7);                               % 纠错之后的矩阵
        R = vec2mat(recode,7);
        S = R * H';                                      % 伴随矩阵
        S = mod(S,2);
        RU = zeros(row,4);
        for i = 1: row
            for j = 1: 2^(7 - 4)                         % 查表纠错
                if(S(i,: ) == Sm(j,: ))
```

```
                E(i,: ) = Et(j,: );
                RM(i,: ) = R(i,: ) + E(i,: );
                RM(i,: ) = mod(RM(i,: ),2);
%根据生成矩阵知码的后 4 位是信息码
                RU(i,: ) = [RM(i,4),RM(i,5),RM(i,6),RM(i,7)];      %得到原信息码
                break;
            end
        end
    end
    bitdecoded = reshape(RU',1,[]);                                %转换为比特流
  % ------------------------------------
  %计算误码率
  error2 = (bitdecoded~ = msg');
  errorbits = sum(error2);
  BER2(k) = errorbits/length(msg);
end
% ------------------------------------
%画图
semilogy(SNR,(BER1),'b- * ')
hold on
semilogy(SNR,(BER2),'r - o')
grid on
legend('未编码',(7,4)编码)
xlabel('SNR/dB');
ylabel('BER');
title('(7,4)编码性能');
```

运行结果如图 3-6 所示。

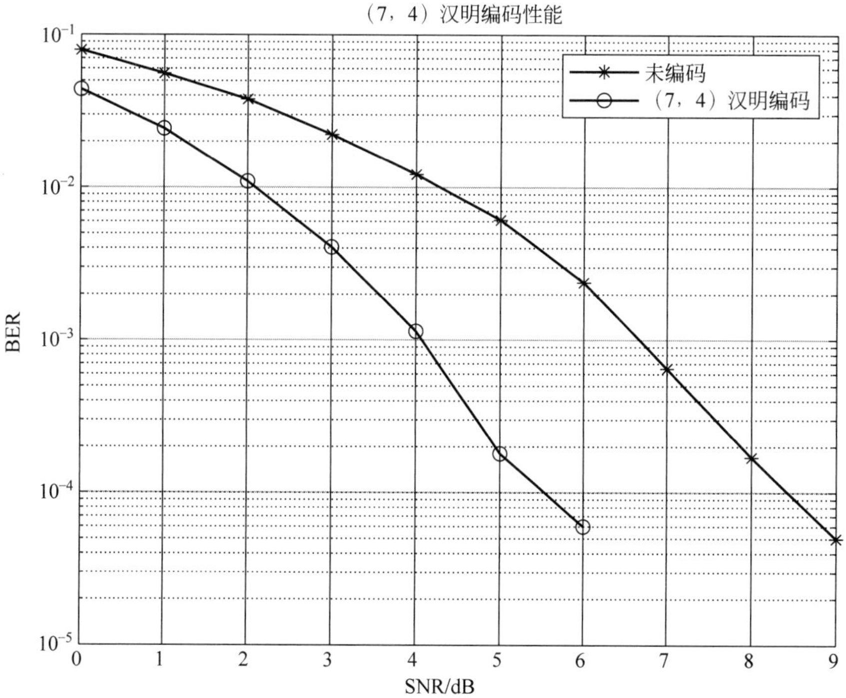

图 3-6 (7,4)汉明编码性能

比较图 3-5 和图 3-6 可知，这两个仿真图基本上是一模一样的，因为二者仿真条件相同，采用的都是(7,4)码，因此结果一致。不同之处是程序 3_7 隐藏了编译码的具体过程，由编译码函数实现，而程序 3_8 将具体的编译码过程写在了程序中。

3.8.5 Simulink 仿真

Simulink 是实现动态系统建模、仿真的一个集成环境。它的存在使 MATLAB 的功能得到进一步的扩展。这种扩展的意义表现在以下 3 方面：

(1) 实现了可视化建模，用户通过简单的鼠标操作就可建立起直观的系统模型，并进行仿真；

(2) 实现了多工作环境间文件互用和数据交换；

(3) 把理论研究和工程实现有机地结合在一起。

Simulink 为用户提供了用方框图进行建模的图形接口，具有直观、方便、灵活的优点。下面就采用 Simulink 对通信系统的性能进行仿真。

1. 二进制对称信道中采用线性分组码或汉明码

(1) 利用 Display 模块显示仿真结果。

在二进制对称信道(BSC)中，采用线性分组码，系统仿真模型(fzm_bsc_1. slx)如图 3-7 所示。

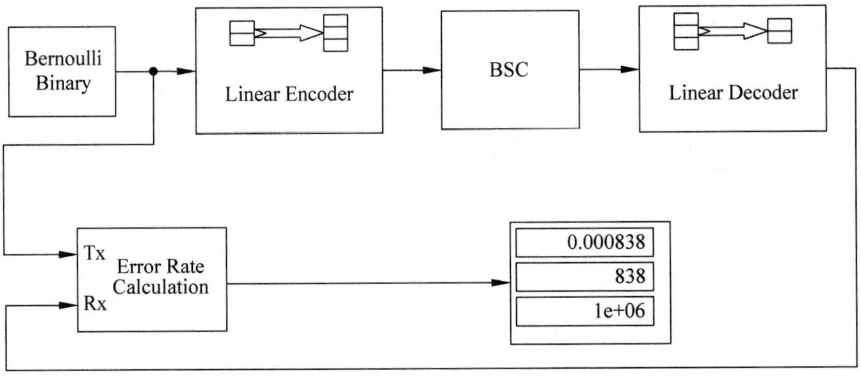

图 3-7 BSC 信道线性分组码系统仿真模型 1

fzm_bsc_1_V

图 3-7 中各模块的参数设置如图 3-8～图 3-13 所示。

图 3-7 中信号源是伯努利随机二进制信号发生器，产生采样时间为 1 的二进制信号，信息中"0""1"等价出现，传输环境是差错率为 0.01 的二进制对称信道。

在发射端和接收端分别设置线性分组码编码器和线性分组码译码器，线性分组码的生成矩阵为

$$\boldsymbol{G}=\begin{bmatrix}1&1&0&1&0&0&0\\0&1&1&0&1&0&0\\1&1&1&0&0&1&0\\1&0&1&0&0&0&1\end{bmatrix}$$

接收端还设置了差错率计算模块，并利用 Display 模块显示仿真结果。

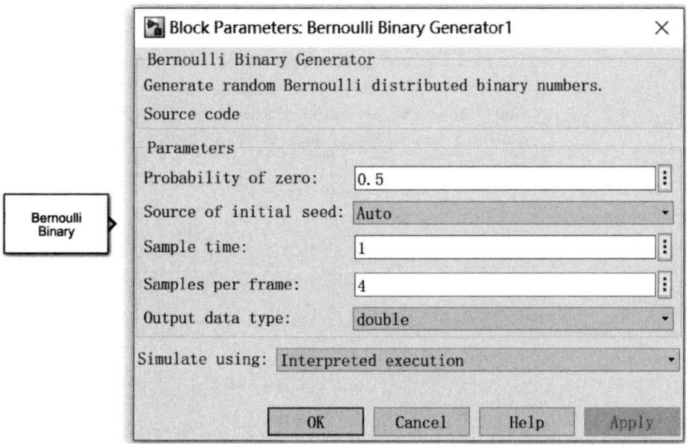

图 3-8　Bernoulli Binary Generator1 模块参数

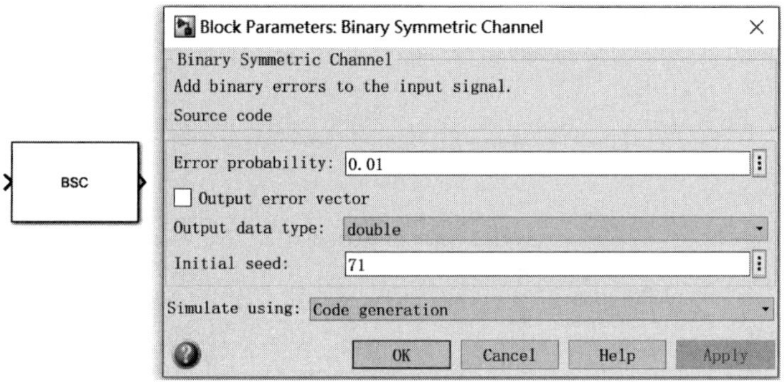

图 3-9　BSC 模块参数

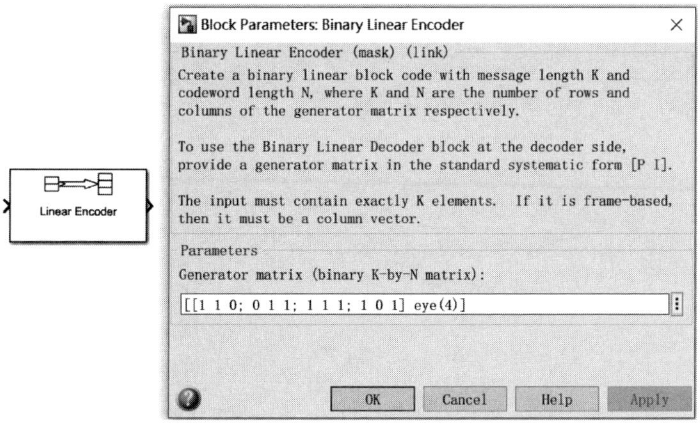

图 3-10　Binary Linear Encoder 模块参数

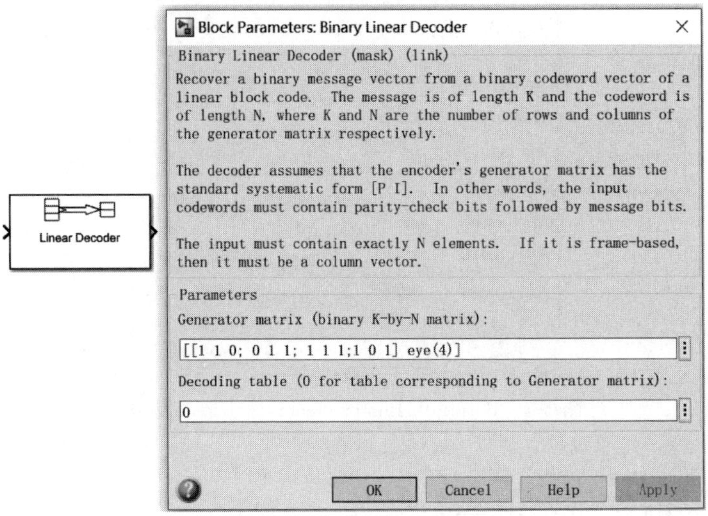

图 3-11 Binary Linear Decoder 模块参数

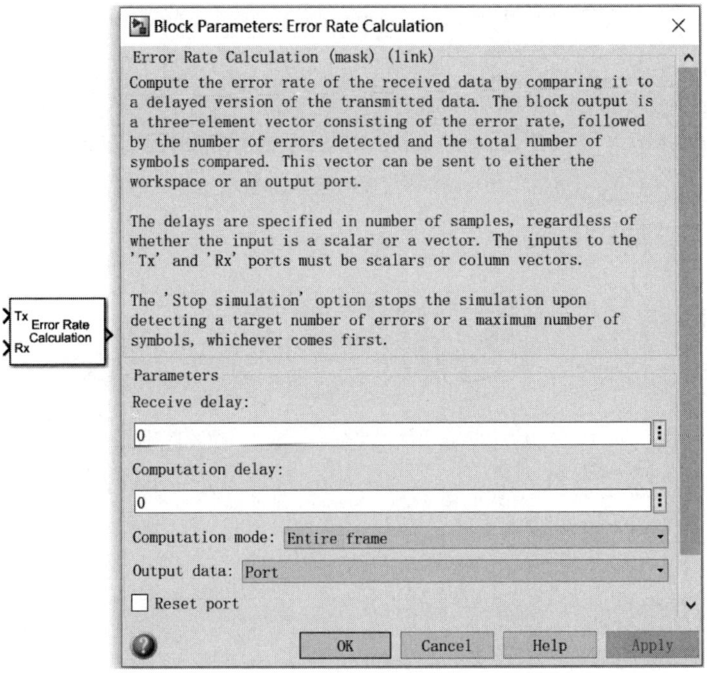

图 3-12 Error Rate Calculation 模块参数

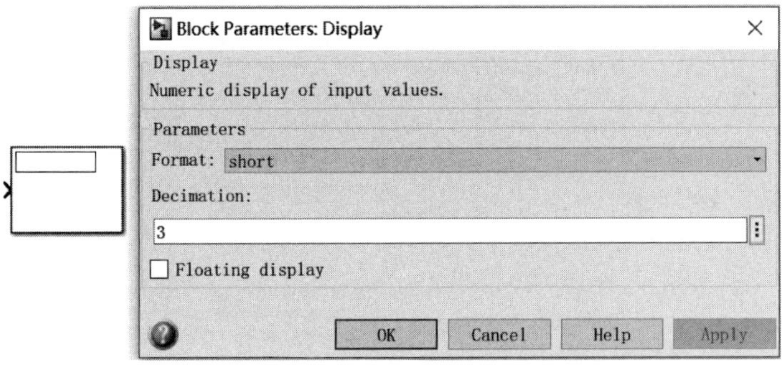

图 3-13 Display 模块参数

设置仿真结束时间(Simulation stop time)为 1000000,运行图 3-7 的仿真模型,结果由显示器(Display)给出。显示器的第一行显示误码率,第二行显示错误符号数,第三行显示总符号数。如果需要缩短仿真时间,则 Simulation stop time 值可以适当减小,但对于求误码率来说,取值不要小于 10000。另外,改变此参数后仿真结果会有微小变化。

虽然因为信道编码的结果使得传输效率变为 4/7,即发送 7 个码元中仅传递了 4 个码元的有效信息,但使得差错率由 0.01 降为 0.000838。由仿真结果可见,采用线性分组码编码后,通信系统的性能有所改善。

注:图 3-8 和图 3-9 中都有参数 Initial seed,是产生随机数的初始种子。Initial seed 的值可以任意设置,若设置参数改变,产生的随机数跟着改变。对于数量巨大的信息序列来说,不同的序列对仿真的结果几乎没有影响,图 3-8 采用了 Auto 值。图 3-9 中的 Initial seed 设置对仿真结果还是有一定的影响,但影响甚微。

(2) 利用曲线显示仿真结果。

图 3-7 仿真模型中利用 Display 模块显示仿真结果,只能看到当信道差错概率取某个值时的信号误码率。如果想要得到线性分组码的信号误码率与 BSC 信道差错概率之间的关系曲线,则系统仿真模型如图 3-14(fzm_bsc_2.slx)所示。

fzm_bsc_2_V

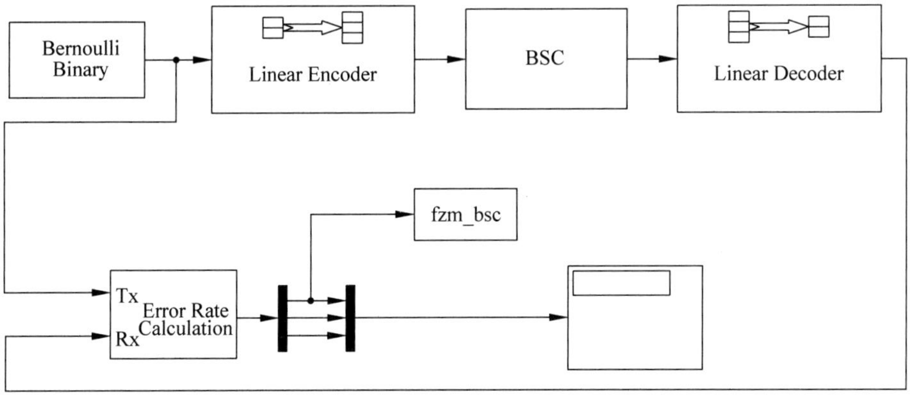

图 3-14 BSC 信道线性分组码系统仿真模型 2

图 3-14 中主要模块的参数设置如图 3-15 和图 3-16 所示。其余模块参数设置同前。

运行程序 3_9 就可以得到二进制对称信道差错概率与编码后错误率的关系。

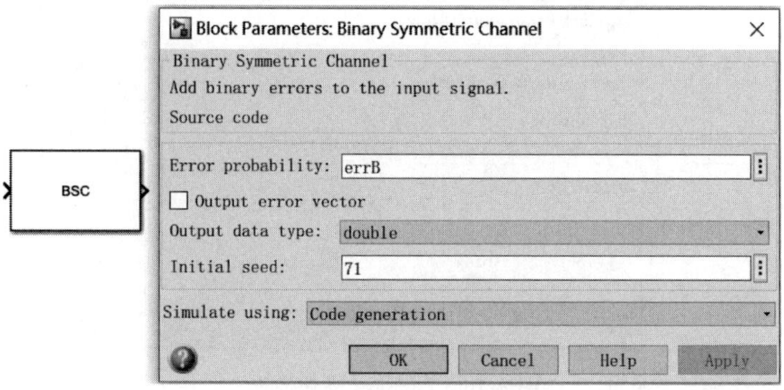

图 3-15 BSC 模块参数

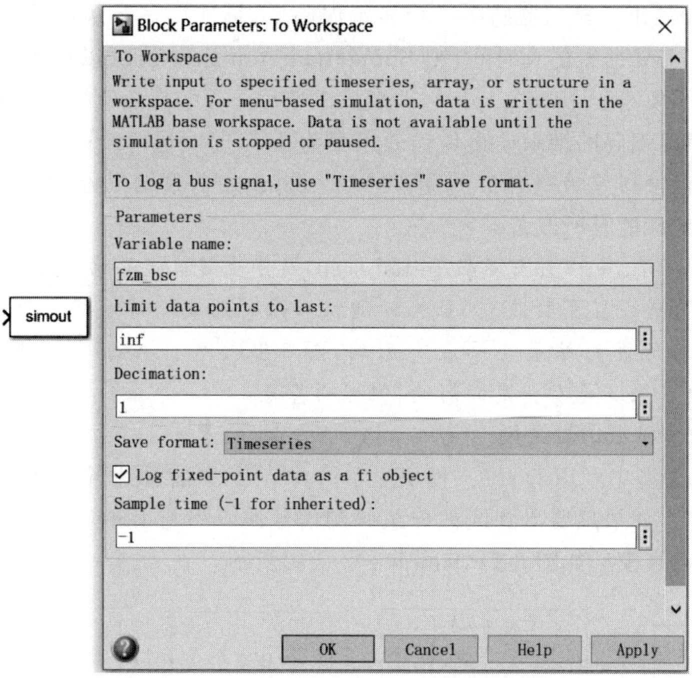

图 3-16 To Workspace 模块参数

程序 3_9（program3_9.m）

```
%二进制对称信道差错概率与编码后错误率的关系
er = 0:0.005:0.05; %二进制对称信道信道差错概率的取值范围
% ----------------------------------------------------------------------
%利用循环语句求错误率
for n = 1:length(er)
    errB = er(n);
    sim('fzm_bsc_2');                           %fzm_bsc_2 是被调用的仿真模型名
    S(n) = [mean(fzm_bsc)]';                    % fzm_bsc 是 to Workspace 模块变量名
    EN(n) = [er(n)]';
end
```

```
% ------------------------------------------------------------------
plot(EN,S,'b- * ');                          % 画图
grid
xlabel('信道差错概率');
ylabel('编码后错误率');
title('二进制对称信道中分组码性能');
```

运行结果如图 3-17 所示。

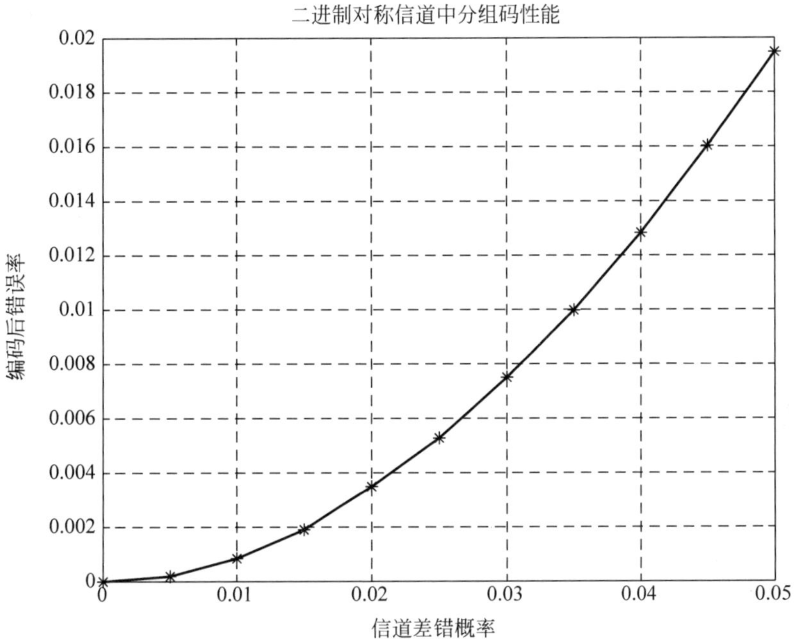

图 3-17 BSC 信道线性分组码性能 1

由图 3-17 可见，在给定信道差错概率的情况下，线性分组码对通信系统的性能有一定的改善。图 3-14 在仿真结束后示波器上显示的数值是信道差错概率取最后一个值时的误码率。

若改变程序 3_9 中二进制对称信道差错概率的取值范围，则运行结果相应地发生改变。将程序 3_9 中的语句“er＝0：0.005：0.05；”改为“er＝0：0.05：1；”即为程序 3_10（program3_10.m）（程序略），运行结果如图 3-18 所示。

由图 3-18 可见，尽管采用了线性分组码，但是当信道的差错概率不同时，系统的性能也不同，这是因为误码性能不但与信道的差错概率有关，与编码方式有关，也与译码方式有关。其实图 3-17 是图 3-18 中信道差错概率在 0～0.05 曲线放大。图 3-18 也说明，当信道差错概率在 0.1～0.9 时，编码几乎不起任何作用。当信道差错概率为 0.5 时，编码后错误率仍是 0.5，此时没有办法判别接收信息的错与对，所以任何编码方式都无能为力。一般情况下，二元对称信道的正确传递概率远大于错误传递概率，仿真结果如图 3-17 所示。在后面其他的仿真程序中信道的差错概率的取值也同程序 3_9。

注：程序文件和模型文件必须在同一个文件夹中。

(3) 编码和未编码的性能比较。

为了清楚、直观地表明编码对通信系统性能的改善，我们可以将编码前后的系统性能进

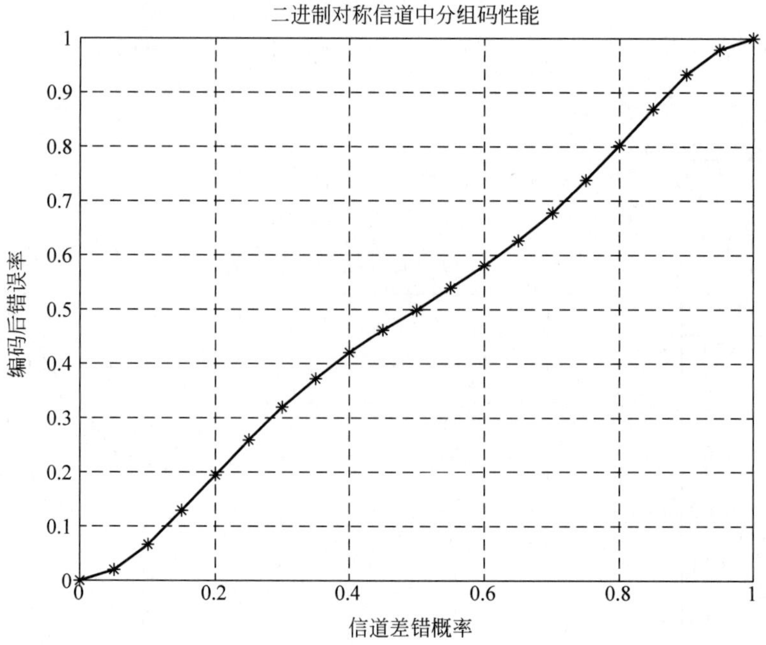

图 3-18　BSC 信道线性分组码性能 2

行比较。系统仿真模型如图 3-19 所示(hm_bsc_bj.slx)。

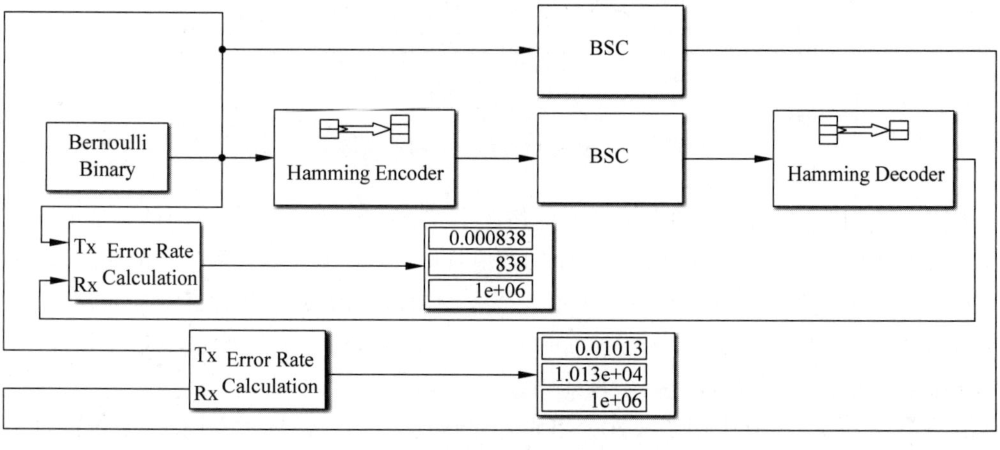

图 3-19　BSC 信道汉明码编码前后比较

hm_bsc_bj_V

在 BSC 信道中,将信道的错误符号概率设为 0.01,采用(7,4)汉明编码。由运行结果图 3-19 可以看出,编码后的错误率为 0.000838;未编码的错误率为 0.01013。编码后误码率大约下降到了一个量级。

如果采用其他的编码方式,改变相应的模块或只改变模块的参数即可。

2. 高斯白噪声信道中采用汉明码

(1) 利用 Display 模块显示仿真结果。

考虑到实际信道几乎不可能是 BSC 信道,所以下面在仿真中采用跟实际信道模型更接近的高斯白噪声信道(AWGN)。采用 AWGN 信道时,在通信系统的发送端必须增加调制模块,同时在接收端必须增加解调模块,如图 3-20 所示(hm_awgn_1. slx)。

hm_awgn_1_V

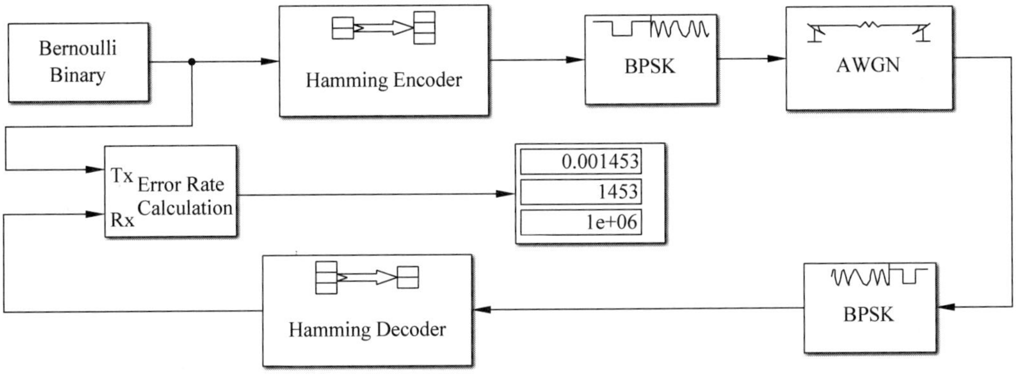

图 3-20 AWGN 汉明码系统仿真模型 1

图 3-20 仿真模型中增加了 BPSK 基带调制和解调两个模块,采用 AWGN 信道。AWGN 信道参数设置如图 3-21 所示。

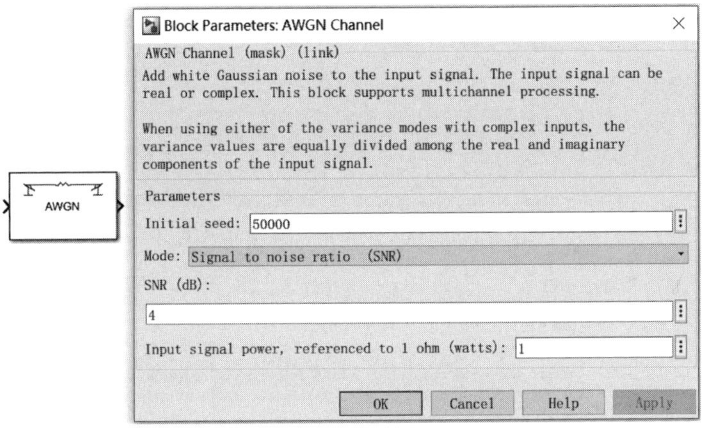

图 3-21 AWGN Channel 模块参数

仿真模型采用(7,4)汉明编码,AWGN 信道的信噪比设置为 4,Initial seed 为 50000 运行后的误码率为 0.001453,见图 3-20。只改变 Initial seed 的设置,也会影响运行结果,但影响甚微。

(2) 利用曲线显示仿真结果。

如果想要得到汉明编码的误码率与信道信噪比之间的关系,则仿真模型如图 3-22(hm_awgn_2. slx)所示。

图 3-22 中主要模块的参数设置如图 3-23 和图 3-24 所示。

程序 3_11(program3_11. m)

```
% 高斯白噪声信道汉明码性能
SNR = -1:1:8; % 信噪比
% ------------------------------------------------------------------
for n = 1:length(SNR) % 误码率计算
   snr = SNR(n);
```

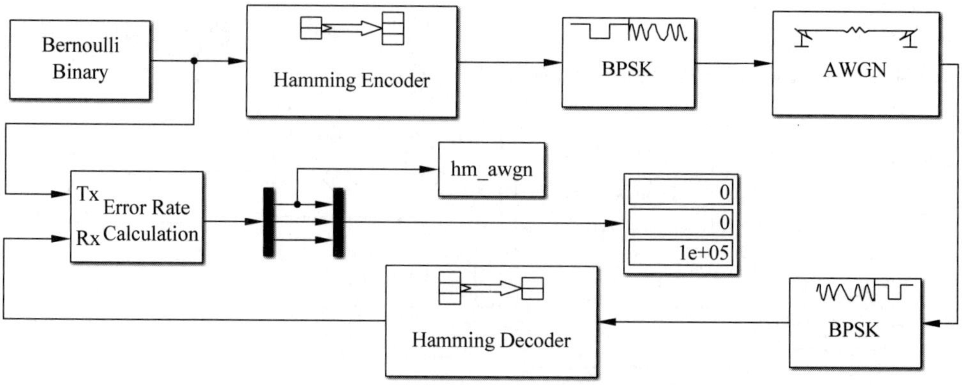

图 3-22　AWGN 汉明码系统仿真模型 2

hm_awgn_2_V

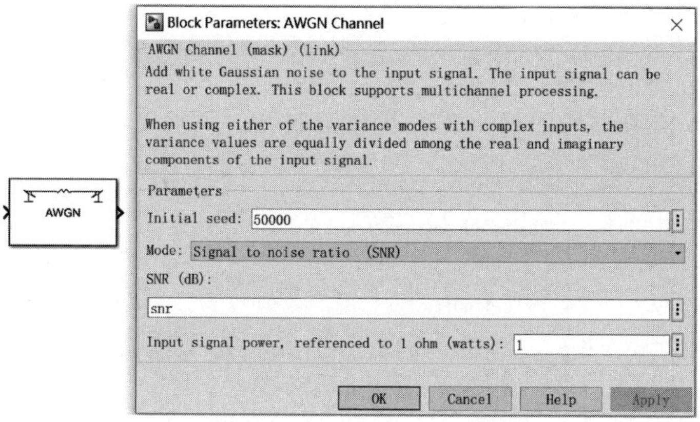

图 3-23　AWGN Channel 模块参数

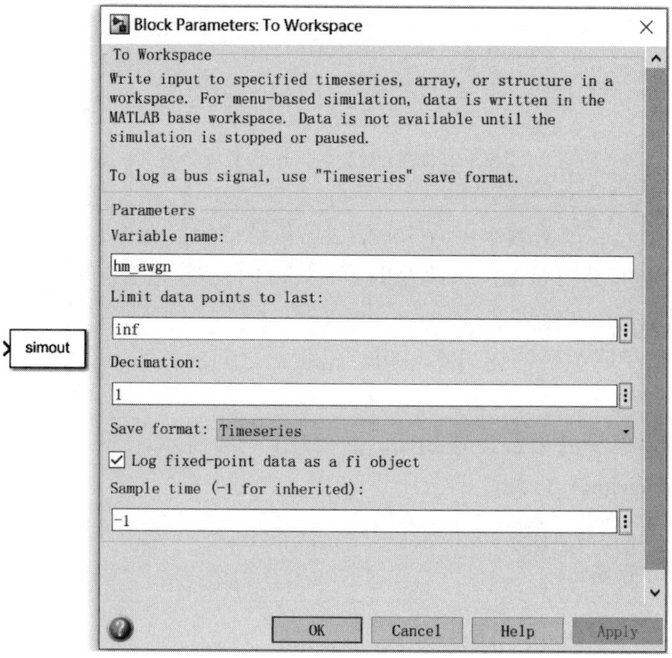

图 3-24　To Workspace 模块参数

```
    sim('hm_awgn_2')
    S2(n) = [mean(hm_awgn)]';
    S3(n) = S2(n) + eps;
    EN(n) = [SNR(n)]';
end
% ------------------------------------------------------------
semilogy(EN,S3,'b- * ') % 画图
axis([ - 1,8,1e - 5,1]);grid
xlabel('高斯白噪声信道信噪比 SNR(dB)');
ylabel('误码率');
title('高斯白噪声信道汉明码性能');
```

运行程序 program3_11. m,结果如图 3-25 所示。

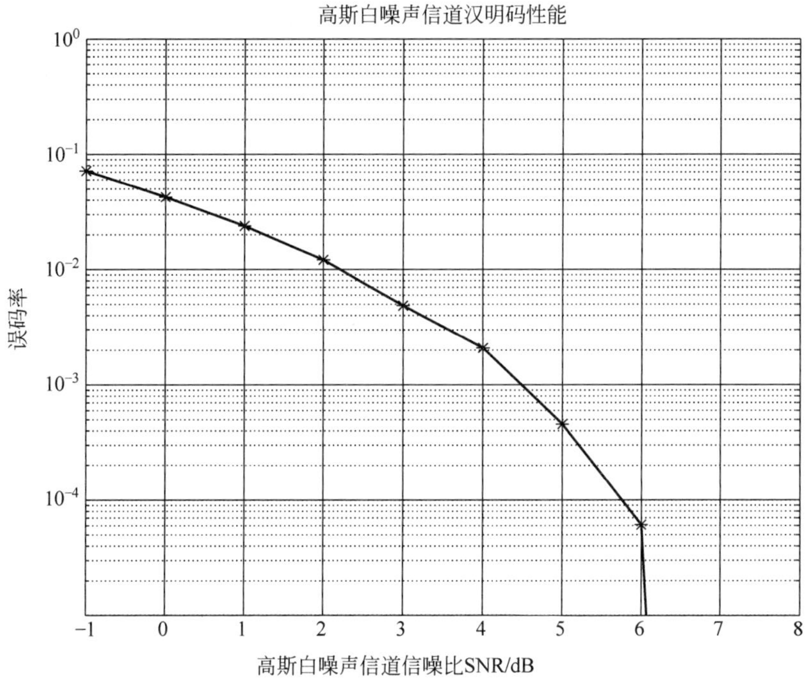

图 3-25　AWGN 信道汉明码性能

由图 3-25 可以看出,误码率随着 AWGN 信道信噪比的增大而降低。仿真图 3-22 中显示的数值是信道信噪比取最后一个值时的误码率。

(3) 编码和未编码的性能比较。

为了清楚、直观地说明高斯白噪声信道中汉明编码对通信系统性能的改善,可以将编码前后的系统性能进行比较。系统仿真模型如图 3-26 所示(hm_awgn_bj_1. slx)。

图 3-26 中,两个 AWGN 信道的信噪比均设置为 4,采用(7,4)汉明编码。由运行结果图 3-26 可以看出,未编码的误码率为 0. 01252,而编码后的误码率为 0. 001453,采用编码后误码率大约下降了一个量级。

如果要考虑不同信噪比情况下编码对系统性能的改善,仿真模型如图 3-27 所示(hm_awgn_bj_2. slx)。

hm_awgn_bj_1_V

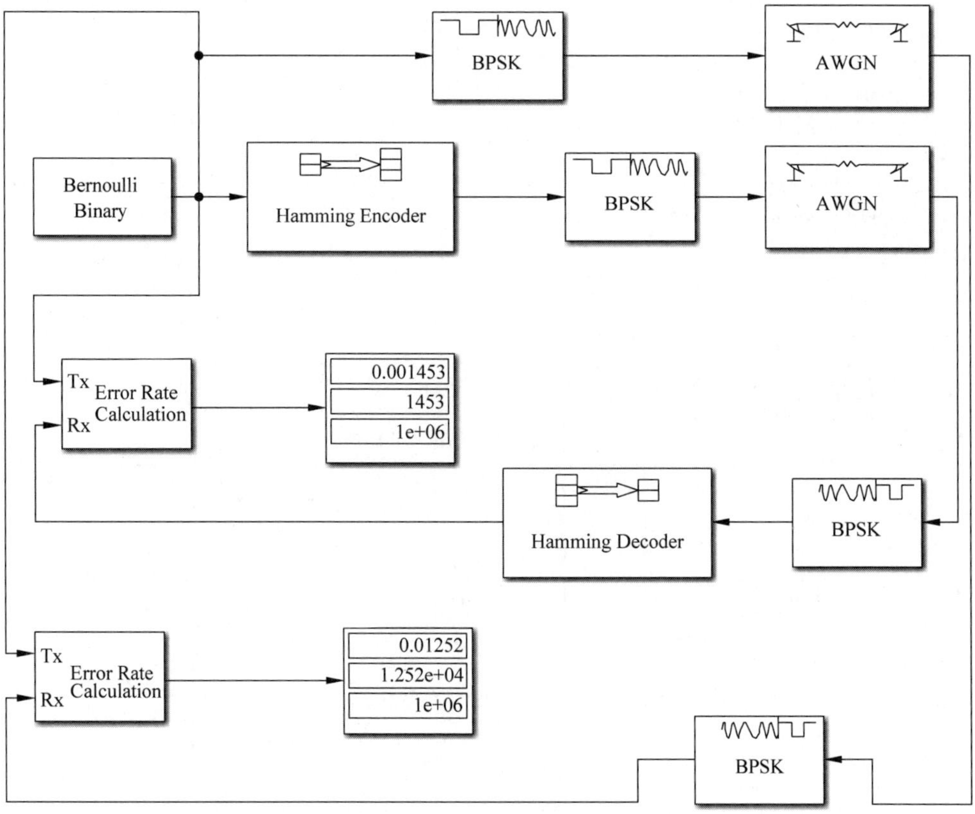

图 3-26　AWGN 信道汉明码编码前后比较 1

hm_awgn_bj_2

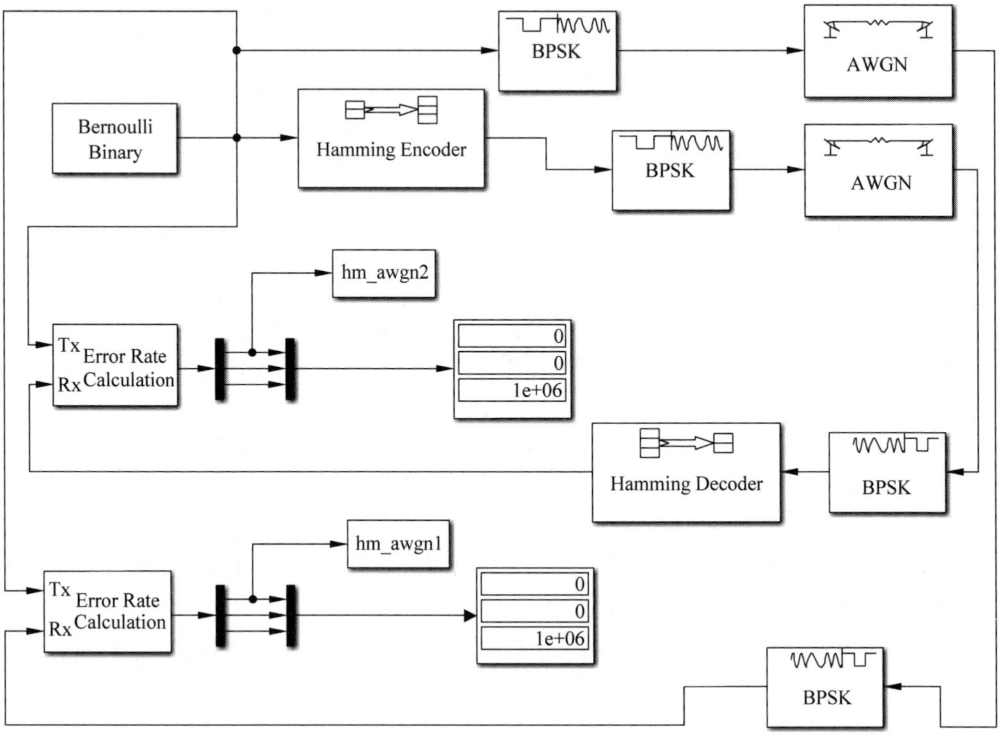

图 3-27　AWGN 信道汉明码编码前后比较 2

程序 3_12(program3_12.m)

```
%高斯白噪声信道汉明码性能
SNR = -1:1:12; %信噪比
% ----------------------------------------------------------------
for n = 1:length(SNR) %误码率计算
    snr1 = SNR(n);
    snr2 = SNR(n);
    sim('hm_awgn_bj_2')
    S21(n) = [mean(hm_awgn1)]';
    S22(n) = [mean(hm_awgn2)]';
    S31(n) = S21(n) + eps;
    S32(n) = S22(n) + eps;
    EN(n) = [SNR(n)]';
end
% ----------------------------------------------------------------
semilogy(EN,S31,'b-*',EN,S32,'r-o'); %画图
axis([-1,12,1e-5,1]);grid
legend('未编码','(7,4)汉明编码');
xlabel('高斯白噪声信道信噪比 SNR(dB)');
ylabel('误码率');
title('高斯白噪声信道汉明码性能');
```

运行程序 program3_12.m,结果如图 3-28 所示。

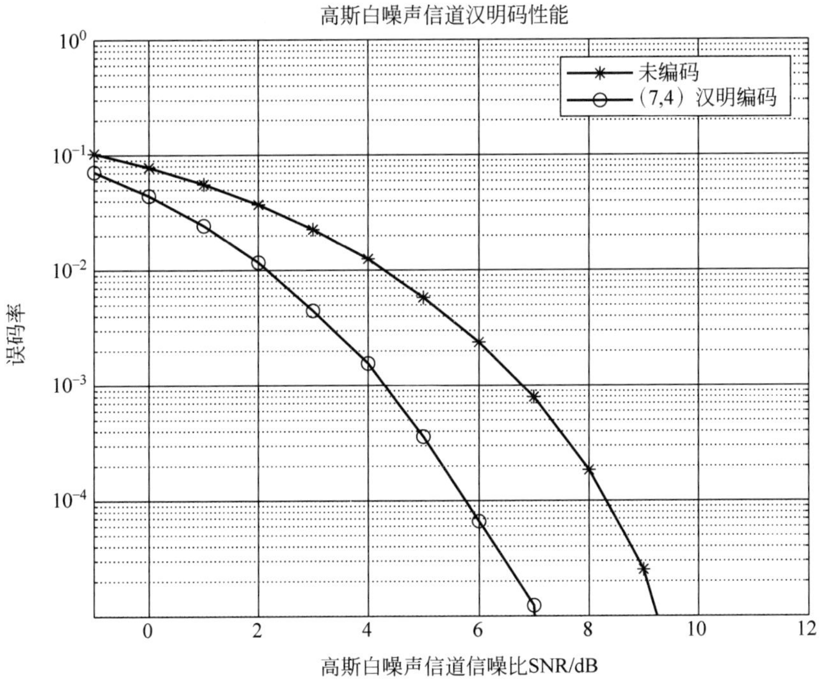

图 3-28 AWGN 信道汉明编码前后比较

由图 3-28 可见,汉明编码对系统的性能有明显的改善。如果采用其他的编码方式,改变相应的模块,或只改变模块的参数即可。

另外，图 3-28 和图 3-5 都是汉明码对高斯白噪声信道的通信性能的改善，两个图也基本上是一致的，只是二者采用的仿真方法不同。

3.8.6 线性分组码电路仿真

对于图 3-2 的(7,3)线性分组码的编码电路，其对应的 Simulink 仿真模型如图 3-29 所示(xxfzmdl.slx)。

xxfzmdl_V

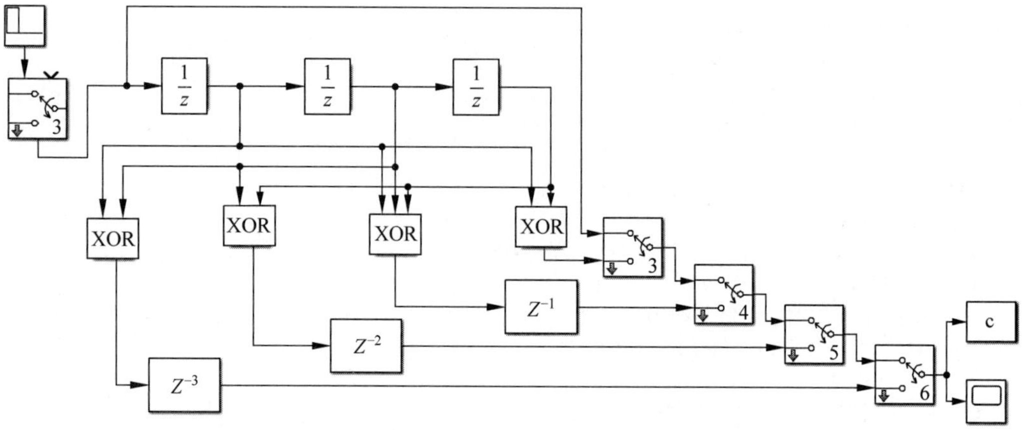

图 3-29 (7,3)线性分组码的编码电路

图 3-29 中采用了多个 N-Sample Switch 开关模块，输入端开关参数设置如图 3-30 所示，其余略。移位寄存器采用 Unit Delay 模块，模 2 加法器采用 Logical Operator 模块，用 Scope 模块和 To Workspace 模块来查看编码序列。

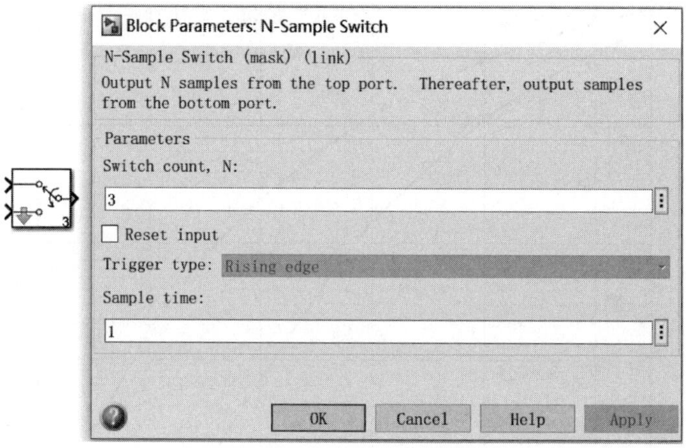

图 3-30 输入端的开关设置

输入信息序列采用 Repeating Sequence Stair 模块，目的是为了得到确定的输入信息，如这里输入信息序列为 100，则参数设置如图 3-31 所示。

运行仿真模型，查看示波器的显示和 c，可以看出编码结果为 1001110，改变输入的信息序列，可以得到相应的编码结果，最终的编码结果与表 3-5 一致。

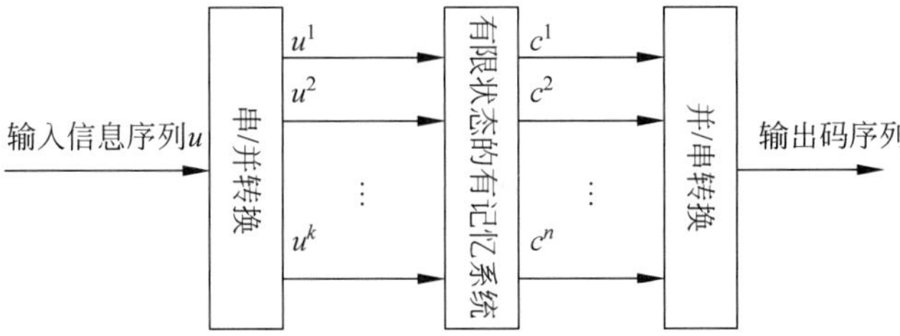

图 5-1 卷积码编码器原理图

有记忆系统。

描述卷积码的方法很多，大致可划分为两大类：解析法和图形法。解析法包括离散卷积码法、矩阵生成法及码多项式法等，主要用于编码部分的描述；图形法包括状态图法、树图法及网格法等，主要用于译码的描述和说明。

5.2 卷积码的编码过程

图 5-2 给出了一个二进制卷积码的编码器。若每一时间单位输入编码器一个新的信息元 u_i，且存储器内的数据往右移一位，则 u_i 一方面直接输出至信道，另一方面与前两个单位时间送入的信息元 u_{i-1} 和 u_{i-2} 按图 5-2 中线路所确定的规则进行运算，得到此时刻的两个输出（校验元）c_i^1 和 c_i^2，跟随在 u_i 后面组成一个子码 $\boldsymbol{c}_i=(u_i c_i^1 c_i^2)$ 送入信道。由图 5-2 可知

$$\begin{cases} c_i^1 = u_i \oplus u_{i-1} \\ c_i^2 = u_i \oplus u_{i-2} \end{cases} \tag{5-1}$$

下一个时间单位输入的信息元为 u_{i+1}，其相应的两个输出（校验元）

$$\begin{cases} c_{i+1}^1 = u_{i+1} \oplus u_i \\ c_{i+1}^2 = u_{i+1} \oplus u_{i-1} \end{cases}$$

组成第二个子码 $\boldsymbol{c}_{i+1}=(u_{i+1} c_{i+1}^1 c_{i+1}^2)$ 送至信道，如此循环。在每一时间单位，送入编码器 k（这里为 1）个信息元，编码器就送出相应的 n（这里为 3）个码元组成一个子码 $\boldsymbol{c}_i$ 送入信道，在卷积码中，这 n 个码元组成的子码 $\boldsymbol{c}_i$ 有时也称卷积码的一个码段或子组。

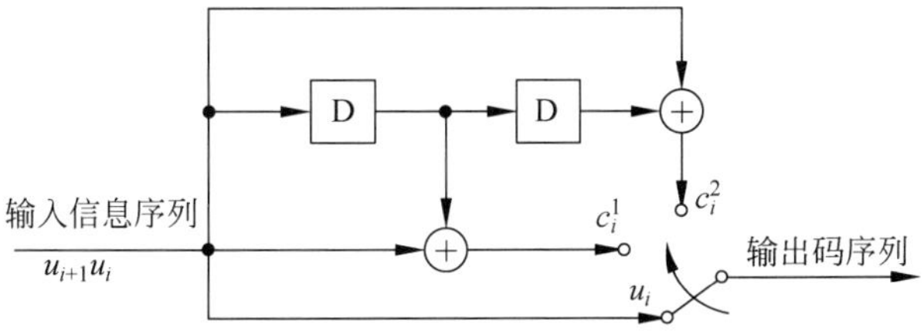

图 5-2 (3,1,2)卷积码编码器

由式(5-1)和图 5-2 可知，用这种卷积码编码器输出的每一子码中的校验元，是此时刻

输入的信息元与前 m(这里为 2)个子码中信息元的模 2 加,它们是线性关系,所以由这类编码器编出的卷积码是线性码。

当 $m=0$ 时,卷积码就可以被看作一个分组码,此时编码系统就是一个无记忆系统。

下面用具体的例子来说明二元域上卷积码的编码过程。

例 5-1 如图 5-3 给出一个(2,1,3)卷积码编码器结构,此时 $n=2,k=1,m=3$,编码速率 $R=k/n=1/2$,约束长度 $N=m+1=4$。求该卷积码编码器的输出。

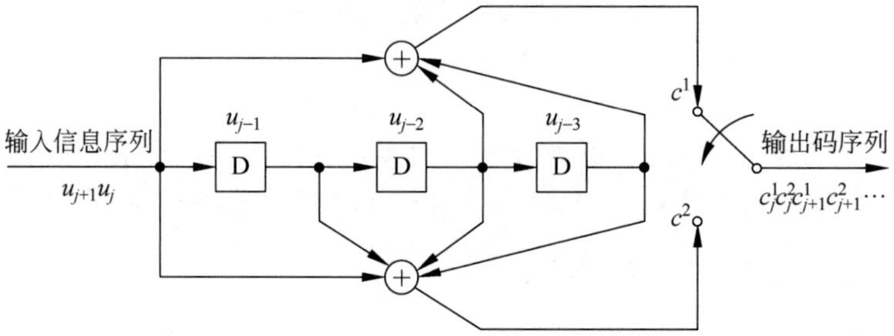

图 5-3 (2,1,3)卷积码编码器结构

卷积码编码时,在信息输入的同时,移位寄存器组进行信息移位,原来最低位置的信息移往下一个寄存器组,最后一个寄存器组的信息移出。移位操作结束后,编码器输出寄存器内容的运算结果,经过 n 节拍即可输出编码器当前的编码码字。

该编码器由三个移位寄存器和两个模 2 加法器组成,每输入一个码元就会产生两个输出,输出端第 j 时刻分别由下式确定:

$$\begin{cases} c_j^1=u_j\oplus u_{j-2}\oplus u_{j-3} \\ c_j^2=u_j\oplus u_{j-1}\oplus u_{j-2}\oplus u_{j-3} \end{cases} \tag{5-2}$$

假设输入信息序列为

$$\boldsymbol{u}=(u_0u_1u_2\cdots) \tag{5-3}$$

则对应输出的两码组为

$$\begin{cases} \boldsymbol{c}^1=(c_0^1c_1^1c_2^1\cdots) \\ \boldsymbol{c}^2=(c_0^2c_1^2c_2^2\cdots) \end{cases} \tag{5-4}$$

最终的编码输出是在上下两码组中交替取值

$$\boldsymbol{c}=(c_0^1c_0^2c_1^1c_1^2c_2^1c_2^2\cdots) \tag{5-5}$$

假设输入为 $\boldsymbol{u}=(10111)$,编码开始前先对移位寄存器进行复位(即置零),输入的顺序为 10111,则编码的过程结合式(5-2)、式(5-3)、式(5-4)为

(1) 输入 $u_j=1$,则 $c_j^1=u_j\oplus u_{j-2}\oplus u_{j-3}=1\oplus0\oplus0=1$,则

$$c_j^2=u_j\oplus u_{j-1}\oplus u_{j-2}\oplus u_{j-3}=1\oplus0\oplus0\oplus0=1$$

编码输出为 11。

(2) 输入 $u_{j+1}=0$,则 $c_{j+1}^1=u_{j+1}\oplus u_{j-1}\oplus u_{j-2}=0\oplus0\oplus0=0$,则

$$c_{j+1}^2=u_{j+1}\oplus u_j\oplus u_{j-1}\oplus u_{j-2}=0\oplus1\oplus0\oplus0=1$$

编码输出为 01。

(3) 输入 $u_{j+2}=1$，则 $c_{j+2}^1=u_{j+2}\oplus u_j\oplus u_{j-1}=1\oplus 1\oplus 0=0$，则

$$c_{j+2}^2=u_{j+2}\oplus u_{j+1}\oplus u_j\oplus u_{j-1}=1\oplus 0\oplus 1\oplus 0=0$$

编码输出为 00。

(4) 输入 $u_{j+3}=1$，则 $c_{j+3}^1=u_{j+3}\oplus u_{j+1}\oplus u_j=1\oplus 0\oplus 1=0$，则

$$c_{j+3}^2=u_{j+3}\oplus u_{j+2}\oplus u_{j+1}\oplus m_j=1\oplus 1\oplus 0\oplus 1=1$$

编码输出为 01。

(5) 输入 $u_{j+4}=1$，则 $c_{j+4}^1=u_{j+4}\oplus u_{j+2}\oplus u_{j+1}=1\oplus 1\oplus 0=0$，则

$$c_{j+4}^2=u_{j+4}\oplus u_{j+3}\oplus u_{j+2}\oplus u_{j+1}=1\oplus 1\oplus 1\oplus 0=1$$

编码输出为 01。

所以编码器的输出为 1101000101，由于是 1/2 码率，所以共有 10 位输出。

如果考虑信息序列输入完移位寄存器的清零位，即增加 3 位零输入，则有如下几种：

(6) 输入 $u_{j+5}=0$，则 $c_{j+5}^1=u_{j+5}\oplus u_{j+3}\oplus u_{j+2}=0\oplus 1\oplus 1=0$，则

$$c_{j+5}^2=u_{j+5}\oplus u_{j+4}\oplus u_{j+3}\oplus u_{j+2}=0\oplus 1\oplus 1\oplus 1=1$$

编码输出为 01。

(7) 输入 $u_{j+6}=0$，则 $c_{j+6}^1=u_{j+6}\oplus u_{j+4}\oplus u_{j+3}=0\oplus 1\oplus 1=0$，则

$$c_{j+6}^2=u_{j+6}\oplus u_{j+5}\oplus u_{j+4}\oplus u_{j+3}=0\oplus 0\oplus 1\oplus 1=0$$

编码输出为 00。

(8) 输入 $u_{j+7}=0$，则 $c_{j+7}^1=u_{j+7}\oplus u_{j+5}\oplus u_{j+4}=0\oplus 0\oplus 1=1$，则

$$c_{j+7}^2=u_{j+7}\oplus u_{j+6}\oplus u_{j+5}\oplus u_{j+4}=0\oplus 0\oplus 0\oplus 1=1$$

编码输出为 11。

故加入清零的码元后，编码器的最终输出为 1101000101010011。

例 5-2 图 5-4 是(3,2,2)系统卷积码编码器，分析输入为 $\boldsymbol{u}=(10\quad 00\quad 00)$ 和 $\boldsymbol{u}=(01\quad 00\quad 00)$ 时的输出码序列。

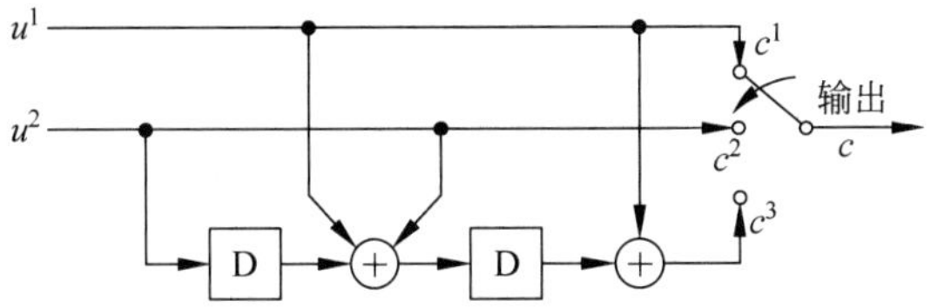

图 5-4 (3,2,2)系统卷积码编码器

例 5-2

由图 5-4 可知

$$c_i^1=u_i^1,\quad c_i^2=u_i^2,\quad c_i^3=u_i^1\oplus u_{i-1}^1\oplus u_{i-1}^2\oplus u_{i-2}^2$$

第 i 时刻的信息段 $\boldsymbol{u}_i=(u_i^1u_i^2)$，码段 $\boldsymbol{c}_i=(c_i^1c_i^2c_i^3)$，编码器由两个移位寄存器构成，所以是(3,2,2)码，输入 $\boldsymbol{u}=(10\quad 00\quad 00)$ 的编码过程如表 5-1 所示，输出码序列 $\boldsymbol{c}=(101\quad 001\quad 000)$。

表 5-1 (3,2,2)卷积码编码过程

输入 $\boldsymbol{u}$	移存器初态	移存器次态	输出 $\boldsymbol{c}$
10	00	01	101
00	01	00	001
00	00	00	000

同理可得输入 $\boldsymbol{u}=(01\quad 00\quad 00)$ 的编码输出 $\boldsymbol{c}=(010\quad 001\quad 001)$。可以看出码段的左边两个码元和输入的两个信息元始终一致，是系统码。

5.3 卷积码的数学描述

5.3.1 卷积码的码多项式法描述

卷积码的一般编码器如图 5-5 所示。在某一时刻 i，输入到编码器的是由 k 个信息元组成的信息组 u_i，相应的输出序列是由 n 个码元组成的子码 c_i。若输入的信息序列 $u_0u_1u_2u_3\cdots u_i\cdots$ 是一个半无限序列，则由卷积码编码器输出的序列，也是一个由各子码 $c_0c_1c_2c_3\cdots c_i\cdots$ 组成的半无限序列，称此序列为卷积码的一个码序列或码字。

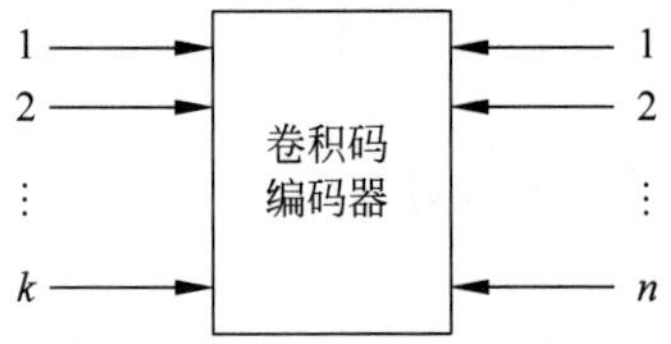

图 5-5　卷积码编码器

类似于前面的表示，可以将输入的序列对应写成多项式的形式。

若 $\boldsymbol{u}=(u_0u_1u_2u_3\cdots)$，则

$$u(x)=u_0+u_1x+u_2x^2+u_3x^3+\cdots \tag{5-6}$$

所以有

$$\boldsymbol{u}=(10111)\rightarrow u(x)=1+x^2+x^3+x^4 \tag{5-7}$$

在分析中，可以用

$$\begin{aligned}\boldsymbol{g}_k^1&=(g_{k,0}^1g_{k,1}^1g_{k,2}^1\cdots g_{k,m}^1)\\ \boldsymbol{g}_k^2&=(g_{k,0}^2g_{k,1}^2g_{k,2}^2\cdots g_{k,m}^2)\\ &\vdots\\ \boldsymbol{g}_k^n&=(g_{k,0}^ng_{k,1}^ng_{k,2}^n\cdots g_{k,m}^n)\end{aligned} \tag{5-8}$$

来表示第 k 个输入端在输出端 $c^1,c^2,\cdots,c^n$ 的求和式的系数，则对于图 5-3 的卷积码编码器，$k=1$，为了书写简便，可以忽略 k 的角标。由式(5-2)可得

$$\begin{cases}c_j^1=1\cdot u_j\oplus 0\cdot u_{j-1}\oplus 1\cdot u_{j-2}\oplus 1\cdot u_{j-3}\\ c_j^2=1\cdot u_j\oplus 1-u_{j-1}\oplus 1\cdot u_{j-2}\oplus 1\cdot u_{j-3}\end{cases}$$

所以有

$$\boldsymbol{g}^1=(1011),\quad \boldsymbol{g}^2=(1111)$$

对应的多项式为

$$g^1(x)=1+x^2+x^3,\quad g^2(x)=1+x+x^2+x^3$$

编码后的多项式为(乘积后合并也是模 2 加)

$$\begin{cases}c^1=u(x)\cdot g^1(x)\\ c^2=u(x)\cdot g^2(x)\end{cases} \tag{5-9}$$

所以有

$$\begin{aligned}c^1&=u(x)\cdot g^1(x)=(1+x^2+x^3+x^4)(1+x^2+x^3)\\ &=1+x^2+x^3+x^4+x^2+x^4+x^5+x^6+x^3+x^5+x^6+x^7=1+x^7\\ c^2&=u(x)\cdot g^2(x)=(1+x^2+x^3+x^4)(1+x+x^2+x^3)\end{aligned}$$

$=1+x^2+x^3+x^4+x+x^3+x^4+x^5+x^2+x^4+x^5+x^6+x^3+x^5+x^6+x^7$

$=1+x+x^3+x^4+x^5+x^7$

故对应的码序列为

$$\begin{cases} \boldsymbol{c}^1=(10000001) \\ \boldsymbol{c}^2=(11011101) \end{cases}$$

则编码器的输出为1101000101010011。

5.3.2 卷积码的矩阵生成法描述

以如图5-6所示的(2,1,2)卷积码为例来讨论生成矩阵。

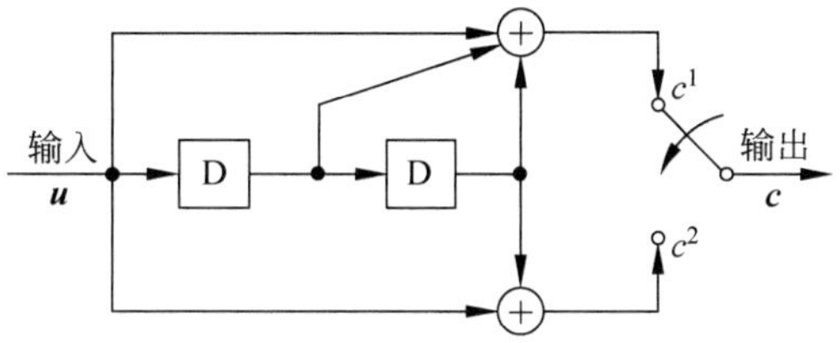

图5-6 (2,1,2)卷积码编码器

由图5-6可列出表达式。

设 $\boldsymbol{u}=(u_0u_1u_2\cdots)$

则

$c_i^1=u_i\oplus u_{i-1}\oplus u_{i-2}$， $c_i^2=u_i\oplus u_{i-2}$， $\boldsymbol{c}^1=c_0^1c_1^1c_2^1\cdots$， $\boldsymbol{c}^2=c_0^2c_1^2c_2^2\cdots$

$\boldsymbol{c}=c_0^1c_0^2c_1^1c_1^2c_2^1c_2^2\cdots$

假设移位寄存器初始状态全为0，当输入信息序列 $\boldsymbol{u}=(100)$ 时，编码器的工作过程如表5-2所示。

表5-2 (2,1,2)卷积码编码过程

输入 u	移存器初态	移存器次态	输出 $\boldsymbol{c}$
1	00	10	11
0	10	01	10
0	01	00	11

输入信息序列 $\boldsymbol{u}=(100)$ 时，输出码字 $\boldsymbol{c}=(111011)$。

假设移位寄存器初始状态全为0，则有

$$\begin{aligned} &c_0^1=u_0 && c_0^2=u_0 \\ &c_1^1=u_1\oplus u_0 && c_1^2=u_1 \\ &c_2^1=u_2\oplus u_1\oplus u_0 && c_2^2=u_2\oplus u_0 \\ &c_3^1=u_3\oplus u_2\oplus u_1 && c_3^2=u_3\oplus u_1 \\ &\qquad\vdots \end{aligned}$$

上述方程组的矩阵形式为

$$c=[c_0^1c_0^2c_1^1c_1^2c_2^1c_2^2\cdots]=[u_0u_1u_2u_3\cdots]\cdot\begin{bmatrix}11101100\cdots\\00111011\cdots\\00001110\cdots\\00000011\cdots\\\vdots\end{bmatrix}$$

即

$$c=uG_\infty \tag{5-10}$$

G_∞ 称为(2,1,2)卷积码的生成矩阵，这是一个半无限矩阵，重写为

$$G_\infty=\begin{bmatrix}11 & 10 & 11 & & & \\ & 11 & 10 & 11 & & \mathbf{0}\\ & & 11 & 10 & 11 & \\ & \mathbf{0} & & 11 & 10 & 11\\ & & & & & \ddots\end{bmatrix}$$

仔细观察 G_∞ 可发现它的每一行都是前一行右移 n 位的结果，也就是说，它完全是由矩阵的第一行确定的。将第一行取出并表示为

$$g_\infty=[11\quad 10\quad 11\quad 00\quad \cdots] \tag{5-11}$$

g_∞ 称为该码的基本生成矩阵，通过与表 5-2 比较，g_∞ 其实就是当 $u=(100\cdots0)$，即输入信息序列为冲激序列时卷积码编码器的冲激响应。

令输入信息序列为 $u=(10101)$，则输出码字

$$\begin{aligned}c=uG_\infty&=[10101]\begin{bmatrix}11 & 10 & 11 & & & & \\ & 11 & 10 & 11 & & \mathbf{0} & \\ & & 11 & 10 & 11 & & \cdots\\ & \mathbf{0} & & 11 & 10 & 11 & \\ & & & & 11 & 10 & 11\end{bmatrix}\\&=[11\quad 10\quad 00\quad 10\quad 00\quad 10\quad 11\quad \cdots]\end{aligned}$$

再如例 5-2 所示的(3,2,2)系统卷积码，当 $u=(10\quad 00\quad 00\quad \cdots)$时，相应的冲激响应为 $c=(101\quad 001\quad 000\quad \cdots)$；当 $u=(01\quad 00\quad 00\quad \cdots)$时，$c=(010\quad 001\quad 001\quad \cdots)$。

由 $u=(10\quad 00\quad 00\quad \cdots)$和 $u=(01\quad 00\quad 00\quad \cdots)$的冲激响应，得该码的基本生成矩阵为

$$g_\infty=\begin{bmatrix}101 & 001 & 000 & \cdots\\010 & 001 & 001 & \cdots\end{bmatrix}$$

将 g_∞ 作为生成矩阵 G_∞ 的最上面两行，并经位移得该码的生成矩阵为

$$G_\infty=\begin{bmatrix}101 & 001 & 000 & & & \\ 010 & 001 & 001 & & & \\ & 101 & 001 & 000 & & \mathbf{0}\\ & 010 & 001 & 001 & & \\ & & 101 & 001 & 000 & \\ & & 010 & 001 & 001 & \\ & \mathbf{0} & & 101 & 001 & 000\\ & & & 010 & 001 & 001\\ & & & & & \ddots\end{bmatrix}$$

显然，若输入信息序列 $\boldsymbol{u}=(10\quad 11\quad 01\quad 11\quad \cdots)$，则相应的输出码序列应为

$$\boldsymbol{c}=\boldsymbol{u}\boldsymbol{G}_{\infty}=[10\quad 11\quad 01\quad 11\quad \cdots]\begin{bmatrix}101 & 001 & 000 & 000 & 000 & 000 \\ 010 & 001 & 001 & 000 & 000 & 000 \\ 000 & 101 & 001 & 000 & 000 & 000 \\ 000 & 010 & 001 & 001 & 000 & 000 \\ 000 & 000 & 101 & 001 & 000 & 000\cdots \\ 000 & 000 & 010 & 001 & 001 & 000 \\ 000 & 000 & 000 & 101 & 001 & 000 \\ 000 & 000 & 000 & 010 & 001 & 001 \\ & & & \vdots & & \end{bmatrix}$$

$$=[101\quad 110\quad 010\quad 111\quad 001\quad 001\quad \cdots]$$

一般情况下，(n,k,m)卷积码的生成矩阵可表示为

$$\boldsymbol{G}_{\infty}=\begin{bmatrix}\boldsymbol{G}_0 & \boldsymbol{G}_1 & \boldsymbol{G}_2 & \cdots & \boldsymbol{G}_m & & & \\ & \boldsymbol{G}_0 & \boldsymbol{G}_1 & \cdots & \boldsymbol{G}_{m-1} & \boldsymbol{G}_m & & \boldsymbol{0} \\ & & \boldsymbol{G}_0 & \cdots & \boldsymbol{G}_{m-2} & \boldsymbol{G}_{m-1} & \boldsymbol{G}_m & \\ & \boldsymbol{0} & & & & & & \ddots\end{bmatrix} \tag{5-12}$$

基本生成矩阵为

$$\boldsymbol{g}_{\infty}=[\boldsymbol{G}_0\quad \boldsymbol{G}_1\quad \boldsymbol{G}_2\quad \cdots\quad \boldsymbol{G}_m\quad \boldsymbol{0}\quad \cdots] \tag{5-13}$$

其中，生成子矩阵为

$$\boldsymbol{G}_l=\begin{bmatrix}g_{1,l}^1 & g_{1,l}^2 & \cdots & g_{1,l}^n \\ g_{2,l}^1 & g_{2,l}^2 & \cdots & g_{2,l}^n \\ \vdots & \vdots & \ddots & \vdots \\ g_{k,l}^1 & g_{k,l}^2 & \cdots & g_{k,l}^n\end{bmatrix}\quad (0\leqslant l\leqslant m) \tag{5-14}$$

生成矩阵中每一行的分组数(即码段数)为编码的约束长度，矩阵的总行数取决于输入信息序列的长度。

例 5-3 由例 5-1 给出的(2,1,3)卷积码编码器结构，$n=2,k=1,m=3$，可知

$$\begin{cases}c_j^1=u_j\oplus u_{j-2}\oplus u_{j-3} \\ c_j^2=u_j\oplus u_{j-1}\oplus u_{j-2}\oplus u_{j-3}\end{cases}$$

则有

$$\boldsymbol{g}^1=(1011),\quad \boldsymbol{g}^2=(1111)$$

$$\boldsymbol{G}_l=\begin{bmatrix}g_{1,l}^1 & g_{1,l}^2 & \cdots & g_{1,l}^n \\ g_{2,l}^1 & g_{2,l}^2 & \cdots & g_{2,l}^n \\ \vdots & \vdots & \ddots & \vdots \\ g_{k,l}^1 & g_{k,l}^2 & \cdots & g_{k,l}^n\end{bmatrix}=[g_{1,l}^1\quad g_{1,l}^2]$$

$$\boldsymbol{G}_0=[g_{1,0}^1 g_{1,0}^2]=[11],\quad \boldsymbol{G}_1=[g_{1,1}^1 g_{1,1}^2]=[01]$$

$$\boldsymbol{G}_2=[g_{1,2}^1 g_{1,2}^2]=[11],\quad \boldsymbol{G}_3=[g_{1,3}^1 g_{1,3}^2]=[11]$$

所以基本生成矩阵为

$$\boldsymbol{g}_{\infty}=[\boldsymbol{G}_0 \quad \boldsymbol{G}_1 \quad \boldsymbol{G}_2 \quad \cdots \quad \boldsymbol{G}_m \quad 0 \quad \cdots]=[11 \quad 01 \quad 11 \quad 11\cdots]$$

所以生成矩阵为

$$\boldsymbol{G}=\begin{bmatrix} 11 & 01 & 11 & 11 & & & & \\ & 11 & 01 & 11 & 11 & & & \\ & & 11 & 01 & 11 & 11 & & \\ & & & 11 & 01 & 11 & 11 & \\ & & & & 11 & 01 & 11 & 11 \end{bmatrix}$$

当输入为 $\boldsymbol{u}=(10111)$ 时，有

$$\boldsymbol{c}=\boldsymbol{u}\boldsymbol{G}=[10111]\begin{bmatrix} 11 & 01 & 11 & 11 & & & & \\ & 11 & 01 & 11 & 11 & & & \\ & & 11 & 01 & 11 & 11 & & \\ & & & 11 & 01 & 11 & 11 & \\ & & & & 11 & 01 & 11 & 11 \end{bmatrix}$$

$$=[1101000101010011]$$

例 5-4 如图 5-7 是一个(3,2,1)卷积码编码器结构，$n=3,k=2,m=1$。编码速率为 $R=2/3$，假设输入为 $\boldsymbol{u}=(110110)$，求编码器的输出。

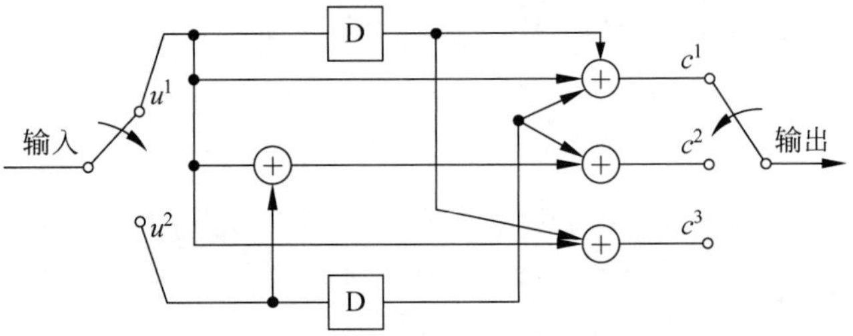

图 5-7 (3,2,1)卷积码编码器结构

图 5-7 中的编码器有两个输入端，所以分析会更复杂一些，但是分析过程更具有代表性。

(1) 矩阵生成法。

第一个输入端与三个输出端的关系为

$$c_j^{1,1}=u_j^1 \oplus u_{j-1}^1, \quad c_j^{1,2}=u_j^1, \quad c_j^{1,3}=u_j^1 \oplus u_{j-1}^1$$

第二个输入端与三个输出端的关系为

$$c_j^{2,1}=u_{j-1}^2, \quad c_j^{2,2}=u_j^2 \oplus u_{j-1}^2, \quad c_j^{2,3}=0$$

也就是

$$g_1^1=u_j^1 \oplus u_{j-1}^1, \quad g_1^2=u_j^1, \quad g_1^3=u_j^1 \oplus u_{j-1}^1$$

$$g_2^1=u_{j-1}^2, \quad g_2^2=u_j^2 \oplus u_{j-1}^2, \quad g_2^3=0$$

可知

$$g_{1,0}^1=1, \quad g_{1,1}^1=1$$

$$g_{1,0}^2=1, \quad g_{1,1}^2=0$$

$$g_{1,0}^{3}=1,\quad g_{1,1}^{3}=1$$
$$g_{2,0}^{1}=0,\quad g_{2,1}^{1}=1$$
$$g_{2,0}^{2}=1,\quad g_{2,1}^{2}=1$$
$$g_{2,0}^{3}=0,\quad g_{2,1}^{3}=0$$

因为 $k=2$,所以

$$\boldsymbol{G}_l=\begin{bmatrix} g_{1,l}^{1} & g_{1,l}^{2} & g_{1,l}^{3} \\ g_{2,l}^{1} & g_{2,l}^{2} & g_{2,l}^{3} \end{bmatrix}\quad (0\leqslant l\leqslant m)$$

因为 $m=1$,所以

$$\boldsymbol{G}_0=\begin{bmatrix}111\\010\end{bmatrix},\quad \boldsymbol{G}_1=\begin{bmatrix}101\\110\end{bmatrix}$$

于是

$$\boldsymbol{G}_\infty=\begin{bmatrix} \boldsymbol{G}_0 & \boldsymbol{G}_1 & \boldsymbol{G}_2 & \cdots & \boldsymbol{G}_m & & & \\ & \boldsymbol{G}_0 & \boldsymbol{G}_1 & \cdots & \boldsymbol{G}_{m-1} & \boldsymbol{G}_m & & \boldsymbol{0} \\ & & \boldsymbol{G}_0 & \cdots & \boldsymbol{G}_{m-2} & \boldsymbol{G}_{m-1} & \boldsymbol{G}_m & \\ & \boldsymbol{0} & & & & & & \ddots \end{bmatrix}=\begin{bmatrix} \boldsymbol{G}_0 & \boldsymbol{G}_1 & & \\ & \boldsymbol{G}_0 & \boldsymbol{G}_1 & \\ & & \boldsymbol{G}_0 & \boldsymbol{G}_1 \end{bmatrix}$$

$$=\begin{bmatrix} 111 & 101 & & \\ 010 & 110 & & \\ & 111 & 101 & \\ & 010 & 110 & \\ & & 111 & 101 \\ & & 010 & 110 \end{bmatrix}$$

所以

$$\boldsymbol{c}=\boldsymbol{u}\boldsymbol{G}=[110110]\begin{bmatrix} 111 & 101 & & \\ 010 & 110 & & \\ & 111 & 101 & \\ & 010 & 110 & \\ & & 111 & 101 \\ & & 010 & 110 \end{bmatrix}=[101001001101]$$

(2) 多项式生成法。

因为输入序列为 $\boldsymbol{u}=(110110)$,所以经过串/并转换可以得到两个输入子序列 $\boldsymbol{u}^1=(101)$,$\boldsymbol{u}^2=(110)$,所以得到输入序列的多项式形式

$$\begin{cases}\boldsymbol{u}^1=(101)\rightarrow u^1(x)=1+x^2\\ \boldsymbol{u}^2=(110)\rightarrow u^2(x)=1+x\end{cases}$$

由于

$$g_1^1=u_j^1\oplus u_{j-1}^1,\quad g_1^2=u_j^1,\quad g_1^3=u_j^1\oplus u_{j-1}^1$$
$$g_2^1=u_{j-1}^2,\quad g_2^2=u_j^2\oplus u_{j-1}^2,\quad g_2^3=0$$

得

$$\begin{cases} \boldsymbol{g}_1^1=(11)\rightarrow g_1^1(x)=1+x \\ \boldsymbol{g}_1^2=(10)\rightarrow g_1^2(x)=1 \\ \boldsymbol{g}_1^3=(11)\rightarrow g_1^3(x)=1+x \\ \boldsymbol{g}_2^1=(01)\rightarrow g_2^1(x)=x \\ \boldsymbol{g}_2^2=(11)\rightarrow g_2^2(x)=1+x \\ \boldsymbol{g}_2^3=(00)\rightarrow g_2^3(x)=0 \end{cases}$$

$$\boldsymbol{G}=\begin{bmatrix} g_{1,l}^1 & g_{1,l}^2 & g_{1,l}^3 \\ g_{2,l}^1 & g_{2,l}^2 & g_{2,l}^3 \end{bmatrix}=\begin{bmatrix} 1+x & 1 & 1+x \\ x & 1+x & 0 \end{bmatrix}$$

$$\begin{aligned} \boldsymbol{c} &= \begin{bmatrix} u^1(x) \\ u^2(x) \end{bmatrix}^{\mathrm{T}} \cdot \boldsymbol{G}(\boldsymbol{x}) = \begin{bmatrix} 1+x^2 & 1+x \end{bmatrix} \cdot \begin{bmatrix} 1+x & 1 & 1+x \\ x & 1+x & 0 \end{bmatrix} \\ &= \begin{bmatrix} 1+x^3 & 0 & 1+x+x^2+x^3 \end{bmatrix} \end{aligned}$$

所以有

$$\begin{cases} c^1(x)=1+x^3\rightarrow \boldsymbol{c}^1=(1001) \\ c^2(x)=0\rightarrow \boldsymbol{c}^2=(0000) \\ c^3(x)=1+x+x^2+x^3\rightarrow \boldsymbol{c}^3=(1111) \end{cases}$$

所以，卷积码编码器的输出为 $\boldsymbol{c}=(101001001101)$，最终的输出结果与矩阵法输出结果相同。

5.3.3 卷积码的离散卷积法描述

对于例 5-1，编码后多项式表示为

$$\begin{cases} c^1(x)=u(x)\cdot g^1(x) \\ c^2(x)=u(x)\cdot g^2(x) \end{cases} \tag{5-15}$$

其对应的编码方程为

$$\begin{cases} \boldsymbol{c}^1=\boldsymbol{u}*\boldsymbol{g}^1 \\ \boldsymbol{c}^2=\boldsymbol{u}*\boldsymbol{g}^2 \end{cases} \tag{5-16}$$

式中，“ * ”表示卷积运算，卷积码因此而得名。$\boldsymbol{g}^1$ 和 $\boldsymbol{g}^2$ 表示编码器的两个冲激响应。

由前面的分析知 $\boldsymbol{g}^1=(1011)$，$\boldsymbol{g}^2=(1111)$，且 $\boldsymbol{u}=(10111)$，最后求得

$$\begin{cases} \boldsymbol{c}^1=\boldsymbol{u}*\boldsymbol{g}^1=(10111)*(1011)=(10000001) \\ \boldsymbol{c}^2=\boldsymbol{u}*\boldsymbol{g}^2=(10111)*(1111)=(11011101) \end{cases}$$

交织后可得编码器的输出为 1101000101010011。

5.4 卷积码的图形描述

5.4.1 状态图

编码过程可以用状态图来表示。在卷积码编码器中，寄存器任一时刻存储的数据称为编码器的一个状态，随着信息序列的不断输入，编码器的状态在不断变化，同时输出的码元序列也相应地发生改变。所谓状态图就是反映编码器中寄存器存储状态转移的关系图，它用编码器中寄存器的状态及其随输入序列而发生的转移关系来描述编码过程。

例 5-5 图 5-6 的(2,1,2)卷积码编码器由两级移位寄存器组成，因此状态只有 4 种可能，即 00、10、01、11，用符号 S_i 表示，分别将其对应为 S_0、S_1、S_2 和 S_3。

表 5-3 和图 5-8 分别为(2,1,2)卷积码的状态表和状态图。

状态图中，用实线表示信息 0 输入，虚线表示 1 输入，若输入信息 $\boldsymbol{u}=(10101)$，状态转移为 $S_0 \to S_1 \to S_2 \to S_1 \to S_2 \to S_1 \to S_2 \to S_0$，相应输出码元序列为(11 10 00 10 00 10 11)。

编码器输出的码元序列是在信息序列的第一个码元输入直到最后一个码元完全移出移位寄存器所产生的。要求有用信息序列输入完毕后，应再向编码器输入 mk 个全零码元，所以最终状态应回到初始状态 S_0。

表 5-3 (2,1,2)卷积码的状态表

输入 $\boldsymbol{u}$	初态 S_i	次态 S_j	输出 $\boldsymbol{c}$
0	00	00	00
1	00	10	11
0	10	01	10
1	10	11	01
0	01	00	11
1	01	10	00
0	11	01	01
1	11	11	10

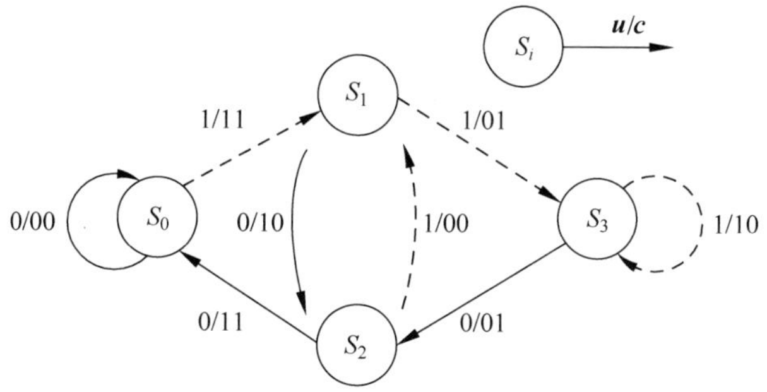

图 5-8 (2,1,2)卷积码的状态图

5.4.2 树图

树图结构是由状态图按时间展开的。即将输入信息序列 $\boldsymbol{u}$ 的输入顺序按时间顺序($l=$

0,1,2,…)展开,并展开所有可能的输入输出情况。

如果(n,k,m)卷积码编码器的输入信息序列是半无限长序列,则它的输出码元序列也应是半无限长序列,这种半无限长序列的输入、输出编码过程可用半无限码树来表示。

如图5-9所示为图5-6的(2,1,2)卷积码的树图。

图5-9中,节点处符号为移存器状态,分支上的数据为输出码段,上分支为输入信息0,下分支为输入信息1。设移位寄存器初始状态$S_0=00$,当输入信息元$u_0=0$时,由树根出发走上支路,移存器右移一位,状态仍为S_0,输出码段$c_0=00$;当$u_0=1$时,由树根出发走下支路,移存器状态转为$S_1=10$,此时输出码段为$c_0=11$。

在输入第二位信息元时,编码器已处于1阶节点处,若在S_0点,则输入$u_1=0$时走上分支,输出$c_1=00$,新状态为S_0;输入$u_1=1$时下分支,输出$c_1=11$,新状态为S_1;若在S_1点,则输入$u_1=0$时走上分支,输出$c_1=10$,新状态为$S_2=10$;输入$u_1=1$时走下分支,输出$c_1=01$,新状态为$S_3=11$。

再输入u_2,编码器从2阶节点处出发,此时起始状态有4种:S_0、S_1、S_2和S_3,按输入0走上分支,输入1走下分支码段的规则,得到相应的输出c_2和新状态。依次类推,输入无限长信息序列,就可以得到一个无限延伸的树结构图。

从码树图上观察,输入无限长信息序列,就可以得到一个无限延伸的树结构图。输入不同的信息序列,编码器就走不同的路径,输出不同的码元序列。

在树图中,编码的过程相当于以输入信息序列为指令沿码树游走,在树图中所经过的路径代码就是相应输出的码序列。

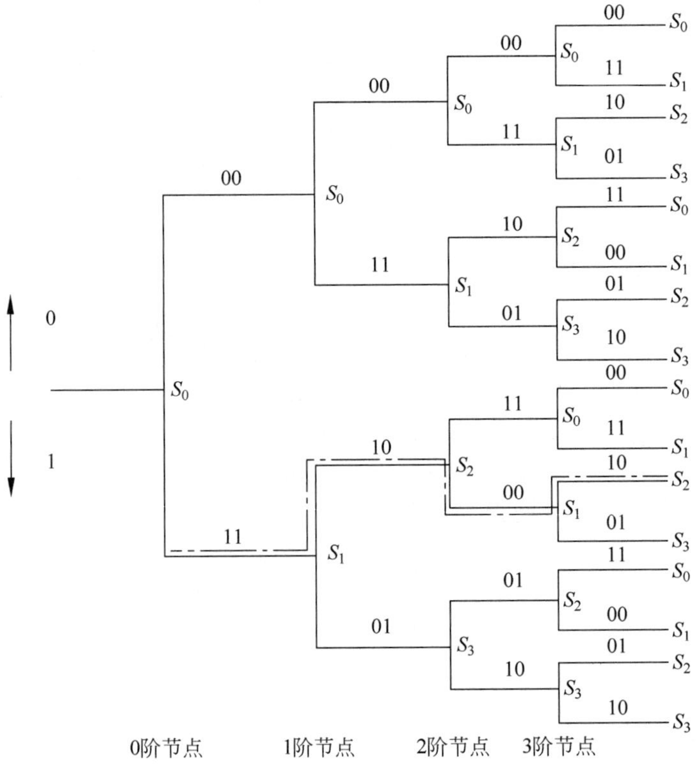

图5-9 (2,1,2)卷积码的树图

树图最大特点是按时间顺序展开的($l=0,1,2,\cdots$),且能将所有时序状态表示为不相重合的路径。

一般地,对于二元(n,k,m)卷积码来说,从每个节点发出 2^k 条分支,每条分支上标有 n 长输出数据,最多可有 2^{km} 种不同状态。

状态图从状态上看最为简洁,但时序关系不清晰。码树的最大特点是时序关系清晰,且对于每一个输入信息序列都有一个唯一的不重复的树枝结构相对应,它的主要缺点是进行到一定时序后,状态将产生重复,且树图越来越复杂。

若输入信息为 $\boldsymbol{u}=(10101)$,则由图 5-9 可知卷积编码序列为 11100010,如图 5-9 中点划线所示。由于树图只展示到第 3 个节点,所以第 4 个节点输入信息的编码看不到,这也正是树图的缺点所在。

5.4.3 网格图

网格图又称篱笆图,它综合了状态图和树图的特点,是将码树中处于同一级节点合并而成的,是一个纵深宽度或者高为 2^{km} 的网格图,结构简单,而且时序关系清晰。

网格图的最大特点是保持了树图的时序展开性,同时又克服了树图中太复杂的缺点,它将树图中产生的重复状态合并起来。

树图中,从某一阶节点开始所长出的分支从纵向看是周期重复的。如图 5-9(2,1,2)码的树图中,当节点数大于 $m+1=3$ 时,状态 S_0、S_1、S_2 和 S_3 重复出现,因此在第$(m+1)$阶节点以后,将树图上处于同一状态的同一节点折叠起来加以合并,就可以得到网格图。

图 5-10 是信息序列长度 l 为 5 的(2,1,2)码网格图,实线表示输入为 0 的分支,虚线表示输入为 1 的分支。分支上标准的 n 位数据表示相应的编码输出 $\boldsymbol{c}$。从第 m 至 l 节点,编码器处于稳定的状态转移中,并且各节点的网格结构均相同。在 l 节点后 m 个移存器尚需转移 m 个状态,才能回到初始状态 S_0。由于 l 到$(l+m)$节点的过程中输入 0,所以只有实线分支。

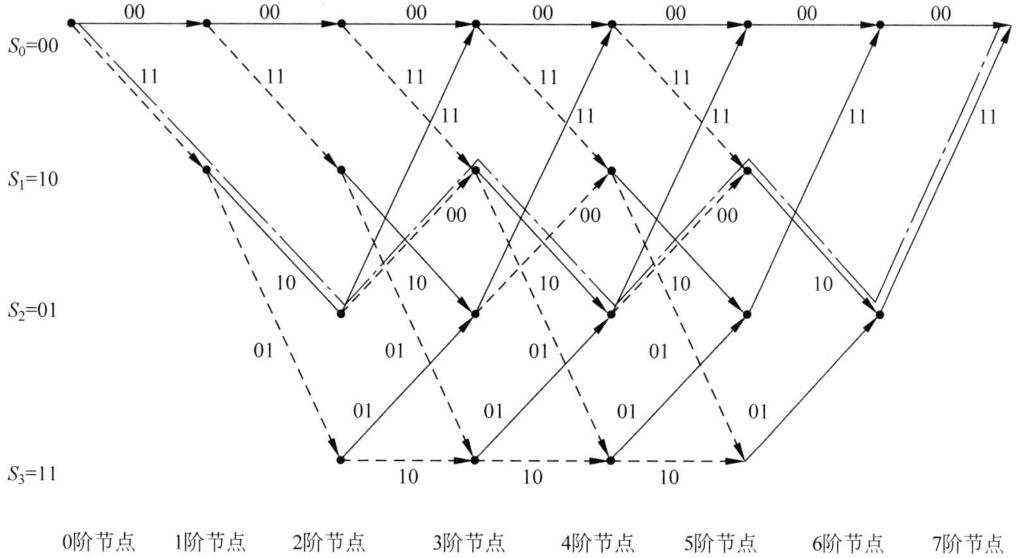

图 5-10 (2,1,2)卷积码网格图

与树图一样，网格图中每一种信息序列有唯一的网格编码路径，图中输入信息序列 $\boldsymbol{u}=(10101)$路径对应的输出码元序列 $\boldsymbol{c}=(11\quad 10\quad 00\quad 10\quad 00\quad 10\quad 11)$，如图 5-10 中点划线所示，编码后面多出了 1011 四位，是因为在输入信息序列后加入了两位移位寄存器清零码元，因此实际上输入为 $\boldsymbol{u}=(1010100)$。

5.5 卷积码的译码

卷积码的译码可分为三大类：序列译码、门限译码和 Viterbi 译码。序列译码基于码的树图结构，能很好地处理约束度很长的卷积码，缺点是它的译码时间是可变的；门限译码基于码的代数结构，通过计算伴随式集合实现，缺点是在误码率方面表现较差；Viterbi 译码基于码的网格图结构，是一种极大似然译码方法。

5.5.1 卷积码的硬判决和软判决

图 5-11 所示为卷积码编译码系统的简要框图。信息序列 $\boldsymbol{u}$ 编码成为传输序列 $\boldsymbol{c}$，经过有噪声的信道后接收端接收到序列 $\boldsymbol{y}$，由卷积译码器给出译码序列 $\hat{\boldsymbol{u}}$。

在图 5-11 中，噪声信道的输入序列 $\boldsymbol{c}$ 是一个二进制符号序列，对其输出序列 $\boldsymbol{y}$ 如果也按二进制数据进行判决，给出译码序列 $\hat{\boldsymbol{u}}$，则一般称为硬判决（硬量化）卷积译码。如果为了充分利用信道输出序列的数据信息以提高译码可靠性，可将信道输出的数据做多电平量化，例如 8 电平量化，再进行卷积译码，则通常称为软判决（软量化）卷积译码。对 AWGN 信道来说，软判决译码比硬判决译码可获得 2dB 的性能改善。

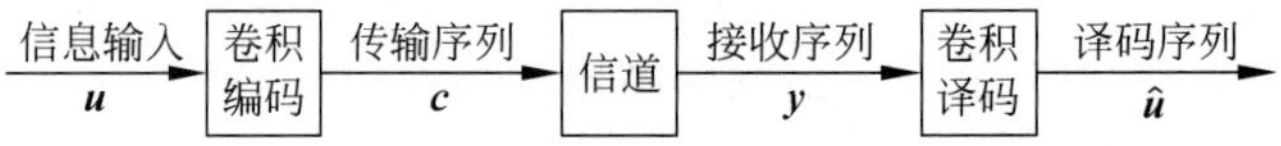

图 5-11 卷积码编译码系统框图

5.5.2 硬判决的 Viterbi 译码

硬判决的 Viterbi 算法是一种汉明距离译码。通常所说的 Viterbi 译码就是硬判决的 Viterbi 译码。

Viterbi 译码方法采用分段处理，每个码段根据接收的码元序列，按照极大似然译码准则，寻找发送端编码器在网格图上所经过的最佳路径，也就是在网格图上寻找与接收码相比差距最小的可行路径。对于 BSC 信道，这种寻找可等价为确定与接收码段具有最小汉明距离的路径。由于接收序列通常很长，所以 Viterbi 译码时最大似然译码作了简化，即它把接收码字分段累接处理，每接收一段码字，计算比较一次，保留码距最小的路径，直至译完整个序列。

Viterbi 译码具有以下优点：

（1）有固定的译码时间；

（2）适于译码器的硬件实现，运行速度快；

（3）译码的错误概率可以达到很小；

（4）容易实现，成本低。

1. Viterbi 译码算法的步骤

对于(n,k,m)卷积码，假设已接收 l 个码段，Viterbi 译码算法可归纳为以下步骤：

(1) 在 $j=m$ 节点处，对进入每一状态的长度为 $j=m$ 的部分路径，计算输出数据与对应接收的 j 个 n 长码段的汉明距离。将部分路径存储作为被留选的幸存路径(部分路径是指前 m 个码段的路径，是全路径的一部分，而不是前 m 个码段路径的不同分支路径)。

(2) j 增加 1，把此时进入每一状态的所有分支与前一阶节点处留选的幸存路径累积，计算这些路径与相应接收码段的汉明距离，每个状态留选汉明距离最小者为对应的幸存路径，其余路径则删除。

(3) 重复步骤(2)，直至 $j=l+m$，最终整个网格图中只剩一条幸存路径，译码结束。

由 m 至 l 阶节点，网格图中 2^{km} 个状态中每一个状态有一条幸存路径；但在 l 阶节点后，状态数目减少，幸存路径随之相应减少；至 $l+m$ 阶节点时，仅剩一条幸存路径，它就是译码器输出的最佳估值码元序列路径。

如果在某阶节点时，某状态的两条路径具有相同的汉明距离，这时需观察下一阶节点累积的汉明距离，再选定最小距离的路径。

2. Viterbi 译码过程

对于图 5-6 的编码器，设输入信息序列 $\boldsymbol{u}=(10101)$，通过 BSC 后送入译码器的序列 $\boldsymbol{y}=(11\quad 10\quad 01\quad 11\quad 00\quad 10\quad 11)$，采用 Viterbi 译码算法对信息序列和码序列进行估值。

前面已经推导出，当输入信息序列 $\boldsymbol{u}=(10101)$ 时，正确的输出码序列是 $\boldsymbol{c}=(11\quad 10\quad 00\quad 10\quad 00\quad 10\quad 11)$，与实际接收序列 $\boldsymbol{y}$ 比较有 2 个码元错误。根据图 5-10 的网格图，Viterbi 译码器对接收序列 $\boldsymbol{y}$ 的译码过程示于图 5-12 中，y_i 为接收码段，d 为汉明距离，$\hat{u}$ 为信息估值。

在图 5-12(a)中，从初始状态到达 $j=2$ 阶节点的 4 种状态有 4 条路径，这 4 条路径与接收序列 $\boldsymbol{y}_0\boldsymbol{y}_1=(11\quad 10)$的汉明距离分别为 3、3、0、2，依次作为 4 种状态的幸存路径。

当 $j=3$ 时，如图 5-12(b)所示，沿前一阶节点的幸存路径到达 S_0 状态有两条路径 $S_0\xrightarrow{00}S_0\xrightarrow{00}S_0\xrightarrow{00}S_0$ 和 $S_0\xrightarrow{11}S_1\xrightarrow{10}S_2\xrightarrow{11}S_0$，与 $\boldsymbol{y}_0\boldsymbol{y}_1\boldsymbol{y}_2=(11\quad 10\quad 01)$的汉明距离分别为 4 和 1，选取距离最小者为 S_0 状态的幸存路径。同样 S_1、S_2、S_3 状态也都有两条路径，分别留选距离最小者为幸存路径，其余路径则删除。

接着由 $j=3$ 的 S_0、S_1、S_2 状态转移到 $j=4$ 的 S_0、S_1、S_2、S_3 状态，如图 5-12(c)所示，有 4 条路径与 $\boldsymbol{y}_0\boldsymbol{y}_1\boldsymbol{y}_2\boldsymbol{y}_3=(11\quad 10\quad 01\quad 11)$比较，具有最小汉明距离，被留选下来。

同样由 $j=4$ 到 $j=5$ 节点，如图 5-12(d)所示，每一种状态都各自留选了一条幸存路径。

在图 5-12(e)当 $j=6$ 时，有用信息已输入完毕，输入端补零至编码器，所以只剩下 S_0 和 S_2 两种状态，而 S_0 状态的两条路径与 $\boldsymbol{y}_0\boldsymbol{y}_1\boldsymbol{y}_2\boldsymbol{y}_3\boldsymbol{y}_4\boldsymbol{y}_5=(11\quad 10\quad 01\quad 11\quad 00\quad 10)$的距离都是 3，因此都被留存。

当 $j=7$ 时，如图 5-12(f)回到初始状态 S_0，只剩唯一的一条幸存路径，其对应的输出码序列就是接收码序列的最佳估值 $\hat{\boldsymbol{y}}=(11\quad 10\quad 00\quad 10\quad 00\quad 10\quad 11)$，相应的信息序列估值 $\hat{\boldsymbol{u}}=(10101)$。

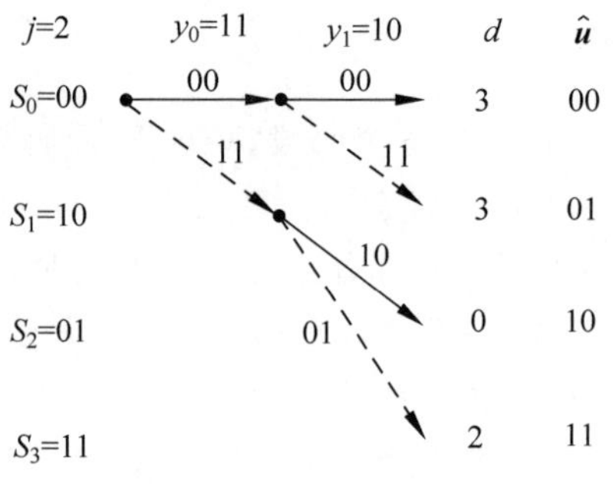

(a)

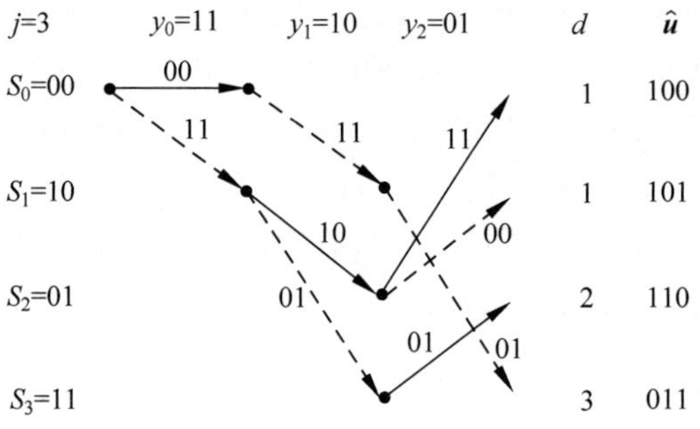

(b)

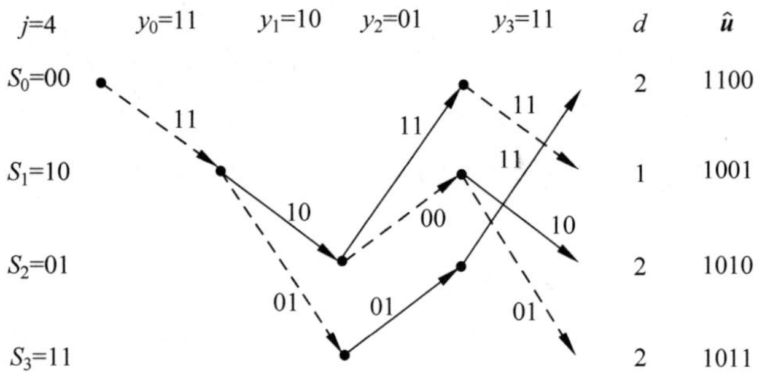

(c)

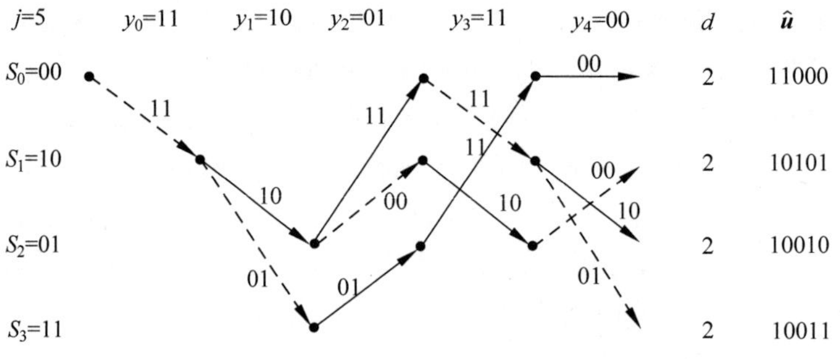

(d)

图 5-12 Viterbi 译码过程

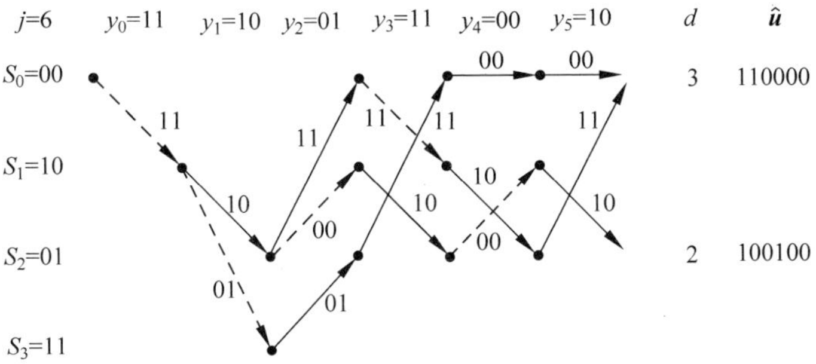

(e)

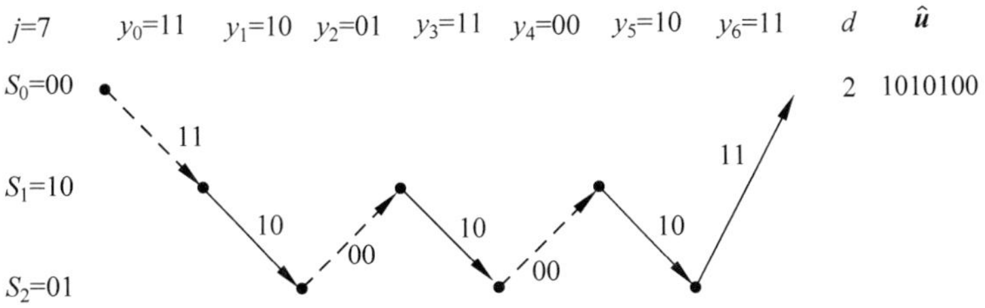

(f)

图 5-12 （续）

可见，译码结果与编码器的输出结果一致，实现了正确译码。

由于幸存路径长度为 L，共需 $L \cdot 2^m$ 个段存储单元存储全部幸存路径，因此对实际中几乎无穷大的传送序列，若记 $L=L_d$ 为译码输出时刻，L_d 的值不可能太大，通常 L_d 选择为约束长度 N 的 5～10 倍，称为译码深度，$L_d=(5\sim10)N$。当实际序列长度 $L \gg L_d$ 时，译码器可以是逐 L_d 段长进行译码。

5.5.3 软判决的 Viterbi 译码

为了充分利用接收信号的全部信息，提高译码性能，可将硬判决改为软判决。即对接收信号进行多电平判决或进行多进制 Viterbi 译码。

硬判决 Viterbi 译码是二电平判决，适合于二进制对称信道(BSC)。对于二电平判决，当噪声干扰较大时判决容易丢失有用信息。而采用多电平判决，可改善 Viterbi 译码器性能(1.5～2dB)。软判决 Viterbi 译码适合于离散无记忆信道(DMC)，通常采用 4～8 电平。

软判决 Viterbi 译码与硬判决 Viterbi 译码的算法大体相同，不同之处主要表现在路径量度的求法不同，因为多进制的最大似然度不再是简单的汉明距离。因此路径量度要用对数似然函数来计算。

5.6 卷积码举例

如图 5-13 所示的卷积码编码器，$n=3$，$k=1$，$m=2$，码率等于 1/3。下面以该卷积码编码器为例对卷积码做较详细地分析和讨论。

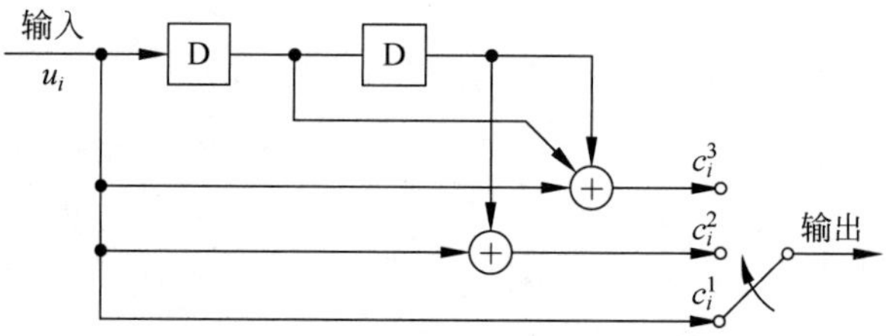

图 5-13　一种(3,1,2)卷积码编码器的方框图

由图可知

$$\begin{cases} c_i^1 = u_i \\ c_i^2 = u_i \oplus u_{i-2} \\ c_i^3 = u_i \oplus u_{i-1} \oplus u_{i-2} \end{cases}$$

输出码字为 $\boldsymbol{c}_i=(c_i^1 c_i^2 c_i^3)$。

1. 状态表

由 5.4 的内容可知，一个卷积码编码器的状态图、树图、网格图是由编码器决定的，与输入信息无关。此卷积码编码器由两级移位寄存器组成，因此只有 4 种状态，00、10、01 和 11，分别用符号 S_0、S_1、S_2 和 S_3 表示。而对于每一种状态都有“0”和“1”两种输入，于是根据图 5-13 的编码器可得到如表 5-4(a)所示的状态表。

表 5-4(a)　(3,1,2)卷积码的状态表

输入 $\boldsymbol{u}$	初态 S_i	初态 S_j	输出 $\boldsymbol{c}$
0	0 0	0 0	0 0 0
1	0 0	1 0	1 1 1
0	1 0	0 1	0 0 1
1	1 0	1 1	1 1 0
0	0 1	0 0	1 1 0
1	0 1	1 0	1 0 0
0	1 1	0 1	0 1 0
1	1 1	1 1	1 0 1

若输入信息位是 1101，则由编码器得到如表 5-4(b)的状态变换表。

表 5-4(b)　(3,1,2)卷积码的状态变换表

输入 $\boldsymbol{u}$	初态 S_i	初态 S_j	输出 $\boldsymbol{c}$
1	0 0	1 0	1 1 1
1	1 0	1 1	1 1 0
0	1 1	0 1	0 1 0
1	0 1	1 0	1 0 0
0	1 0	0 1	0 0 1
0	0 1	0 0	0 1 0

由表 5-4(b)可以得到对应的编码为 111 110 010 100 001 010。此处输入信息增加了两位清零码元“0”。

2. 状态图

由表 5-4(a)可得到如图 5-14 所示的状态图,图中实线表示输入信息位为“0”时的状态转变路线,虚线表示输入信息位为“1”时的状态转变路线。

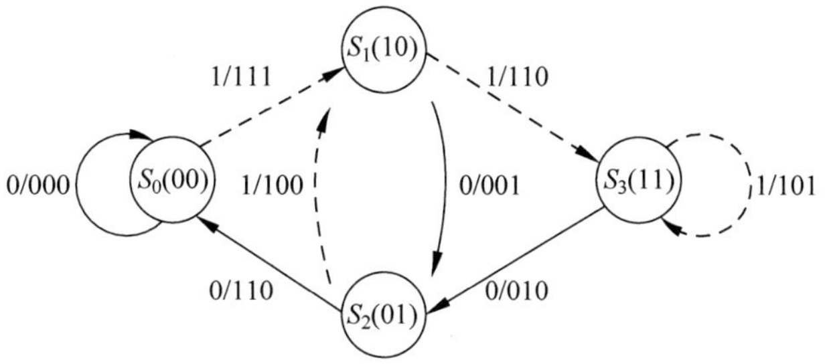

图 5-14 (3,1,2)卷积码的状态图

若输入信息位是 1101,由状态图 5-14 可得编码输出为 111 110 010 100。

3. 树图

规定输入信息为“0”,状态向上支路移动,输入信息为“1”,则状态向下支路移动,于是由表 5-4 得出如图 5-15 所示的树图。

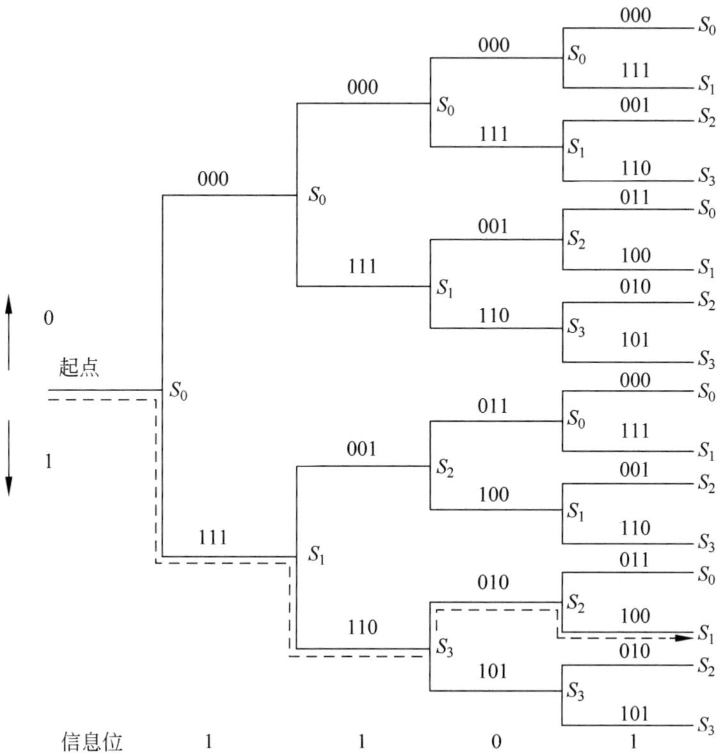

图 5-15 (3,1,2)卷积码的树图

若输入信息位是1101，由树图可得编码输出为111 110 010 100，图5-15中的虚线所示。

4. 网格图

将状态图在时间上展开，可以得到网格图，如图5-16所示。

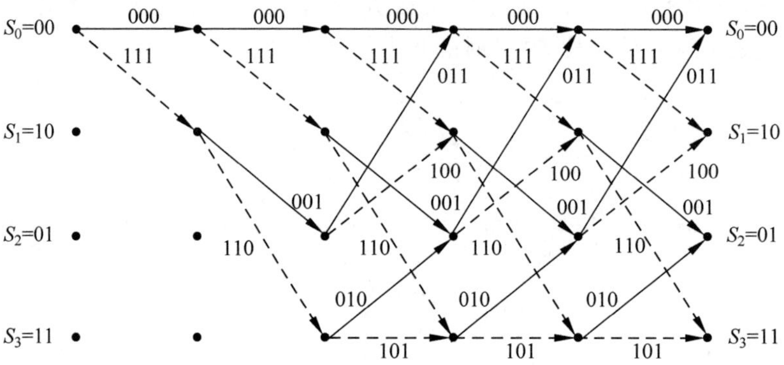

图5-16 (3,1,2)卷积码的网格图

进一步可以得到(3,1,2)卷积码路径图，如图5-17所示。

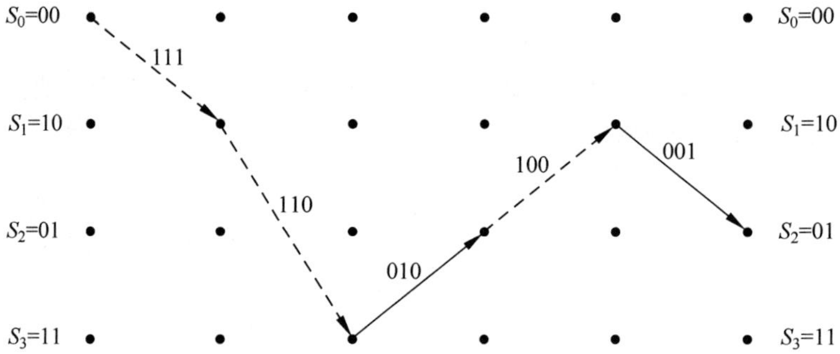

图5-17 (3,1,2)卷积码路径图

5. Viterbi译码

这种算法的基本原理是将接收到的信号序列和所有可能的信号序列作比较，选择其中汉明距离最小的序列译为发送信号序列。

前面已知发送信息位为1101，为了使移位寄存器中的信息全部移出，在信息位后面加入3个“0”，编码后的发送序列为111 110 010 100 001 011 000，若接收序列为111 010 010 110 001 011 000，则第4个码元和第11个码元为错码。

由于这是一个$(n,k,m)=(3,1,2)$卷积码，发送序列的约束长度为$N=m+1=3$，所以首先要考虑3个信息段，即考察$3n=9$位。

由图5-16可知，沿路径每一级有4种状态，S_0、S_1、S_2和S_3，每种状态只有两条路径可以到达，故4种状态共有8条路径。比较这8条路径和接收序列之间的汉明距离，如表5-5所示。

表 5-5 Viterbi 算法解码第一步计算结果

序　　号	对应序列	汉明距离	幸存否
1	000 000 000	5	否
2	111 001 011	3	是
3	000 000 111	6	否
4	111 001 100	4	是
5	000 111 001	7	否
6	111 110 010	1	是
7	000 111 110	6	否
8	111 110 101	4	是

将距离较小的路径保存(若几条路径的汉明距离相同,则可以任意保存一条)为幸存路径,如图 5-18(a)所示。

第二步继续考察接收序列中后继的"110",如图 5-18(b)所示。

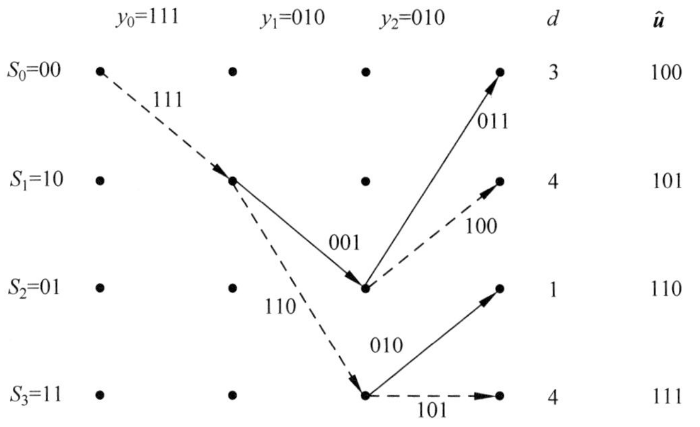

(a)

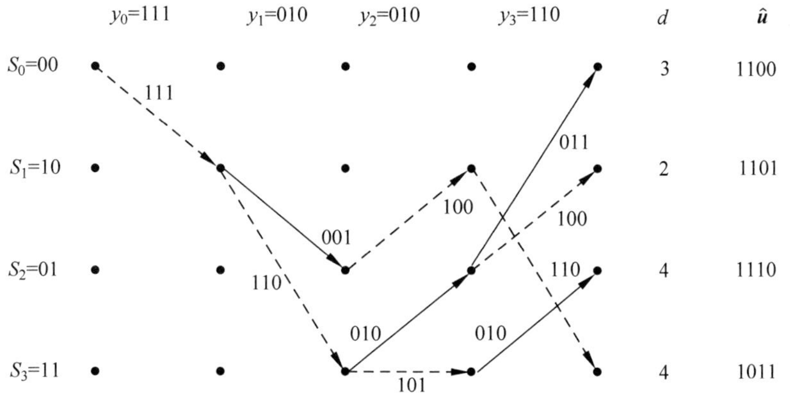

(b)

图 5-18 (3,1,2)卷积码译码幸存路径网格图

在编码时，为了使输入的信息位全部通过移位寄存器，使移位寄存器回归到初始状态，在信息位后面加入 3 个“0”。若把这 3 个“0”仍看做信息位，则可以按照上述的方法继续解码，如图 5-19 所示。

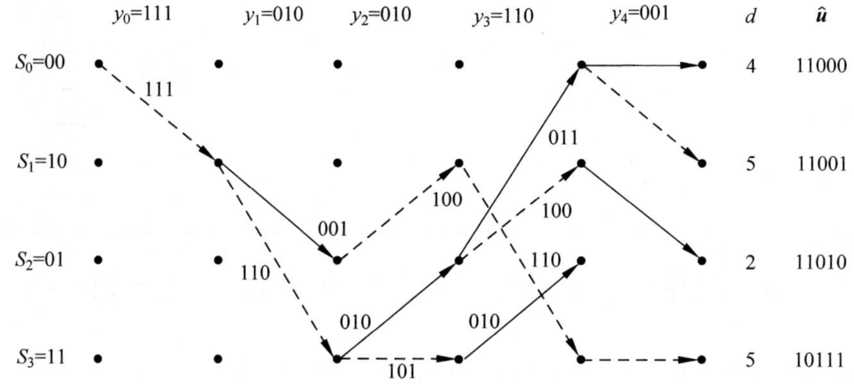

图 5-19 (3,1,2)卷积码译码幸存路径图(补“0”码)

最终得到的幸存路径网格图如图 5-20 所示。

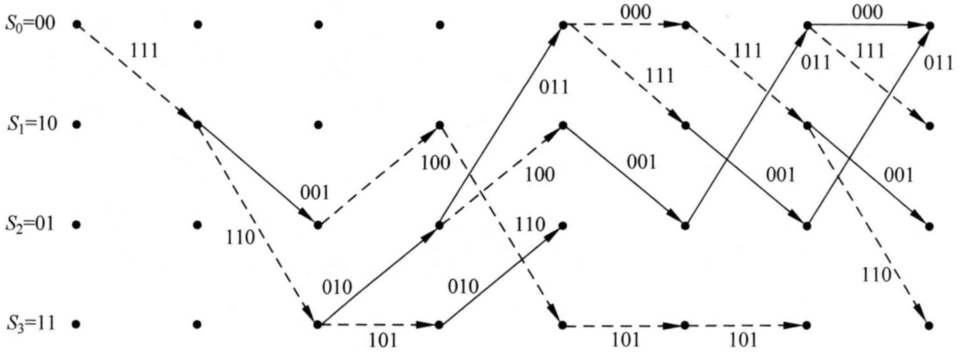

图 5-20 对应信息位 1101000 的幸存路径网格图

已知最后 3 个码元是(为结尾而补充的)“0”，则在解码计算时就预先知道在接收这 3 个“0”码元后，路径必然应该回归到状态 S_0，由图 5-20 可见，只有两条路径可以回到状态 S_0，所以，这时的图 5-20 可以简化为图 5-21。

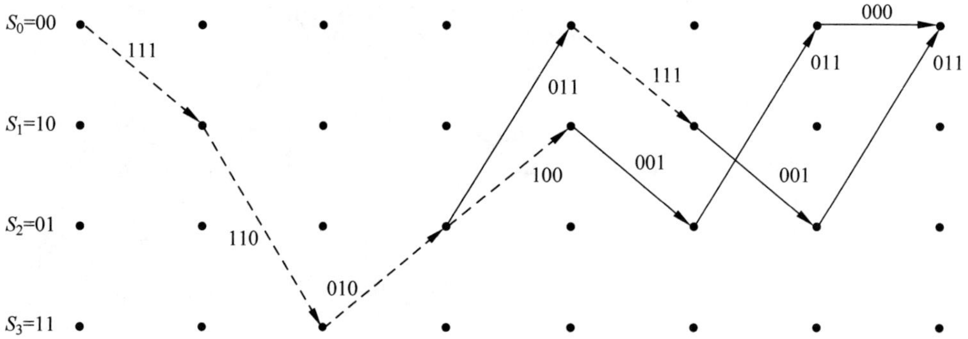

图 5-21 对应信息位 1101 及以 000 结束的幸存路径网格图

因为接收序列为 111 010 010 110 001 011 000，而幸存的两条路径的序列分别为 111 110 010 011 111 001 011 和 111 110 010 100 001 011 000，对应的码距分别为 8 和 2，因此最佳估值为 111 110 010 100 001 011 000，相应的信息序列估值为 1101000。

在该例中卷积码的约束长度为 $N=3$，需要存储和计算 8 条路径的参量。由此可见，Viterbi 算法的复杂度随约束长度 N 按指数形式 2^N 增长。故 Viterbi 算法适合约束长度较小的编码。

5.7 卷积码的编码实现与仿真

5.7.1 与卷积码有关的几个函数

1. convenc 函数

功能：卷积编码。

语法：code = convenc(msg,trellis);

code = convenc(msg,trellis,puncpat);

code = convenc(msg,trellis,…,init_state);

[code,final_state] = convenc(…);

说明：用 code=convenc (msg, trellis)可对 k 位信息进行卷积编码，trellis 是网格结构。

code = convenc(msg,trellis,puncpat)中，puncpat 是指定一个打孔模式，允许更高的编码速率。

code = convenc(msg,trellis,…,init_state)中，init_state 是寄存器的初始状态。

[code,final_state] = convenc(…)同时输出编码和寄存器的最终状态。

2. poly2trellis 函数

功能：将卷积码多项式转换为网格形式。

语法：trellis = poly2trellis(ConstraintLength,CodeGenerator);

trellis = poly2trellis(ConstraintLength,CodeGenerator, FeedbackConnection);

说明：用 trellis = poly2trellis(ConstraintLength,CodeGenerator)输入卷积编码器的多项式描述，输出相应的网格结构。ConstraintLength 是约束长度，等于 $m+1$，CodeGenerator 是生成矩阵。

trellis = poly2trellis(ConstraintLength,CodeGenerator, FeedbackConnection)可输出网格结构，参数 FeedbackConnection 是反馈连接。

3. vitdec 函数

功能：利用 Viterbi 算法的卷积译码。

语法：msg = vitdec(code,trellis,tblen,opmode,dectype);

msg =vitdec(code,trellis,tblen,opmode,'soft',nsdec);

msg =vitdec(code,trellis,tblen,opmode,dectype,puncpat);

msg =vitdec(code,trellis,tblen,opmode,dectype,puncpat,eraspat);

msg =vitdec(…,'cont',…,initmetric,initstates,initinputs);

[decoded,finalmetric,finalstates,finalinputs] = vitdec(…,'cont',…);

说明：tblen 是一个正整数，表示反馈深度，也称回溯长度。

opmode 指在假设编码器模式的情况下解码器的模式。当 opmode='cont'时，编码器是全零的初始状态，这种方式有延迟；当 opmode='term'时，编码器是全零的初始状态和最终状态；当 opmode='trunc'时，这种方式没有延迟。

dectype 指判决方式。当 dectype='unquant'时，非量化判决，输出为实数；当 dectype='hard'时，硬判决，输出 0 或 1；当 dectype='soft'时，软判决，输出 0～(2^b-1)之间的整数，b 是软判决的位数。

5.7.2 编码

1. 利用库函数来实现编码

对于图 5-3 的(2,1,3)卷积码编码器，$k=1,n=2,m=3$，已知

$$\begin{cases} c_j^1 = u_j \oplus u_{j-2} \oplus u_{j-3} \\ c_j^2 = u_j \oplus u_{j-1} \oplus u_{j-2} \oplus u_{j-3} \end{cases}$$

则 $\boldsymbol{g}^1=(1011)$，$\boldsymbol{g}^2=(1111)$，如果信息序列为已知，如 $\boldsymbol{u}=[1\ 0\ 1\ 1\ 1]$。

利用 convenc 函数，则代码如下：

```
msg = [1 0 1 1 1];                          % 信息序列
trellis = poly2trellis([4],[13 ,17]);       % 产生上述(2,1,3)卷积码编码器的网格
code = convenc(msg,trellis);                % 卷积编码
```

运行结果如下：

```
code =
    1    1    0    1    0    0    0    1    0    1
```

注：此运行结果只包含信息序列的编码。

2. 离散卷积编码的实现方法

代码如下：

程序 5_1(program5_1.m)

```
%离散卷积编码的实现方法
u = [1 0 1 1 1];                            %信息序列
g1 = [1 0 1 1];
g2 = [1 1 1 1];                             %g1,g2 长度必须相同,为编码器的两个冲击响应
c1 = conv(u,g1);                            %卷积运算
c2 = conv(u,g2);                            %卷积运算
% ----------------------------------
%交替读出两个卷积编码器的输出数据,得到编码结果
```

```
len = length(c1);
for i = 1: 1: len
    output((2 * i - 1)) = rem(c1(i),2);
    output(2 * i) = rem(c2(i),2);
end
% -----------------------------------
%结果显示
disp('卷积编码为: ')
disp(output);
```

运行结果如下：

```
卷积编码为:
    1  1  0  1  0  0  0  1  0  1  0  1  0  0  1  1
```

3. 利用自定义函数来实现编码

自定义函数 jjmencode. m,代码如下：

```
function code = jjmencode(G,k,msg)
%卷积码编码函数
% G: 决定输入序列的生成矩阵
% k: 每一时钟周期输入编码器的比特数
% msg: 输入数据
% code: 输入数据
% -----------------------------------
%判断输入信息序列是否需要添零,若需要则添零
if rem(length(msg),k)> 0
  msg = [msg,zeros(size(1: k - rem(length(msg),k)))];
end
% -----------------------------------
% 把输入信息比特按 k 分组,m 为所得的组数
m = length(msg)/k;
% -----------------------------------
% 检查生成矩阵 G 的维数是否和 k 一致
if rem(size(G,1),k)> 0
  error('Error,G is not of the right size.')
end
% -----------------------------------
% 从生成矩阵 G 可得到约束长度 L 和输出比特数 n
L = size(G,2)/k;
n = size(G,1);
% -----------------------------------
% 在信息前后加零,使移位寄存器清零,加零个数为(L - 1)k 个
u = [zeros(1,(L - 1) * k),msg,zeros(1,(L - 1) * k)];
% -----------------------------------
%将添零后的输入序列按每组 Lk 个分组,分组是按 k 比特增加
%从 1 到 Lk 比特为第一组,从 1 + k 到 Lk + k 为第二组,依次类推,并将分组按倒序排列
u1 = u(L * k: - 1: 1);
for i = 1: m + L - 2
    u1 = [u1,u((i + L) * k: - 1: i * k + 1)];
```

```
end
U = reshape(u1,L * k,m + L - 1);
% ------------------------------------
% 卷积编码输出
code = reshape(rem(G * U,2),1,n * (L + m - 1));
```

对于前面的例子，利用自定义函数 jjmencode.m 实现编码。

程序 5_2（program5_2.m）

```
msg = [1 0 1 1 1];                        % 信息序列
g1 = [1 0 1 1];
g2 = [1 1 1 1];
k = 1;                                    % 每一时钟周期输入编码器的比特数
code = jjmencode([g1; g2],k,msg);         % 调用卷积编码函数
disp('卷积编码为');
disp(output);
```

运行结果如下：

```
卷积编码为:
    1   1   0   1   0   0   0   1   0   1   0   1   0   0   1   1
```

5.7.3 译码

对于图 5-3 的(2,1,3)卷积码编码器，$k=1, n=2, m=3$，已知

$$\begin{cases} c_j^1 = u_j \oplus u_{j-2} \oplus u_{j-3} \\ c_j^2 = u_j \oplus u_{j-1} \oplus u_{j-2} \oplus u_{j-3} \end{cases}$$

则 $\boldsymbol{g}^1=(1011)$，$\boldsymbol{g}^2=(1111)$。

1. 利用库函数(vitdec)来实现译码

采用 vitdec 函数进行译码，执行以下 3 行代码：

```
r = [0 0 0 0 1 1 0 1 0 0 0 1 0 1 0 1 0 0 1 1];  % 接收序列
trellis = poly2trellis([4],[13 ,17]);           % 网格参数
msg  = vitdec(r,trellis,3,'trunc','hard');      % 没有延时,硬判决
```

运行结果如下：

```
msg  =
     0     0     1     0     1     1     1     0     0     0
```

执行以下 3 行代码：

```
r = [0 0 0 0 1 1 0 1 0 0 0 1 0 1 0 1 0 0 1 1];  % 接收序列
trellis = poly2trellis([4],[13 ,17]);           % 网格参数
msg  = vitdec(r,trellis,3,'term','hard');       % 编码器是全零的初始状态和最终状态,硬判决
```

运行结果如下：

```
msg  =
```

```
    0    0    1    0    1    1    1    0    0    0
```

执行以下 3 行代码：

```
r=[0 0 0 0 1 1 0 1 0 0 0 1 0 1 0 1 0 0 1 1];   %接收序列
trellis=poly2trellis([4],[13 ,17]);          %网格参数
msg = vitdec(r,trellis,3,'cont','hard');      %编码器是全零的初始状态,有延迟,硬判决
```

运行结果如下：

```
msg =
    0    0    0    0    0    1    0    1    1    1
```

由以上代码可以看出，译码函数 vitdec 的参数设置不同，译码结果不同。

2. 利用自定义的函数实现译码

自定义函数 viterbidecode.m，代码如下：

```
function [msg,survivor_state,cumulated_metric] = viterbidecode(G,k,r)
%viterbi 译码函数
n=size(G,1);                                    %n: 编码输出端口数量,(2,1,3)中 n=2
%-----------------------------------
if rem(size(G,2),k)~=0                          %当 G 列数不是 k 的整数倍时
    error('G 和 k 大小不一致')                   %发出出错信息
end
%-----------------------------------
if rem(size(r,2),n)~=0                          %当输出元素个数不是输出端口的整数倍时
    error('接收序列的形式不对')
end
%-----------------------------------
%基本参数
N=size(G,2)/k;                                  %得出移位数,即寄存器的个数
M=2^k;                                          %信号组成的状态数
statenumber=2^(k*(N-1));                        %寄存器状态数
%-----------------------------------
%产生状态转移矩阵、输出矩阵和输入矩阵
for j=0: statenumber-1 %j 表示当前寄存器组的状态
    for m=0: M-1 %m 为由 k 个输入端的信号组成的状态
        [next_state,memory_contents]=nextstate(j,m,N,k); %调用 nextstate 函数,由寄存器当
%前状态和输入确定寄存器的下一个状态和寄存器内容
        input(j+1,next_state+1)=m;
        branch_output=rem(memory_contents*G',2); %输出分支
        nstate(j+1,m+1)=next_state;             %下一个状态
        output(j+1,m+1)=bin2deci(branch_output);
    end
end
state_metric=zeros(statenumber,2); %state_metric 数组用于记录译码过程在每状态时的汉明距离
depth_of_trellis=length(r)/n;                   %网格深度
r_matrix=reshape(r,n,depth_of_trellis);         %信道输出的汉明距离
survivor_state=zeros(statenumber,depth_of_trellis+1);     %幸存状态
%-----------------------------------
%开始无尾信道输出的解码
for i=1: depth_of_trellis-N+1
```

```
    flag = zeros(1,statenumber);
    if(i <= N)
        step = 2^(k * (N - i));
    else
        step = 1;
    end
    for j = 0: step: statenumber - 1
        for m = 0: M - 1
            branch_metric = 0;
            binary_output = deci2bin(output(j + 1,m + 1),n);
            for ll = 1: n
                branch_metric = branch_metric + metric(r_matrix(ll, i),binary_output(ll));
            end
% 选择码间距离较小的那条路径,当下一个状态没有被访问时就直接赋值,否则,用比它小的路径将
% 其覆盖
if(( state_metric(nstate(j + 1,m + 1) + 1,2)> state_metric(j + 1,1) + branch_metric)| …
                    flag(nstate(j + 1,m + 1) + 1) == 0 )
                state_metric(nstate(j + 1,m + 1) + 1,2) = state_metric(j + 1,1) + branch_metric;
survivor_state(nstate(j + 1,m + 1) + 1,i + 1) = j;
                flag(nstate(j + 1,m + 1) + 1) = 1;
            end
        end
    end
    state_metric = state_metric(: ,2: -1: 1);
end
% -----------------------------------
% 开始尾部信道输出的解码
for i = depth_of_trellis - N + 2: depth_of_trellis
    flag = zeros(1,statenumber);
    % 状态数从 statenumber→statenumber/2→ … →2→1
    last_stop = statenumber/(2^(k * (i - depth_of_trellis + N - 2)));
    for j = 0: last_stop - 1
        branch_metric = 0;
        binary_output = deci2bin(output(j + 1,1),n);
        for ll = 1: n
            branch_metric = branch_metric + metric(r_matrix(ll, i),binary_output(ll));
        end
        if( (state_metric(nstate(j + 1,1) + 1,2)> state_metric(j + 1,1) + branch_metric)| …
                flag(nstate(j + 1,1) + 1) = >= 0 )
            state_metric(nstate(j + 1,1) + 1,2) = state_metric(j + 1,1) + branch_metric;
            survivor_state(nstate(j + 1,1) + 1,i + 1) = j;
            flag(nstate(j + 1,1) + 1) = 1;
        end
    end
    state_metric = state_metric(: ,2: -1: 1);
end
% -----------------------------------
% 从最佳路径中产生解码
% 译码过程可从数组 survivor_state 的最后一个位置向前逐级译码
state_sequence = zeros(1,depth_of_trellis + 1);
state_sequence(1,depth_of_trellis) = survivor_state(1,depth_of_trellis + 1);
for i = 1: depth_of_trellis
    state_sequence(1,depth_of_trellis - i + 1) = survivor_state((state_sequence…
        (1,depth_of_trellis + 2 - i) + 1),depth_of_trellis - i + 2);
```

```
end
% ------------------------------------
% 译码输出
msg_matrix = zeros(k,depth_of_trellis - N + 1);
for i = 1: depth_of_trellis - N + 1
    % 根据数组 input 的定义得出从当前状态到下一个状态的输入信号矢量
    dec_output_deci = input(state_sequence(1,i) + 1,state_sequence(1,i + 1) + 1);
    dec_output_bin = deci2bin(dec_output_deci,k);
    % 将一次译码存入译码输出矩阵 msg_matrix 相应的位置
    msg_matrix( : ,i) = dec_output_bin(k: - 1: 1)';
end
msg = reshape(msg_matrix,1,k * (depth_of_trellis - N + 1));    % 译码结果
cumulated_metric = state_metric(1,1);
disp('译码结果为')
disp(msg)
```

本函数中调用的其他自定义函数如下：

(1) nextstate. m。

```
% 由寄存器当前状态和输入确定寄存器的下一个状态和寄存器内容
% current_state 为当前状态,next_state 为下一个状态,memory_contents 为寄存器内容
% input 为输入,binary_input 为二进制输入,binary_state 为二进制状态
function [next_state,memory_contents] = nextstate(current_state, input,L,k)
binary_state = deci2bin(current_state,k * (L - 1));
binary_input = deci2bin(input,k);
next_state_binary = [binary_input,binary_state(1: (L - 2) * k)];
next_state = bin2deci(next_state_binary);
memory_contents = [binary_input,binary_state];
```

(2) deci2bin. m。

```
% 十进制转换为二进制
function y = deci2bin(x,l)
y = zeros(1,l);
i = 1;
while x > = 0 & i < = l
    y(i) = rem(x,2);
    x = (x - y(i))/2;
    i = i + 1;
end
y = y(l: - 1: 1);
```

(3) bin2deci. m。

```
% 二进制转换为十进制
function y = bin2deci(x)
l = length(x);
y = (l - 1: - 1: 0);
y = 2.^y;
y = x * y';
```

(4) metric. m。

```
% 求汉明距离
```

```
function distance = metric(x,y)
if x == y
    distance = 0;
else
    distance = 1;
end
```

程序 5_3(program5_3.m)

```
%已知G、k、r时利用自定义的Viterbi译码算法函数得出译码结果
G = [1 0 1 1; 1 1 1 1];                  %G: 卷积编码矩阵,可以根据自己的需要输入编码矩阵
k = 1;                                    %k: 信息源输入端口数
r = [1  1  0  1  0  0  0  1  0  1  0  1  0  0  1  1];            %接收到的序列
[msg,survivor_state,cumulated_metric] = viterbidecode(G,k,r);     %调用译码函数
```

运行结果如下：

```
译码结果为
    1     0     1     1     1
```

5.7.4 通信过程的编程仿真

下面利用MATLAB对通信过程进行仿真，以此说明卷积码对系统通信性能的改善，并对不同编码方式的性能进行比较。

1. 卷积码与未编码的性能比较

程序 5_4(program5_4.m)

```
%卷积码与未编码的性能比较
SNR = 0: 1: 12;                                 %信噪比
msg = randi([0,1],1,100000);                    % 输入信息
BER0 = zeros(1,length(SNR));
BER1 = zeros(1,length(SNR));
% -----------------------------------
% 网格结构
trellis = poly2trellis(3,[5 7]);     %由编码器得到,此处由图5-6得,m = 2,g1 = [101],g2 = [111]
% -----------------------------------
%未编码的误码率
for k = 1: length(SNR)
    modbit0 = pskmod(msg,2);                    %调制
    y0 = awgn(modbit0,SNR(k),'measured');       %在传输序列中加入AWGN噪声
    demmsg0 = pskdemod(y0,2);                   %解调
    recode0 = reshape(demmsg0',1,[]);
    [num0,rat0] = biterr(recode0,msg);          %误码计算
    BER0(k) = rat0;
end
% -----------------------------------
%编码的误码率
for k = 1: length(SNR)
    code = convenc(msg,trellis);                %编码
    modbit1 = pskmod(code,2);                   %调制
```

```
    y1 = awgn(modbit1,SNR(k),'measured');              % 在传输序列中加入 AWGN 噪声
    demmsg1 = pskdemod(y1,2);                          % 解调
    recode1 = reshape(demmsg1',1,[]);
    tblen = 5;                                         % 回溯长度
    decoded1 = vitdec( recode1,trellis,tblen,'cont','hard');                  % 译码
    [num1,rat1] = biterr(double(decoded1(tblen + 1: end)),msg(1: end - tblen));% 误码计算
    BER1(k) = rat1;
end
% ------------------------------------
% 画图
semilogy(SNR,BER0,'b - o',SNR,BER1,'r - s');
xlabel('SNR/dB');
ylabel('BER');
legend('未编码','卷积编码(码率为 1/2)');
title('卷积编码(码率为 1/2)与未编码性能比较');
grid on
```

运行结果如图 5-22 所示。

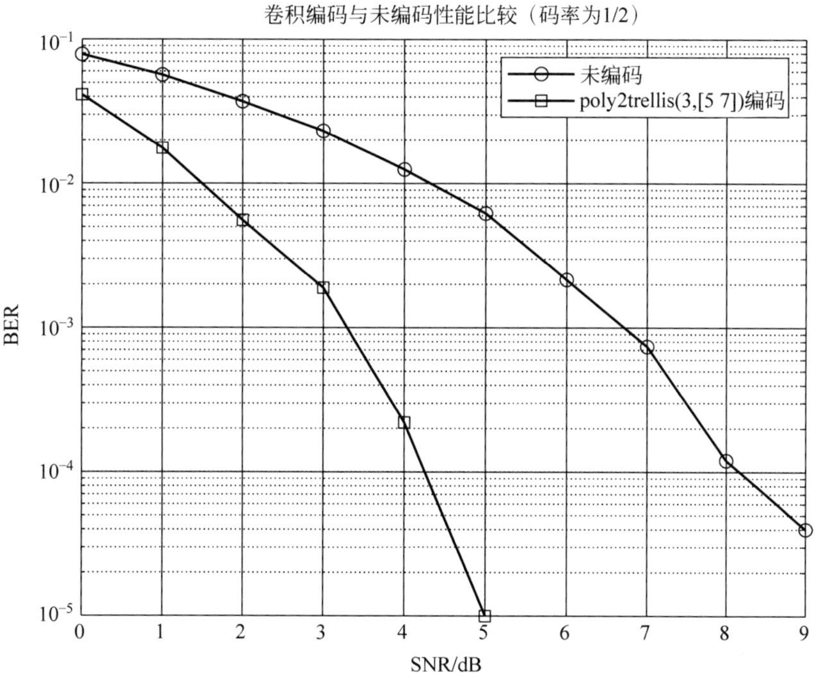

图 5-22　卷积编码与未编码的性能比较

由图 5-22 可见，卷积编码对通信系统的性能有较大的改善，当然对于不同的编码参数，通信系统的性能改善程度不同。

注：*每次运行结果都会有差异，为了避免这种情况，可以增加运行次数，然后给出误码率的平均值，再利用平均值得出仿真曲线。*

2．译码回溯深度和长度对卷积码性能的影响

卷积码译码器中有个回溯判决单元，是得到译码信息的核心单元，该单元会根据加比选单元(ACS)时得到的最小状态标号和相应的译码信息，通过回溯的办法得到译码信息。因此回溯长度对卷积码译码性能有一定的影响。译码回溯深度，一般为寄存器个数的 4～10 倍。因此，回溯长度可以简单地理解为想要开始判决时离最开始计算度量时刻的距离，当然这个距离一般就是比特长度，z

程序 5_5（program5_5.m）

```
%卷积码译码时不同回溯长度的性能比较
clear all;clc;
cycl = 20;                                               %运行次数
SNR = 0:1:10;                                            %信噪比
msg = randi([0,1],1,100000);                             %输入信息
BER0 = zeros(1,length(SNR));
% ------------------------------------------------------------------
% 网格结构
trellis = poly2trellis(3,[5 7]);                         %移位寄存器的个数为 2,约束长度为 3
% ------------------------------------------------------------------
for i = 1:4:21                                           %回溯长度的取值
    for n = 1:cycl
        for k = 1:length(SNR)
            code = convenc(msg,trellis);                 %编码
            modbit0 = pskmod(code,2);                    %调制
            y0 = awgn(modbit0,SNR(k),'measured');        %在传输序列中加入 AWGN 噪声
            demmsg0 = pskdemod(y0,2);                    %解调
            recode0 = reshape(demmsg0',1,[]);
            tblen = i;                                   %回溯长度
            decoded0 = vitdec( recode0,trellis,tblen,'cont','hard'); % 译码
            [num0,rat0] = biterr(double(decoded0(tblen + 1:end)),msg(1:end - tblen));
                                                         %误码计算
            BER0(n,k) = rat0;
        end
    end
    BER0 = mean(BER0);
    BER(i,:) = BER0;
end
% ------------------------------------------------------------------
%画图
figure(1)
semilogy(SNR,BER(1,:),'b - o',SNR,BER(5,:),'r - s',SNR,BER(9,:),'k -+ ',SNR,BER(13,:),'m - p',
SNR,BER(17,:),'b - d',SNR,BER(21,:),'r - * ');
xlabel('SNR (dB)');
ylabel('BER');
legend('回溯长度为 1','回溯长度为 5','回溯长度为 9','回溯长度为 13','回溯长度为 17','回溯长度
为 21');
title('译码时不同回溯长度的性能比较');
grid on
```

运行结果如图 5-23 所示。

由图 5-23 可见，当卷积码的回溯长度增加时，系统的误码率则越小，卷积码的性能也越

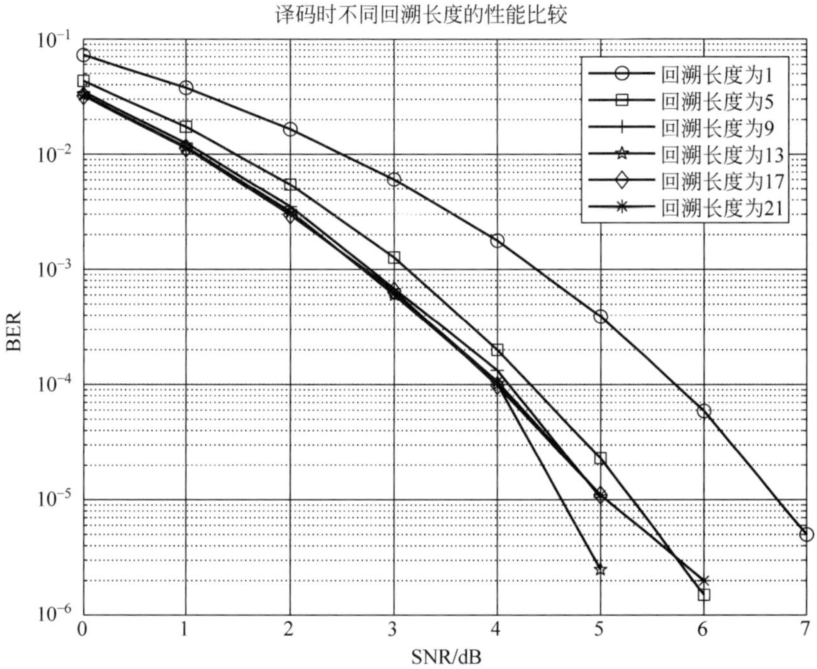

图 5-23 不同回溯长度的卷积编码性能比较

来越好。但是当回溯长度大于 5 倍的编码约束长度时(本仿真采用的编码器约束长度为 3),误码率变化越来越小,逐渐趋于一个稳定值。

3. 未编码、卷积码、汉明码的性能比较

下面就卷积码和汉明码对通信系统性能的改善进行比较。

程序 5_6(program5_6.m)

```
%未编码、卷积码、汉明码的性能比较
cycl = 50;                                    %运行次数
SNR = 0: 1: 12;                               %信噪比
msg = randi([0,1],1,100000);                  %输入信息
BER0 = zeros(1,length(SNR));
BER1 = zeros(1,length(SNR));
BER2 = zeros(1,length(SNR));
% ------------------------------------
% 网格结构
trellis = poly2trellis(3,[5 7]);              %从电路求出参数,或已知参数
% ------------------------------------
%未编码的误码率
for n = 1: cycl
for k = 1: length(SNR)
    modbit0 = pskmod(msg,2);                  %调制
    y0 = awgn(modbit0,SNR(k),'measured');     %在传输序列中加入 AWGN 噪声
    demmsg0 = pskdemod(y0,2);                 %解调
    recode0 = reshape(demmsg0',1,[]);
```

```
    [num0,rat0] = biterr(recode0,msg);                    % 误码计算
    BER0(n,k) = rat0;
end
end
BER0 = mean(BER0);
% -----------------------------------
% 卷积编码的误码率
    code = convenc(msg,trellis);                          % 编码
    modbit1 = pskmod(code,2);                             % 调制
for n = 1: cycl
for k = 1: length(SNR)
    y1 = awgn(modbit1,SNR(k),'measured');                 % 在传输序列中加入 AWGN 噪声
    demmsg1 = pskdemod(y1,2);                             % 解调
    recode1 = reshape(demmsg1',1,[]);
    tblen = 5;                                            % 回溯长度
    decoded1 = vitdec(recode1,trellis,tblen,'cont','hard');                  % 译码
    [num1,rat1] = biterr(double(decoded1(tblen + 1: end)),msg(1: end - tblen)); % 误码计算
    BER1(n,k) = rat1;
end
end
BER1 = mean(BER1);
% -----------------------------------
% 汉明编码的误码率
code2 = encode(msg,7,4,'hamming');                        % (7,4)汉明编码
modbit2 = pskmod(code2,2);                                % 调制
for n = 1: cycl
for k = 1: length(SNR) % 编码的序列,调制后经过高斯白噪声信道,再解调制,再纠错后求误码
    y2 = awgn(modbit2,SNR(k),'measured');                 % 在传输序列中加入 AWGN 噪声
    demmsg2 = pskdemod(y2,2);                             % 解调
    recode = reshape(demmsg2',1,[]);
    bitdecoded = decode(recode,7,4,'hamming');            % 译码
    % -----------------------------------
    % 计算误码率
    error2 = (bitdecoded~ = msg);
    errorbits = sum(error2);
    BER2(n,k) = errorbits/length(msg);
end
end
BER2 = mean(BER2);
% -----------------------------------
% 画图
semilogy(SNR,BER0,'b - o',SNR,BER1,'r - s',SNR,BER2,'k - + ');
xlabel('SNR/dB');
ylabel('BER');
legend('未编码','卷积编码(码率为 1/2)','汉明编码');
title('未编码、卷积编码(码率为 1/2)与汉明码性能比较');
grid on
```

运行结果如图 5-24 所示。

由图 5-24 可知，此处比较结果是卷积码的性能较好。也可以加入循环码进行比较。值

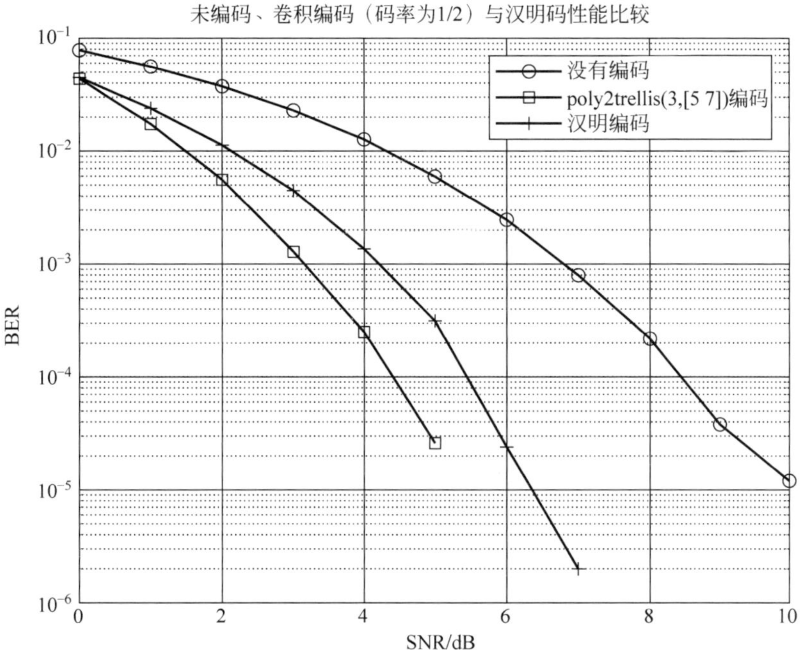

图 5-24 未编码、卷积编码（码率为 1/2）与汉明码性能比较

得注意的是，比较结果与具体的编码方式以及编码采用的参数有关，对于编码性能的好坏不能轻易下结论。

5.7.5 Simulink 仿真

（1）利用 Display 模块显示仿真结果，网格结构为 poly2trellis([5,4],[23,35,0; 0,05,13]) 采用 AWGN 信道时，卷积码系统仿真模型(jjm_awgn_1.slx)如图 5-25 所示。

jjm_awgn_1_V

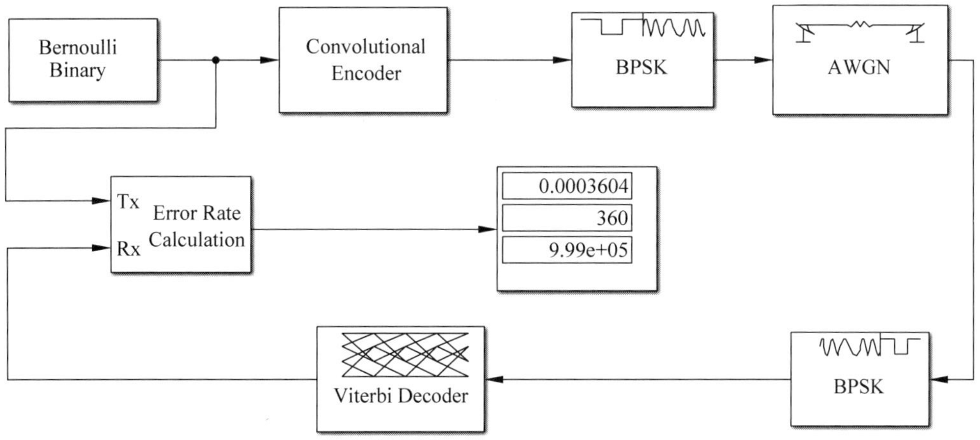

图 5-25 AWGN 信道卷积码系统仿真模型 1

图 5-25 中各模块参数设置如图 5-26～图 5-29 所示。

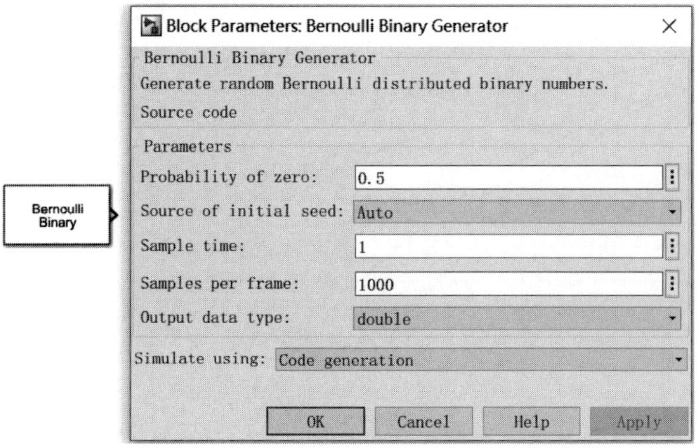

图 5-26 Bernoulli Binary Generator 模块参数

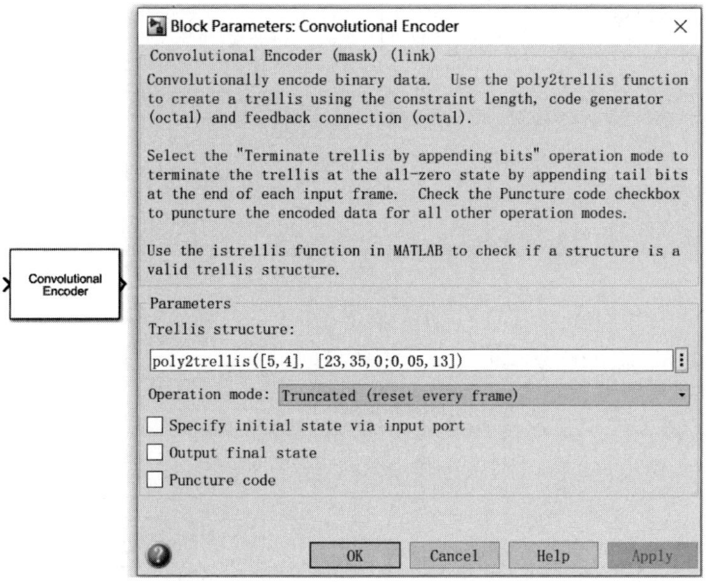

图 5-27 Convolutional Encoder 模块参数

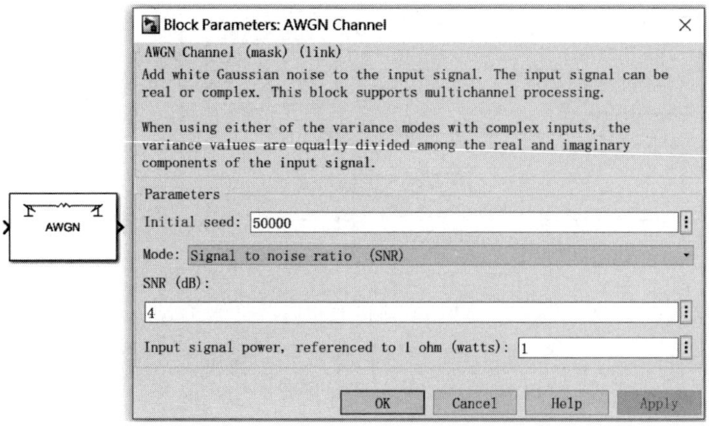

图 5-28 AWGN Channel 模块参数

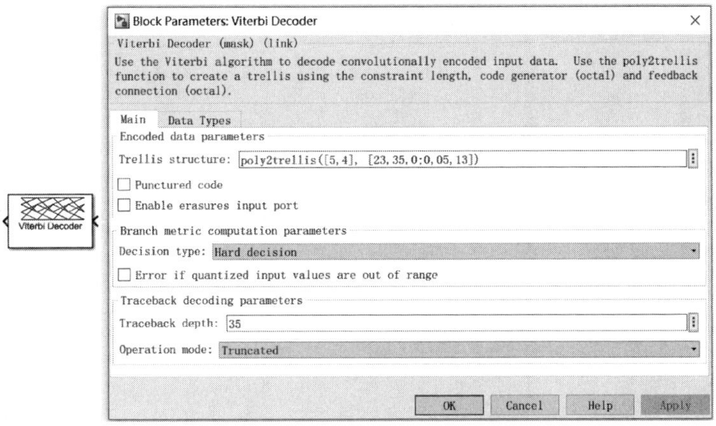

图 5-29　Viterbi Decoder 模块参数

运行图 5-25，显示器的第一行显示的信号误码率为 0.0003604。

(2) 利用曲线显示仿真结果

如果要得到高斯信道中卷积编码误码率与信道信噪比之间的关系曲线，卷积码系统仿真模型(jjm_awgn_2.slx)如图 5-30 所示。

jjm_awgn_2_V

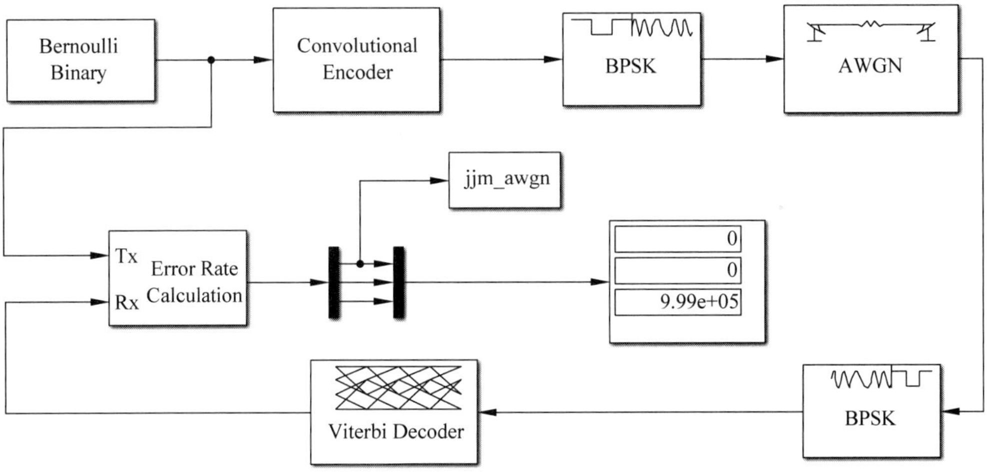

图 5-30　AWGN 信道卷积码系统仿真模型 2

图 5-30 中主要模块的参数设置如图 5-31 和图 5-32 所示。

其余模块的参数设置同前。

程序 5_7(program5_7.m)

```
%高斯白噪声信道卷积码性能
SNR = -1:1:8;                                    %信噪比
%-----------------------------------------------------------------
for n = 1:length(SNR)                            %误码率计算
    snr = SNR(n);
    sim('jjm_awgn_2')
```

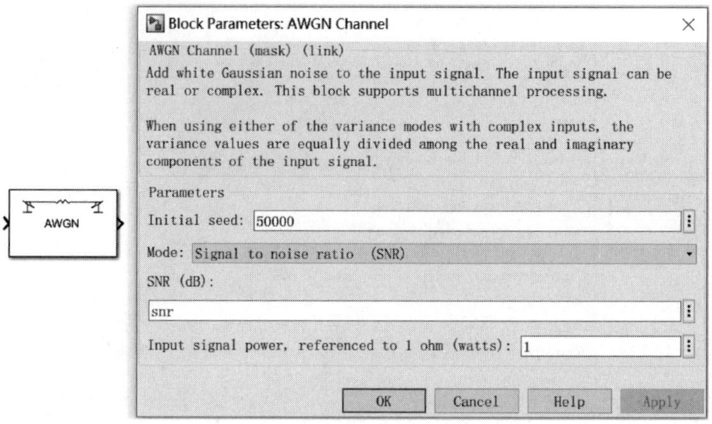

图 5-31 AWGN Channel 模块参数

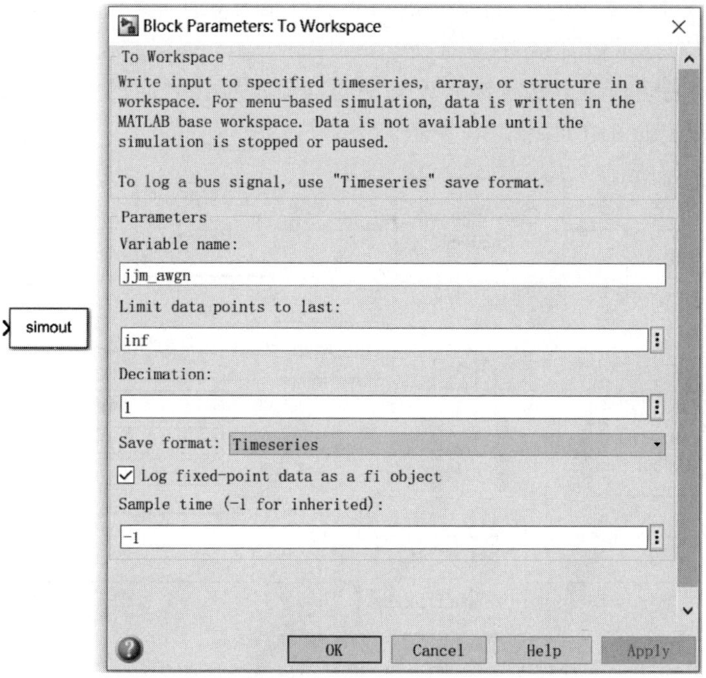

图 5-32 To Workspace 模块参数

```
    S2(n) = [mean(jjm_awgn)]';
    S3(n) = S2(n) + eps;
    EN(n) = [SNR(n)]';
end
% ------------------------------------------------------------------
semilogy(EN,S3,'b - * ')                              % 画图
axis([ - 1,8,1e - 7,1]);grid
xlabel('高斯白噪声信道信噪比 SNR(dB)');
ylabel('误码率');
```

```
title('高斯白噪声信道卷积码性能');
```

运行结果如图 5-33 所示。

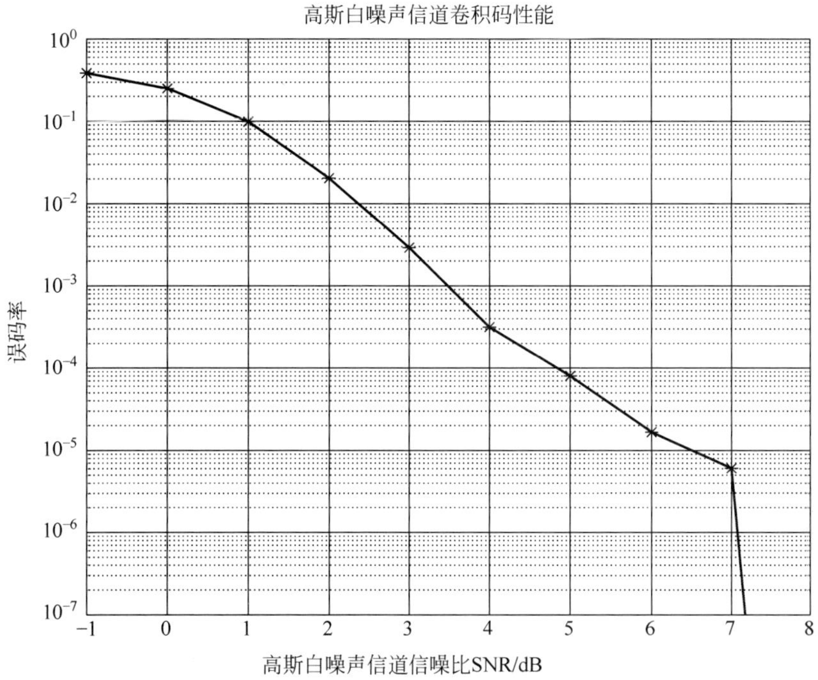

图 5-33 高斯白噪声信道卷积码性能

(3) 几种卷积编码的性能比较

仿真模型如图 5-34 所示(jjm_awgn_bj. slx),卷积码的网格结构分别为 poly2trellis([5,4],[23,35,0; 0,05,13])、poly2trellis([7],[171,133])和 poly2trellis([4],[13,17]),其中第一种卷积码的码率为 2/3,后两者的码率为 1/2。其余模块的参数设置略。

程序 5-8(program5_8. m)

```
%三种卷积码编码的性能比较
SNR = -1:1:8;                                          %信噪比
% ----------------------------------------------------------------
for n = 1:length(SNR)                                  %误码率计算
    snr = SNR(n);
    sim('jjm_awgn_bj')
    S1(n) = [mean(jjm_awgn1)]';
    S1(n) = S1(n) + eps;
    EN(n) = [SNR(n)]';
    S2(n) = [mean(jjm_awgn2)]';
    S2(n) = S2(n) + eps;
    S3(n) = [mean(jjm_awgn3)]';
    S3(n) = S3(n) + eps;
end
% ----------------------------------------------------------------
semilogy(EN,S1,'b- * ')                                %画图
```

jjm_awgn_bj_V

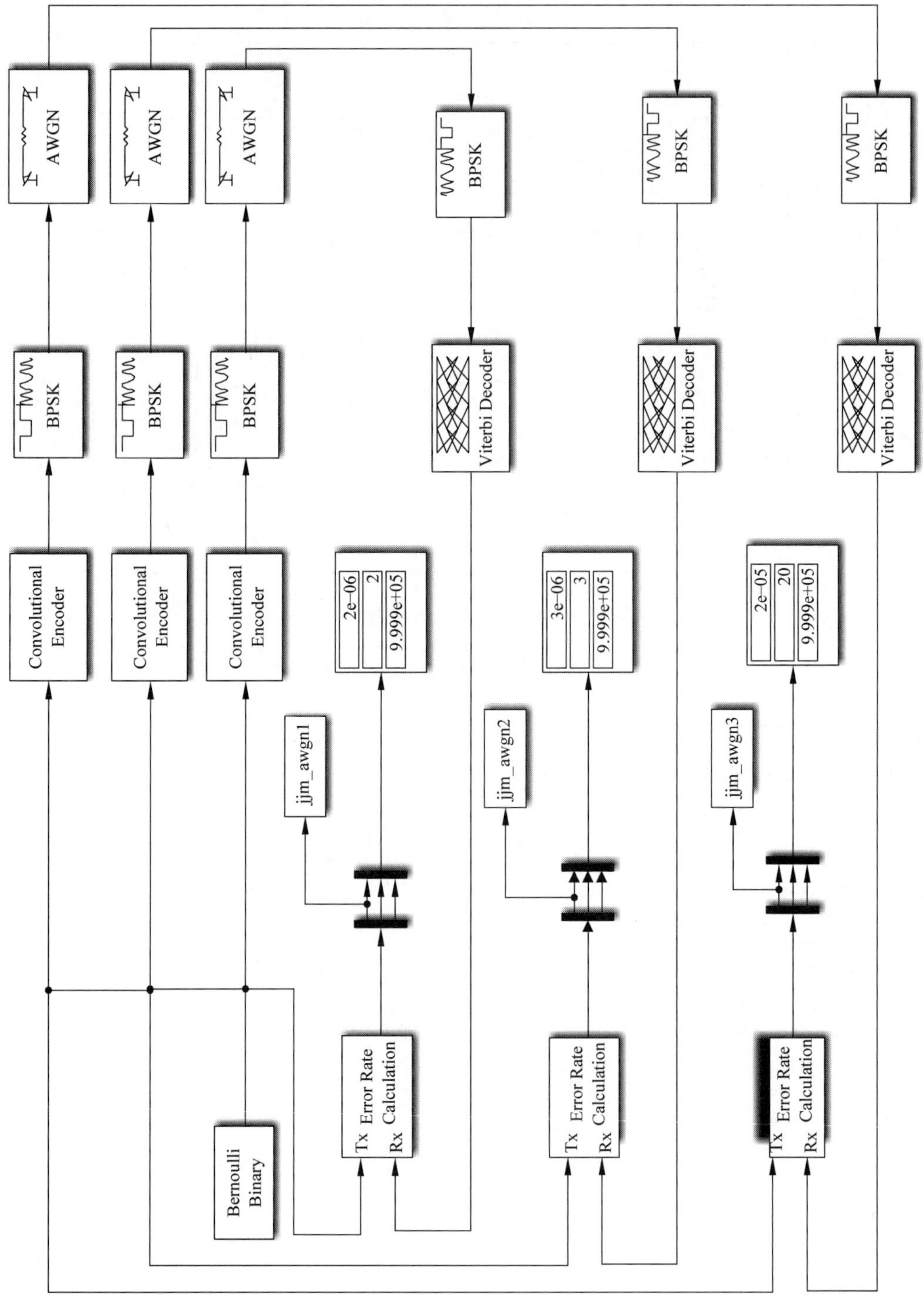

图 5-34 AWGN 信道卷积编码前后比较

```
hold on
semilogy(EN,S2,'r-o')                                      %画图
hold on
semilogy(EN,S3,'k-s')                                      %画图
legend('poly2trellis([4], [13,17])','poly2trellis([7], [171,133])','poly2trellis([5,4], [23,
35,0;0,05,13])');
axis([-1,8,1e-7,1]);grid
xlabel('高斯白噪声信道信噪比 SNR(dB)');
ylabel('误码率');
title('三种卷积编码的性能比较');
```

运行程序结果如图 5-35 所示。

由图 5-35 可见，码率小的码的纠错能力好，而两个码率相同的码的纠错能力也基本一致。

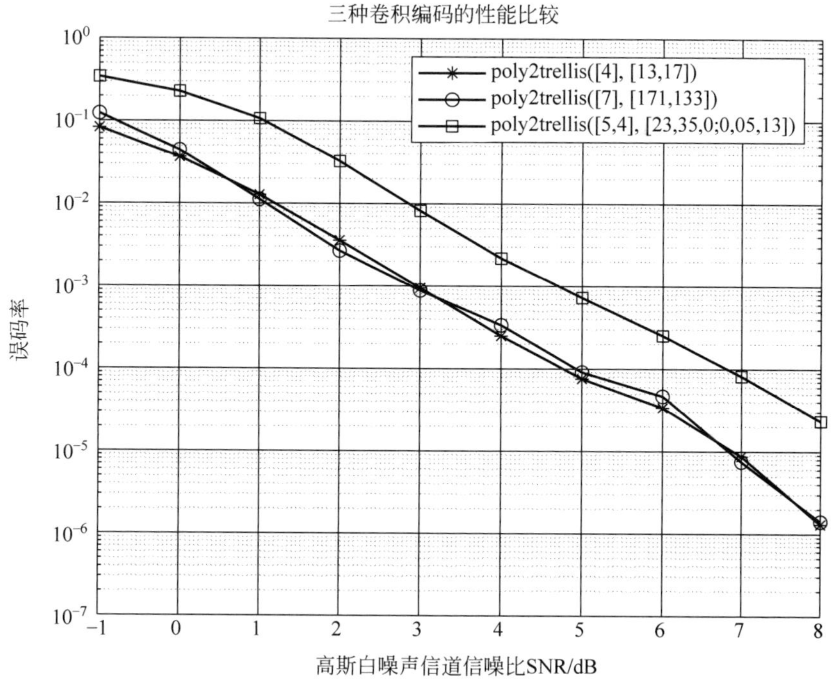

图 5-35 卷积编码性能比较

(4) 卷积码的纠错能力与回溯长度的关系

仿真模型如图 5-36 所示，图 5-36 中 Viterbi Decoder 的参数设置如图 5-37 所示，AWGN 模块的信噪比设置为 4，其余模块参数设置略。

程序 5-9(program5_9.m)

```
%卷积码译码硬判决中的回溯长度对纠错性能的影响
tblen = 1:2:40;                                            %硬判决中的回溯长度
%---------------------------------------------------------------------
for n = 1:length(tblen)                                    %误码率计算
    tbl = tblen(n);
    sim('jjm_awgn_tbl')
    S2(n) = [mean(err_awgn)]';
```

jjm_awgn_tbl_V

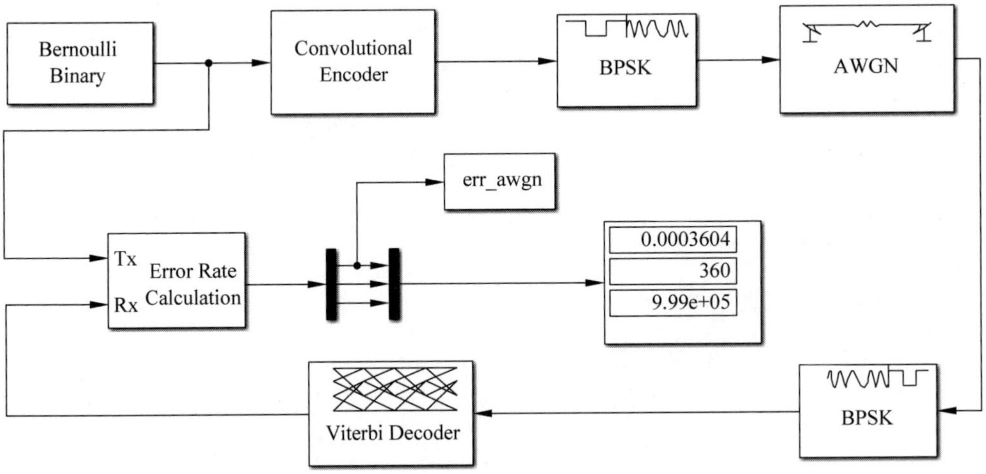

图 5-36　卷积码译码硬判决中的回溯长度对纠错性能的影响

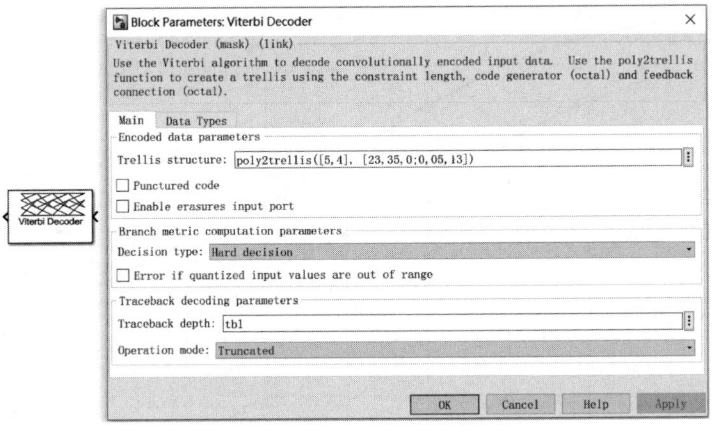

图 5-37　Viterbi Decoder 模块参数

```
    S3(n) = S2(n) + eps;
    TBN(n) = [tblen(n)]';
end
% --------------------------------------------------------------
semilogy(TBN,S3,'b- * ')                                    % 画图
axis([0,40,1e-4,1]);grid
xlabel('回溯长度');
ylabel('误码率');
title('回溯长度与纠错能力的关系');
```

运行程序,结果如图 5-38 所示。由图可见,硬判决的回溯长度会影响卷积码的纠错能力,但是当回溯长度的取值大于某个值以后误码率就不会再降低了。

5.7.6 卷积码编码电路的 Simulink 实现

图 5-3 是一个(2,1,3)卷积码编码器结构,其中 $n=2,k=1,m=3$。假设输入信息序列为 $u=(10111)$,经过计算得编码器输出为 1101000101,由于是 1/2 码率,所以共有 10 位输出。以此为例来介绍卷积码编码电路的 Simulink 实现。

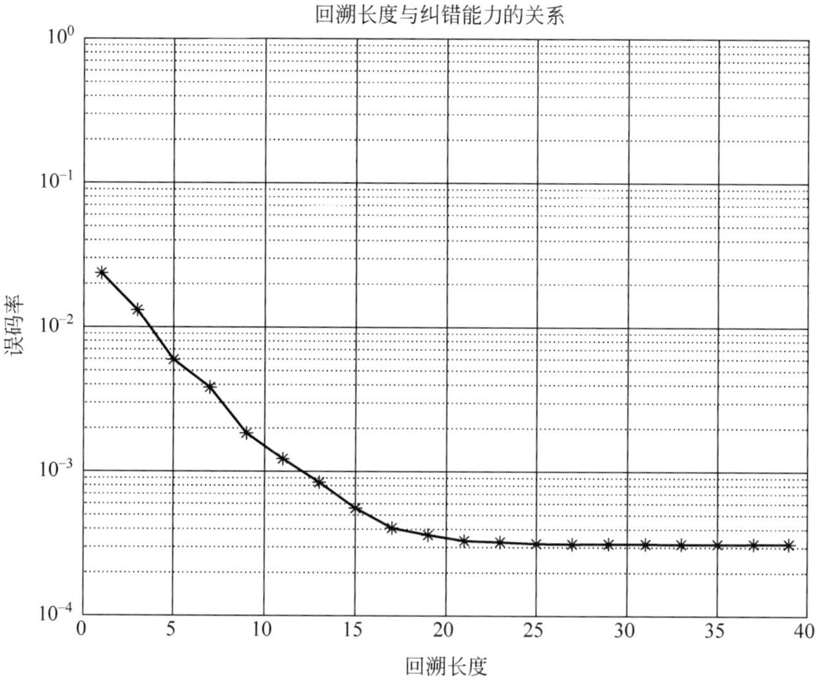

图 5-38 卷积码译码硬判决中的回溯长度对纠错性能的影响

1. (2,1,3)卷积码编码电路的 Simulink 仿真模型

对于图 5-3 给出的(2,1,3)卷积码编码电路，其 Simulink 仿真模型如图 5-39 所示(jjmbmdl_1. slx)，这里输入信息序列采用 Repeating Sequence Stair 模块，目的是为了得到确定的输入信息，如这里输入信息序列为 10111，则参数设置如图 5-40 所示，其他模块的参数设置略。

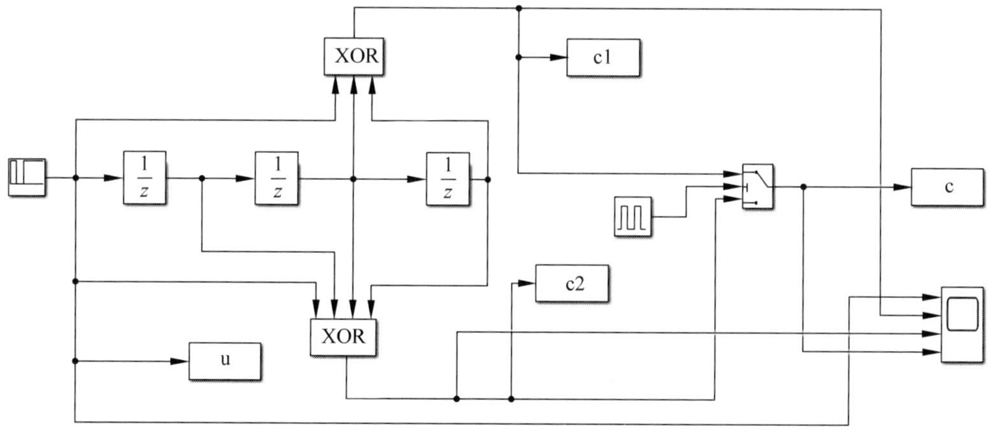

jjmbmdl_1_V

图 5-39 Repeating Sequence Stair 模块参数 1

移位寄存器采用 Unit Delay 模块，模 2 加法器采用 Logical Operator 模块，切换开关采用 Switch 模块。四个 To Workspace 模块用来查看输出序列，一个 Scope 模块用来查看序

列的波形，并进行比较。Switch 模块采用 Pulse Generator 来控制。Repeating Sequence Stair 模块和 Unit Delay 模块的采样时间均设置为 1，参数 u、c1 和 c2 的采样时间也设置为 1。

由于输出序列为上下两个模 2 加法器的交替取值，因此 Switch 模块和参数 c 的采样时间均设置为 0.5，Scope 模块的采样时间也设置为 0.5。

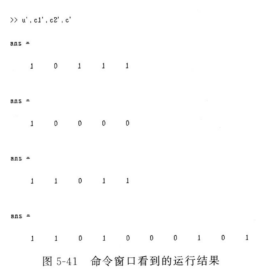

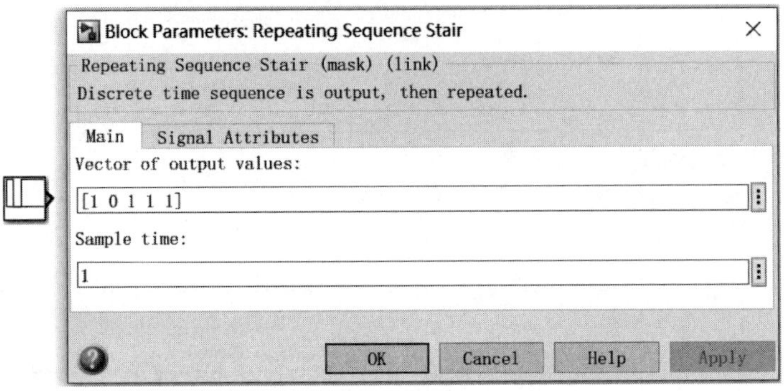

图 5-40　Repeating Sequence Stair 模块参数 2

2. 运行结果

对于图 5-39 所示的仿真模型，仿真模型的运行时间设为 4.99（因为 Matlab 是两边采样，若采样时间设为 1，为了使信息长度为 5，运行时间必须大于等于 4.5，小于 5）。运行仿真模型，仿真结果如图 5-41 和图 5-42 所示。

图 5-42 示波器的显示波形从上到下分别对应于信息序列 u、编码序列 c1、编码序列 c2 以及编码输出序列 c。由图 5-41 和图 5-42 可以看出，该输出结果与前面计算得到的结果完全一致。

```
>> u',c1',c2',c'

ans =

     1     0     1     1     1


ans =

     1     0     0     0     0


ans =

     1     1     0     1     1


ans =

     1     1     0     1     0     0     0     1     0     1
```

图 5-41　命令窗口看到的运行结果

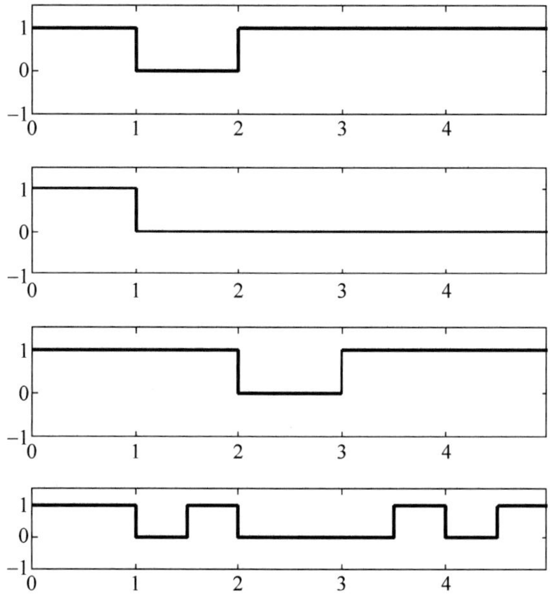

图 5-42 示波器显示的波形

3. 卷积码的通信过程仿真

卷积码通信系统仿真模型如图 5-43 所示(jjmbmdl_2. slx),各模块的参数设置略。这里信源采用 Bernoulli Binary Generator 模块。信源为随机产生的 10000 个二进制码元,通过编码电路后成为 20000 个二进制码元,这些码元经过 BPSK 调制后,送入加性高斯白噪声信道传输,接收端收到信息后先进行解调,然后送入 To Workspace 模块,模块变量名设为 rcode。再利用 MATLAB 编程实现译码,译码调用 vitdec 函数,采用硬判决译码。

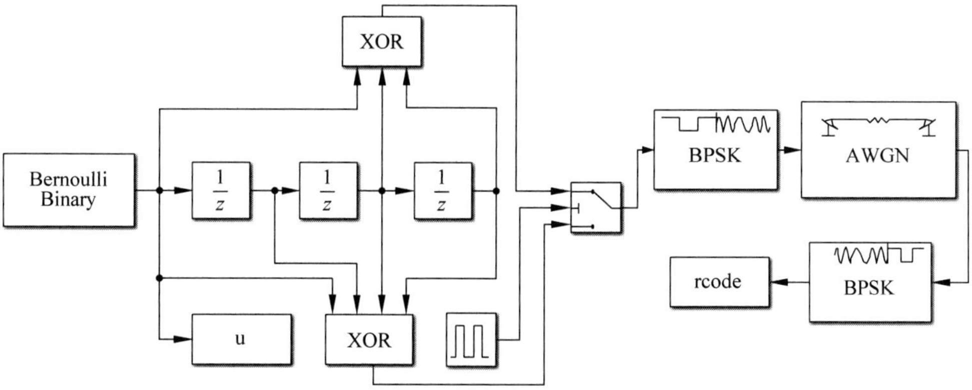

图 5-43 卷积码通信系统仿真模型

jjmbmdl_2_V

程序 5_10(program5_10. m)

```
% 卷积编码的误码率
SNR = - 1:1:5; % 信噪比
trellis = poly2trellis(4,[13 17]); % 从电路求出参数,或已知参数
```

```
% ------------------------------------------------------------------------
for n = 1:length(SNR) % 误码率计算
    errB = SNR(n);
    sim('jjmbmdl_2')
    recode = permute(rcode,[3,1,2]);
    recode1 = reshape(recode',1,[]);
    tblen = 15; % 回溯长度
    decoded1 = vitdec(recode1,trellis,tblen,'cont','hard'); % 译码
    decoded1 = decoded1';
    xxu = permute(u,[3,1,2]);
    [num1,rat1] = biterr(double(decoded1(tblen + 1:end)),xxu(1:end - tblen)); % 误码计算
    S2(n) = [mean(rat1)]';
    S3(n) = S2(n) + eps;
    EN(n) = [SNR(n)]';
end
% ------------------------------------------------------------------------
semilogy(EN,S3,'b - * ') % 画图
axis([ - 1,5,1e - 5,1]);grid
xlabel('高斯白噪声信道信噪比 SNR(dB)');
ylabel('误码率');
title('高斯白噪声信道卷积码性能');
```

仿真结果如图 5-44 所示。

由图 5-44 可以看出，卷积码的误码率随信道信噪比的增大而减小。当然误码率还与编码方式、译码方式等因素有关。

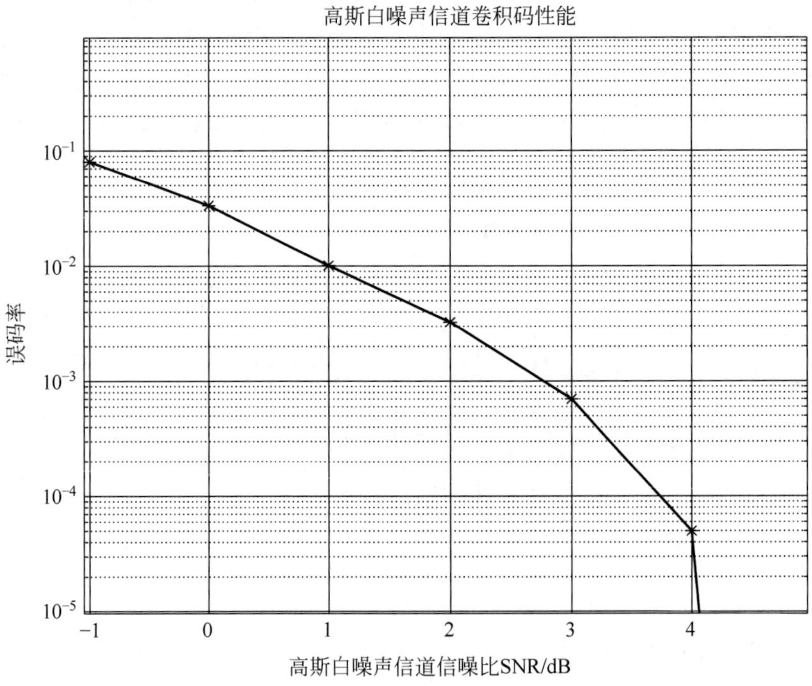

图 5-44 卷积码通信性能

习题

1. Viterbi 译码就是极大似然译码，这种说法对吗？

2. 已知(2,1,3)码，生成序列 $\boldsymbol{g}^1=(1101)$，$\boldsymbol{g}^2=(1111)$。

(1) 求出该码的生成矩阵 $\boldsymbol{G}_\infty$ 和生成多项式 $\boldsymbol{G}(x)$。

(2) 求对应于信息序列 $\boldsymbol{u}=(11101)$的码序列。

(3) 此码是否是系统码？

3. 某(3,1,2)卷积码，生成序列有 $\boldsymbol{g}^1=(100)$，$\boldsymbol{g}^2=(101)$，$\boldsymbol{g}^3=(111)$。

(1) 画出该码编码器。

(2) 写出该码生成矩阵。

(3) 若输入信息序列为 110101，求输出的码序列是多少？

4. 已知(3,1,2)卷积码，生成多项式有 $g^1(x)=1+x+x^2$，$g^2(x)=1+x$，$g^3(x)=1+x^2$。

(1) 画出该码的状态图。

(2) 画出 $l=4$ 的树图和网格图。

(3) 用 Viterbi 译码算法对接收序列 101100001011111101 译码。

5. 已知(3,2,1)卷积码，$g_1^1(x)=1$，$g_1^2(x)=x$，$g_1^3(x)=1+x$，$g_2^1(x)=x$，$g_2^2(x)=1$，$g_2^3(x)=1$，求 $\boldsymbol{u}(x)=[1+x+x^3,1+x^2+x^3]$时的码多项式 $c(x)$。

6. 某卷积码编码器如题图 5-1 所示。

(1) $(n,k,m)=$？ (2) $\boldsymbol{G}=$？ $\boldsymbol{G}(x)=$？ (3) $\boldsymbol{u}=[110\quad 011\quad 101]$时 $c=$？

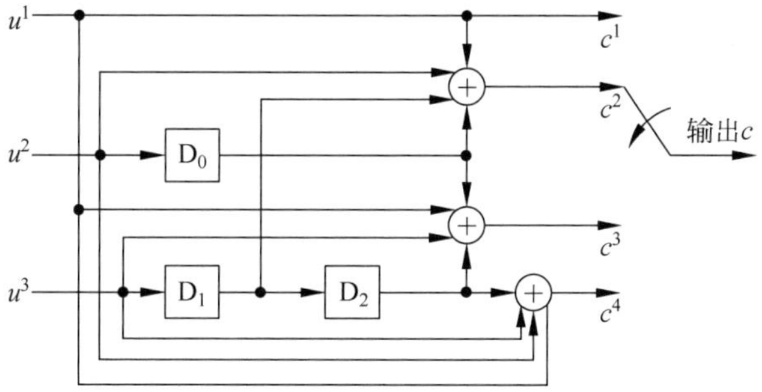

题图 5-1 卷积码编码器

7. 已知(2,1,2)卷积码编码器的输出与信息位的关系为 $c^1=u_1+u_2$，$c^2=u_1+u_2+u_3$，当接收序列为 1000100000 时，试用 Viterbi 译码算法求解发送信息序列。

8. 设(3,1,2)卷积码的生成多项式为：

$$g_1^1=x^2+x+1,g_1^2=x^2+x+1,g_1^3=x^2+1$$

(1) 试画出该编码的树图、网格图和状态转移图。

(2) 画出编码电路。

(3) 如果输入序列为 1011，求出编码后的序列。

(4) 假设接收序列为 110011001001，根据 Viterbi 译码算法进行译码。

9. 利用 MATLAB 实现题 8(3)。

10. 对于(2,1,3)卷积码编码器,已知

$$\begin{cases} c_j^1 = u_j \oplus u_{j-2} \oplus u_{j-3} \\ c_j^2 = u_j \oplus u_{j-1} \oplus u_{j-2} \oplus u_{j-3} \end{cases}$$

利用 Simulink 搭建仿真模型,要求得出(2,1,3)卷积码在 AWGN 信道时信噪比与误码率的关系曲线。

第6章 纠错编码新技术

6.1 交织技术

交织码主要用于有记忆的信道，特别是无线信道，交织码的基本思想与纠错编码思路不同，纠错码是为了适应信道，而交织码则是为了改造信道，即将一个有记忆的突发信道经过交织、去交织变换将信道改造成独立无记忆信道。然后，再采用纠正独立随机差错的纠错码充分发挥其纠错功能。

6.1.1 交织的目的和方法

纠错编码在实际应用中往往要结合数据交织技术。因为许多信道差错是突发的，即发生错误时，往往是有很强的相关性，甚至是连续一串数据都出了错。这时由于错误集中在一起，常常超出了纠错码的纠错能力，因此在发送端加上数据交织器，在接收端加上解交织器，使得信道的突发差错分散开来，把突发差错信道变成独立随机差错信道，这样可以充分发挥纠错编码的作用。交织器就是使数据顺序随机化，只是改变原有码元的传输次序，信道之中加上交织与解交织，系统的纠错性能就可以提高好几个数量级，但是单纯的交织技术不具备纠错能力。

按照交织技术对于数据次序的改变规律，交织码可分为周期交织和伪随机交织两类。周期交织又分为块交织（分组交织）和卷积交织。周期交织指交织规律有明确的周期性，序列内数据之间的交织间隔（通常称为交织深度，用“I”表示）恒定。所谓伪随机交织，指交织不采用唯一的单个交织深度 I 值而是采用有变化的 I 值，但变化仍有一定的规律。

6.1.2 块交织（分组交织）

1. 块交织原理

块交织（分组交织）的基本原理框图如图 6-1 所示。

块交织在发送端是将已编码的数据构成一个 m 行 n 列的矩阵，按行写入随机存储器（RAM），再按列读出送至发信信道。在接收端将接收到的信号按列顺序写入 RAM，再按行读出。假设传输过程中的突发错误是整列错误，但在接收端，纠错是以行为基础的，被分配

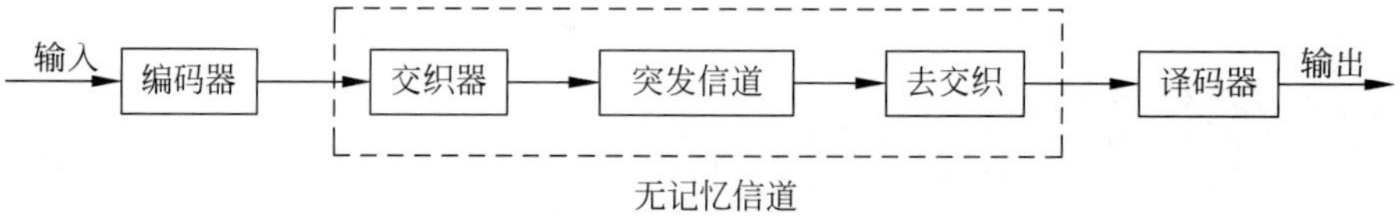

图 6-1　块交织系统框图

到每行只有一个错误。这样，把连续的突发错误分散为单个随机错误，有利于纠错。下面采用矩阵形式再进行详细分析。

（1）若待发送的一组信息为

$$\boldsymbol{X}=(x_1, x_2, x_3, \cdots, x_{24}, x_{25})$$

（2）交织存储器为一个行列交织矩阵，按列写入，按行读出，即

$$\boldsymbol{X}_1=\begin{pmatrix} x_1 & x_6 & x_{11} & x_{16} & x_{21} \\ x_2 & x_7 & x_{12} & x_{17} & x_{22} \\ x_3 & x_8 & x_{13} & x_{18} & x_{23} \\ x_4 & x_9 & x_{14} & x_{19} & x_{24} \\ x_5 & x_{10} & x_{15} & x_{20} & x_{25} \end{pmatrix}$$

（3）交织器输出并送入突发信道的信息为

$$\boldsymbol{X}'=(x_1, x_6, x_{11}, x_{16}, x_{21}, x_2, x_7, x_{12}, x_{17}, x_{22}, \cdots, x_5, x_{10}, x_{15}, x_{20}, x_{25})$$

（4）假设突发信道产生了两个突发差错，第一个产生于 x_1 至 x_{21} 连错 5 位，第二个突发产生于 x_{17} 至 x_8 连错 4 位。

（5）突发信道输出端信息为 $\boldsymbol{X}''$，它可表示为

$$\boldsymbol{X}''=(\bar{x}_1, \bar{x}_6, \bar{x}_{11}, \bar{x}_{16}, \bar{x}_{21}, x_2, x_7, x_{12}, \bar{x}_{17}, \bar{x}_{22}, \bar{x}_3, \bar{x}_8, \cdots, x_5, x_{10}, x_{15}, x_{20}, x_{25})$$

（6）在接收端，进入去交织器后，送入另一存储器，也是一个行列交织矩阵，按行写入，按列读出，即

$$\boldsymbol{X}_2=\begin{pmatrix} \bar{x}_1 & \bar{x}_6 & \bar{x}_{11} & \bar{x}_{16} & \bar{x}_{21} \\ x_2 & x_7 & x_{12} & \bar{x}_{17} & \bar{x}_{22} \\ \bar{x}_3 & \bar{x}_8 & x_{13} & x_{18} & x_{23} \\ x_4 & x_9 & x_{14} & x_{19} & x_{24} \\ x_5 & x_{10} & x_{15} & x_{20} & x_{25} \end{pmatrix}$$

（7）去交织存储器的输出为 $\boldsymbol{X}'''$

$$\boldsymbol{X}'''=(\bar{x}_1, x_2, \bar{x}_3, x_4, x_5, \bar{x}_6, x_7, \bar{x}_8, x_9, x_{10}, \bar{x}_{11}, x_{12}, \cdots, x_{23}, x_{24}, x_{25})$$

由上面的分析可见，经过交织矩阵与去交织矩阵的变换之后，原来信道中的突发差错，即两个突发差错：连错 5 位与连错 4 位，就变成了 $\boldsymbol{X}'''$ 中随机性的独立差错。

2. 块交织的基本性质

设分组长度 $l=m\times n$，即由 m 行 n 列的矩阵构成，其中交织存储器是按列写入按行读出，然后送入信道，进入解交织矩阵存储器，其中解交织矩阵存储器是按行写入按列读出。利用这种行、列倒换，可将突发信道变换为等效的随机独立信道。这类交织器属于分组周期

性交织器，具有如下性质：

(1) 任何长度 $l \leqslant m$ 的突发差错，经交织后成为至少被 $n-1$ 位隔开的一些单个独立差错；

(2) 任何长度 $l>m$ 的突发差错，经解交织后，可将长突发差错变换成长度为 $l_1=[l/m]$的短突发差错；

(3) 在不计信道时延的条件下完成交织与解交织变换，将产生 $2mn$ 个符号的时延，其中收发端各占一半；

(4) 在很特殊的情况下，周期为 m 的 k 个单个随机独立差错序列，经交织与解交织后会产生长度为 l 的突发差错。

由以上的性质可知，块交织器是克服深衰落的有效方法，且已在数字通信中获得广泛应用。但主要缺点是带来附加的 $2mn$ 个符号的延时，对实时业务如图像和声音传输带来不利的影响。

6.1.3　卷积交织

块交织的交织结构一经确定，参数就较难改变，并且数据存储上需要容量较大的RAM，引起的附加传输延时量又达到 $2mn$ 个时钟周期，数值较大。

还有一种实用的交织技术是卷积交织方法，它以先进先出(FIFO)移位寄存器替代RAM作为数据存储单元，在同样的交织深度 I 下存储容量可以减少，附加的传输时延随之也能减少。如图6-2为卷积交织器和去交织器联合工作的原理图。

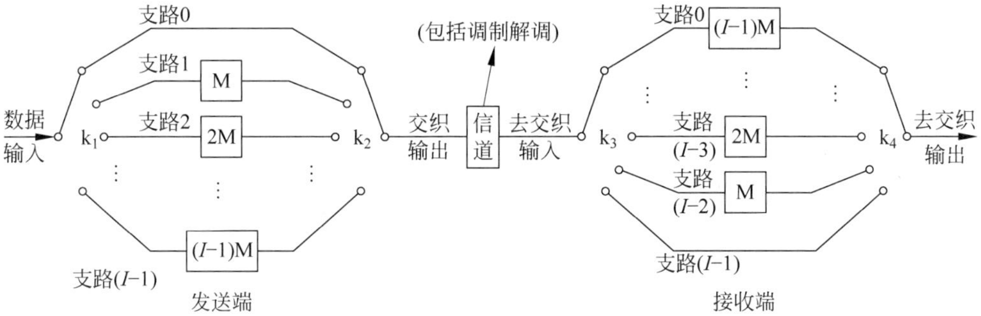

图6-2　卷积交织器和去交织器

如图6-2所示，M表示容量为 M 个数据的FIFO移存器，2M表示容量为 $2M$ 个数据的FIFO移存器，以此类推。交织器和去交织器都有 I 条支路，发送端的切换开关 k_1 与 k_2 同步工作，接收端的切换开关 k_3 与 k_4 同步工作，在每个切换点上开关停留一个数据的传输时间。可以看出，这里的交织深度等于 I。

在交织器中，输入的每个数据包单元的长度设定为 M 个数据(这里的 M 相当于块交织中的 m)。每个数据包的第一个字节为同步字节，因此，输入到支路0中的同步字节立即输出，而在接收端的去交织器中，支路0内有 $(I-1)M$ 个字节的FIFO移存器。所以从发送端的交织器输入到接收端的去交织器输出，支路0内传输的同步字节总共延时为 $(I-1)M=IM-M$ 个字节(IM 为一个数据包的传输时间长度)。其他各支路的情况以此类推。所以，综合交织器和去交织器，每条支路内传输的字节同等地延时为 $(IM-M)$ 个字节周期。

块交织中，交织和去交织后每个数据的总延时为两个数据包($2mn$)的传输时间，而卷积交织中，每个数据的入出总延时不到一个数据包的传输时间。显然，从延时数据值来看，卷积交织优于块交织。

下面以 $L=M\times N=5\times5=25$ 个信息序列为例来说明卷积交织。

卷积交织的原理图如图 6-3 所示。图 6-3 中以箭头表示的 4 个开关自上而下往返同步工作。M 表示能存储 5 位数据的移位寄存器。

(1) 将来自编码器的信息序列送入并行寄存器组；

(2) 接收端的寄存器与发送端互补。

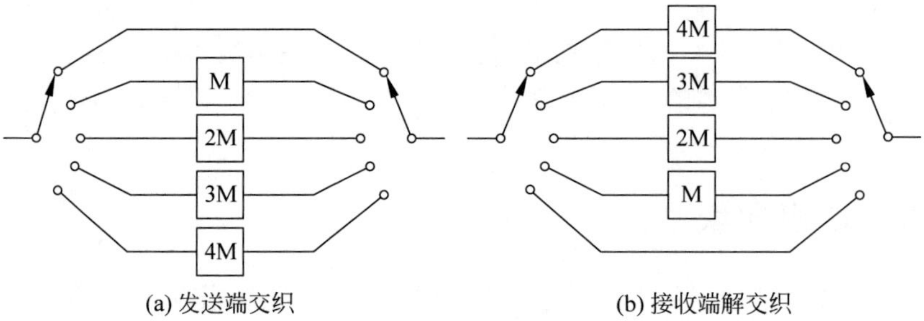

图 6-3　卷积交织的原理图

设待传送信息序列为

$$\boldsymbol{X}=(x_1,x_2,x_3,\cdots,x_{24},x_{25})$$

发送端交织器是码元分组交织器，25 个信息码元分为 5 行 5 列，按行输入。

(1) 当 $\boldsymbol{X}_1$ 输入交织器，将直通输出至第一行第一列的位置；

(2) 当 $\boldsymbol{X}_2$ 输入交织器经 $M=5$ 位延迟后，输出至第二行第二列的位置；

(3) 当 $\boldsymbol{X}_3$ 输入交织器经 $2M=2\times5=10$ 位延迟后，输出至第三行第三列的位置；

(4) 当 $\boldsymbol{X}_4$ 输入交织器经 $3M=3\times5=15$ 位延迟后，输出至第四行第四列的位置；

(5) 当 $\boldsymbol{X}_5$ 输入交织器经 $4M=4\times5=20$ 位延迟后，输出至第五行第五列的位置。

若用矩阵表示交织器的输入，因它是按行写入每行 5 个码元，即

$$\boldsymbol{X}_1=\begin{pmatrix} x_1 & x_2 & x_3 & x_4 & x_5 \\ x_6 & x_7 & x_8 & x_9 & x_{10} \\ x_{11} & x_{12} & x_{13} & x_{14} & x_{15} \\ x_{16} & x_{17} & x_{18} & x_{19} & x_{20} \\ x_{21} & x_{22} & x_{23} & x_{24} & x_{25} \end{pmatrix}$$

经过并行的 N 个$(0,1,2,\cdots,N-1)$存储器后，有

$$\boldsymbol{X}_2=\begin{pmatrix} x_1 & x_{22} & x_{18} & x_{14} & x_{10} \\ x_6 & x_2 & x_{23} & x_{19} & x_{15} \\ x_{11} & x_7 & x_3 & x_{24} & x_{20} \\ x_{16} & x_{12} & x_8 & x_4 & x_{25} \\ x_{21} & x_{17} & x_{13} & x_9 & x_5 \end{pmatrix}$$

按行读出送入信道的码元序列为

$$X' = (x_1, x_{22}, x_{18}, \cdots, x_9, x_5)$$

在信道中仍受到两个突发的干扰：第一个为 5 位，即 $x_1, x_{22}, x_{18}, x_{14}, x_{10}$；第二个为 4 位，即 x_{11}, x_7, x_3, x_{24}。接收端收到的码元序列为

$$X'' = (\overline{x_1}, \overline{x_{22}}, \overline{x_{18}}, \overline{x_{14}}, \overline{x_{10}}, x_6, x_2, x_{23}, x_{19}, x_{15}, \overline{x_{11}}, \overline{x_7}, \overline{x_3}, \overline{x_{24}}, \cdots, x_{21}, x_{17}, x_{13}, x_9, x_5)$$

在接收端送入解交织器，解交织器结构与发送端交织器结构互补，且同步运行，即并行寄存器自上而下为 4M，3M，2M，M，0（直通）。

接收端解交织器，用 5×5 矩阵表示如下

$$\text{输入：} \boldsymbol{X}_3 = \begin{pmatrix} \overline{x_1} & \overline{x_{22}} & \overline{x_{18}} & \overline{x_{14}} & \overline{x_{10}} \\ x_6 & x_2 & x_{23} & x_{19} & x_{15} \\ \overline{x_{11}} & \overline{x_7} & \overline{x_3} & \overline{x_{24}} & x_{20} \\ x_{16} & x_{12} & x_8 & x_4 & x_{25} \\ x_{21} & x_{17} & x_{13} & x_9 & x_5 \end{pmatrix}$$

$$\text{输出：} \boldsymbol{X}_4 = \begin{pmatrix} \overline{x_1} & x_2 & \overline{x_3} & x_4 & x_5 \\ x_6 & \overline{x_7} & x_8 & x_9 & \overline{x_{10}} \\ \overline{x_{11}} & x_{12} & x_{13} & \overline{x_{14}} & x_{15} \\ x_{16} & x_{17} & \overline{x_{18}} & x_{19} & x_{20} \\ x_{21} & \overline{x_{22}} & x_{23} & \overline{x_{24}} & x_{25} \end{pmatrix}$$

按行读出并送入信道译码器的码序列为

$$X''' = (\overline{x_1}, x_2, \overline{x_3}, x_4, x_5, x_6, \overline{x_7}, x_8, x_9, \overline{x_{10}}, \overline{x_{11}}, x_{12}, x_{13}, \overline{x_{14}}, x_{15}, x_{16}, x_{17}, \overline{x_{18}}, x_{19}, x_{20}, x_{21}, \overline{x_{22}}, x_{23}, \overline{x_{24}}, x_{25})$$

可见信道中的突发差错，通过解交织变换器后成为随机独立差错。

6.1.4 随机交织

无论是块交织还是卷积交织，它们都属于固定周期式排列的交织器，避免不了在特殊情况下将随机独立差错交织成突发差错的可能性。为了基本上消除这类意外的发生，建议采用伪随机式的交织，即随机交织。

在正式进行交织前，先通过一次伪随机的再排序处理。其方法是：先将一个符号陆续地写入一个随机存储器 RAM，然后以伪随机方式将其读出。可以将所需的伪随机排列方式存入只读存储器中，并按它的顺序从交织器的存储器中读出。

6.2 Turbo 码

6.2.1 Turbo 码的提出

香农在其“通信的数学理论”一文中提出并证明了著名的有噪信道编码定理，他在证明

信息速率未达到信道容量可实现无差错传输时引用以下三个基本条件：

（1）采用随机编译码；

（2）编码长度 L 趋于无穷，即分组的码组长度无限；

（3）译码过程采用最佳的最大似然译码(ML)方案。

在信道编码的研究与发展过程中，基本上是以后两个条件为主要方向的。而对于条件(1)，虽然随机选择编码码字可以使获得好码的概率增大，但是最大似然译码器的复杂度随码字数目的增大而增大，当编码长度很大时，译码几乎不可能实现。因此，多年来随机编码理论一直是分析和证明编码定理的主要方法，而如何在构造码上发挥作用却并未引起人们的足够重视。直到 1993 年，Turbo 码的发现，才较好地解决了这一问题，为香农随机码理论的应用研究奠定了基础。

Turbo 码，又称为并行级联卷积码(PCCC)，它巧妙地将卷积码和随机交织器结合在一起，实现了随机编码的思想；同时，采用软输出迭代译码来逼近最大似然译码。模拟结果表明，如果采用大小为 65535 的随机交织器，并进行 18 次迭代，则在(Eb/N0)≥0.7dB 时，码率为 1/2 的 Turbo 码在 AWGN 信道上的误码率 BER≤10^{-5}，接近香农限(1/2 码率的香农限是 0dB)。

由于 Turbo 码的上述优异性能并不是从理论研究的角度给出的，而仅是计算机仿真的结果。因此，Turbo 码的理论基础还不完善。后来经过不少人的重复性研究与理论分析，发现 Turbo 码的性能确实是非常优异的。因此，Turbo 码的发现，标志着信道编码理论与技术的研究进入一个崭新的阶段，它结束了长期将信道截止速率作为实际容量限的历史。

Turbo 码就目前而言，已经有了很大的发展，在各方面也都走向了实际应用阶段。同时，迭代译码的思想已经广泛应用于编码、调制、信号检测等领域。

6.2.2 Turbo 码编码结构的分类

Turbo 码的编码结构可以分为并行级联卷积码(PCCC)、串行级联卷积码(SCCC)和混合级联卷积码(HCCC)，如图 6-4 所示。

1. 并行级联卷积码(PCCC)

并行级联卷积码主要由分量编码器、交织器、凿孔矩阵和复接器组成。分量码一般选择递归系统卷积码(RSC)，当然也可以选择分组码、非递归卷积码(NRC)以及非系统卷积码(NSC)。通常两个分量码采用相同的生成矩阵(也可不同)。

若两个分量码的码率分别为 R_1 和 R_2，则 PCCC Turbo 码的码率为

$$R_{\mathrm{PCCC}}=\frac{R_1R_2}{R_1+R_2-R_1R_2}$$

一般所说的 Turbo 码为 PCCC 形式的。

2. 串行级联卷积码(SCCC)

仿真表明，并行级联卷积码构成的 Turbo 码在 AWGN 信道上误比特率会随着信噪比的增加而下降，但是当误比特率下降到一定的程度后，信噪比的增加对误比特率几乎没有影

响，或者说信噪比增加出现了平台效应。而串行级联卷积码的 Turbo 码则可以解决这种问题。

为了使串行级联卷积码的 Turbo 码获得较好的译码性能，至少内码应该采用递归系统卷积码，这是和传统级联码相区别的地方。同时，外码也应该选择距离特性好的卷积码。

假设内、外编码器的编码速率分别为 R_i 和 R_o，则 SCCC Turbo 码的码率为

$$R_{SCCC}=R_iR_o$$

3. 混合级联卷积码(HCCC)

将 PCCC 和 SCCC 结合起来的编码方案就称作混合级联卷积码(HCCC)。这样既可以保证在低信噪比的情况下优异的译码性能，又可以消除 PCCC 的平台效应。

HCCC 的方案很多，这里只给出两个最常见的 HCCC Turbo 码方案。一种是采用卷积码和 SCCC 并行级联的编码方案，如图 6-4(c)所示；另一种是考虑以卷积码为外码，以 PCCC 为内码的混合级联编码结构，如图 6-4(d)所示。

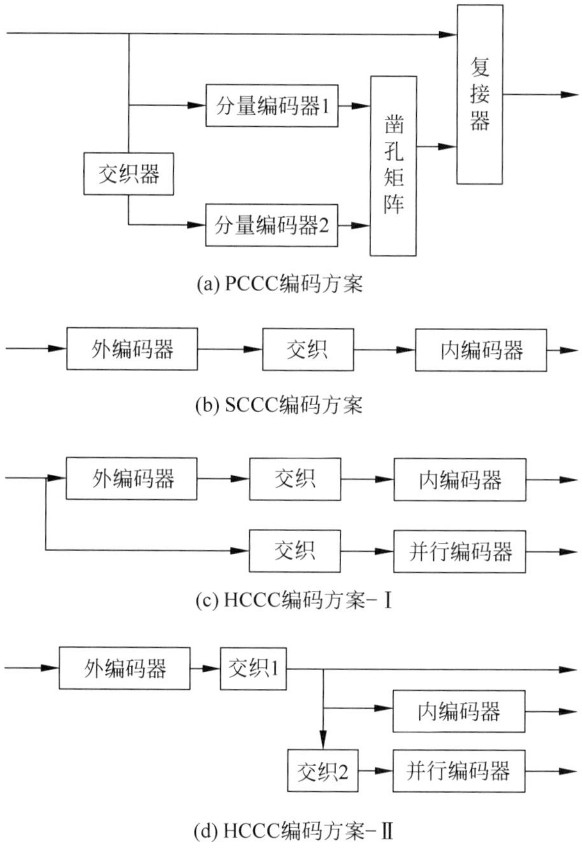

图 6-4 Turbo 码的编码方案

6.2.3 Turbo 码编码器的组成

这里主要介绍 PCCC 形式的 Turbo 码编码器。

Turbo码的最大特点在于它通过在编译码器中交织器和解交织器的使用，有效地实现了随机性编译码的思想，通过短码的有效结合实现长码，达到了接近香农理论极限的性能。

Turbo码编码器主要由分量编码器、交织器、凿孔矩阵（删余矩阵或开关单元）和复接器组成，如图6-5所示。

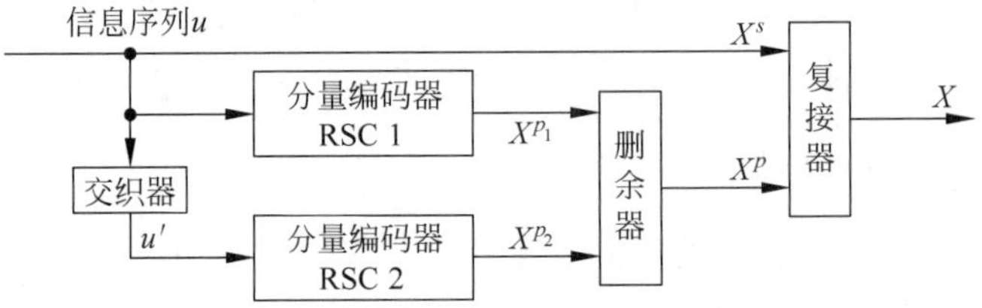

图6-5 Turbo码编码器结构框图

1. 信息序列和监督序列

输入的信息序列一路直接送到复接器；一路送到分量编码器1（RSC 1），通过RSC 1产生监督序列；还有一路信息序列经过交织器形成交织序列，然后再送到分量编码器2（RSC 2），通过RSC 2产生另一组监督序列。

2. 递归系统卷积码

分量码一般选择为递归系统卷积码（RSC），因为在删余码形式下，递归型系统卷积码RSC比非递归的NSC具有更好的重量谱分布和更佳的误码率特性，且码率越高、信噪比越低时其优势越明显。

3. 交织器的作用

从码重层次看，交织器增大了校验码重，尤其是改善了低码重输入信息序列的输出校验码重，从而增大了码的最小自由距离，提高了纠错能力。

从相关性层次看，交织器最大可能地置乱了输入信息序列的顺序，降低了输入输出数据的相关性，使得邻近码元同时被噪声淹没的可能性大大减小，从而增强了抗突发噪声的能力。

编码器中交织器的使用是实现Turbo码近似随机编码的关键。交织器实际上是一个一一映射函数，作用是将输入信息序列中的比特位置进行重置，以减小分量编码器输出校验序列的相关性和提高码重。

4. 删余矩阵的作用

删余矩阵的作用是提高编码码率，其元素取自集合{0,1}。矩阵中每一行分别与两个分量编码器相对应，其中“0”表示相应位置上的校验比特被删除，而“1”则表示保留相应位置的校验比特。

信息序列 $\boldsymbol{u}=(u_1,u_2,\cdots,u_N)$ 经过一个 N 位交织器，形成一个新序列 $\boldsymbol{u}'=(u'_1,u'_2,\cdots,u'_N)$（长度与内容没变，但比特位置经过重新排列）。$\boldsymbol{u}$ 与 $\boldsymbol{u}'$ 分别传送到两个分量码编码器（RSC 1与RSC 2）。一般情况下，这两个分量码编码器结构相同，生成序列 X^{p_1} 与 X^{p_2}。

为了提高码率，序列 X^{p_1} 与 X^{p_2} 需要经过删余器，采用删余（puncturing）技术从这两个校验序列中周期地删除一些校验位，形成校验位序列 X^p。X^p 与未编码序列 X^s 经过复用调制后，生成了 Turbo 码序列 X。例如，假定图 6-4 中两个分量编码器的码率均是 1/2，为了得到 1/2 码率的 Turbo 码，可以采用这样的删余矩阵 $\boldsymbol{P}=[1\ 0,\ 0\ 1]$，即删去来自 RSC 1 的 X^{p_1} 偶数位的校验比特与来自 RSC 2 的 X^{p_2} 奇数位的校验比特。

6.2.4 Turbo 码的生成

图 6-6 是由两个分量码都是(2,1,2)系统反馈编码器构成的 Turbo 码，这两个分量编码器具有相同的生成矩阵，为

$$\boldsymbol{G}(\boldsymbol{D})=\begin{bmatrix}1 & \dfrac{1+D^2}{1+D+D^2}\end{bmatrix}$$

系统包括输入信息序列 u，两个(2,1,2)系统反馈（递归）卷积编码器，一个交织器。假设信息序列含有 K^* 个信息比特以及 v 个结尾比特（以便返回到全零状态），其中 v 是第一个编码器的约束长度，因此有 $K=K^*+v$，信息序列可表示为

$$\boldsymbol{u}=(u_0,u_1,\cdots,u_{K-1})$$

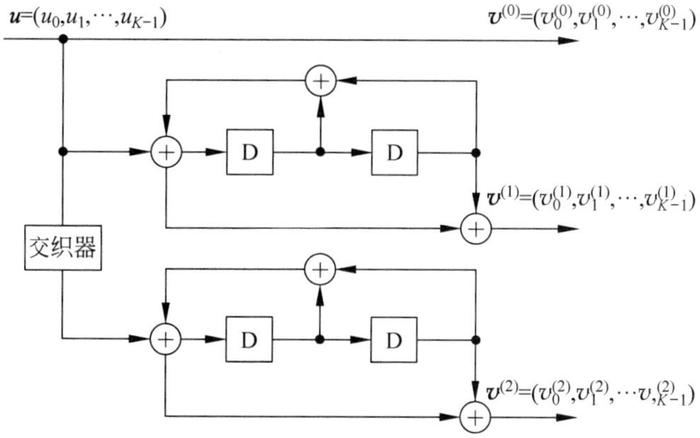

图 6-6 基于(2,1,2) RSC 的 PCCC Turbo 编码器

由于编码器是系统的，因此信息序列就等于第一个输出序列，即

$$\boldsymbol{v}^{(0)}=\boldsymbol{u}=(v_0^{(0)},v_1^{(0)},\cdots,v_{K-1}^{(0)})$$

第一个编码器输出的校验序列为

$$\boldsymbol{v}^{(1)}=(v_0^{(1)},v_1^{(1)},\cdots,v_{K-1}^{(1)})$$

交织器对 K 个比特进行交织处理，得到 $\boldsymbol{u}'$，第二个编码器输出的校验序列为

$$\boldsymbol{v}^{(2)}=(v_0^{(2)},v_1^{(2)},\cdots,v_{K-1}^{(2)})$$

从而最终的发送序列（码字）为

$$\boldsymbol{v}=(v_0^{(0)}v_0^{(1)}v_0^{(2)},v_1^{(0)}v_1^{(1)}v_1^{(2)},\cdots,v_{K-1}^{(0)}v_{K-1}^{(1)}v_{K-1}^{(2)})$$

因此，对该编码器来说，码字长度 $N=3K$，$R_t=K^*/N=(K-v)/3K$，当 K 比较大时，R_t 约为 1/3。

对于 Turbo 码来说，需要注意以下几点：

(1) 为了得到靠近香农极限的系统性能,信息分组长度(交织器大小)K 一般比较大,通常至少几千比特。

(2) 对于分量码来说,一般选择相同结构,且约束长度较短,通常 $v \leqslant 4$。

(3) RSC 分量码(由系统反馈编码器产生)会比非递归分量码(前馈编码器)有更好的性能。

(4) 高码率可通过凿孔矩阵产生,如图 6-6 中,可通过交替输出 $\boldsymbol{v}^{(1)}$ 和 $\boldsymbol{v}^{(2)}$ 得到 1/2 的编码速率。

(5) 通过增加分量码和交织器也可得到较低编码速率的 Turbo 码,如图 6-7 所示。

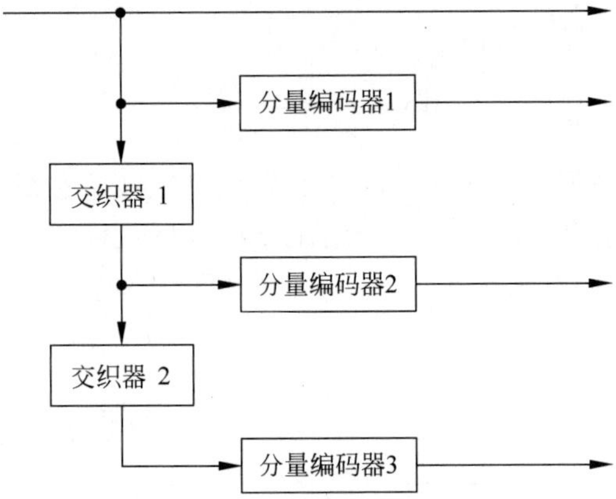

图 6-7 Turbo 码编码器的一般结构

(6) 最好的交织器能够对比特以伪随机的方式进行排序,传统的块交织器(行-列)在 Turbo 码中性能不好,除非块的长度很短。

(7) 由于交织器只是对比特位置进行重新排序,因此,交织后的序列 u' 与原始序列 u 具有相同的重量。

(8) 对每个分量码来说,用 BCJR(或 MAP)算法作为 SISO 译码器能够获得最好的性能;因为 MAP 译码器使用了前向-后向算法,信息是以块的形式进行的,因此,对第一个分量译码器来说,附加 v 个零比特能够让它返回到全零态;但对于第二个译码器来说,由于交织器的作用,将不能返回到全零态。

例 6-1 对基于图 6-6 结构的 Turbo 码,假设输入信息序列为 $\boldsymbol{u}=(1011001)$,交织后的信息序列为 $\boldsymbol{u}'=(1101010)$。

试求:(1) 编码输出序列。

(2) 如果使用 $\boldsymbol{P}=\begin{bmatrix}1 & 0\\0 & 1\end{bmatrix}$ 的删余矩阵,求输出序列。

解:(1) 根据图 6-6 可以得到

$$\boldsymbol{v}^{(0)}=\boldsymbol{u}=(1011001)$$

$$\boldsymbol{v}^{(1)}=(1100100)$$

$$\boldsymbol{v}^{(2)}=(1000000)$$

没有删余的时候,码率是 1/3,有

$$\boldsymbol{v}=(111,010,100,100,010,000,100)$$

(2) 当使用删余矩阵 $\boldsymbol{P}$ 时,码率是 1/2,因此有输出

$$\boldsymbol{v}=(11,00,10,10,01,00,10)$$

例 6-2 图 6-8 是一个码率为 1/3 的 Turbo 码编码器的组成框图。

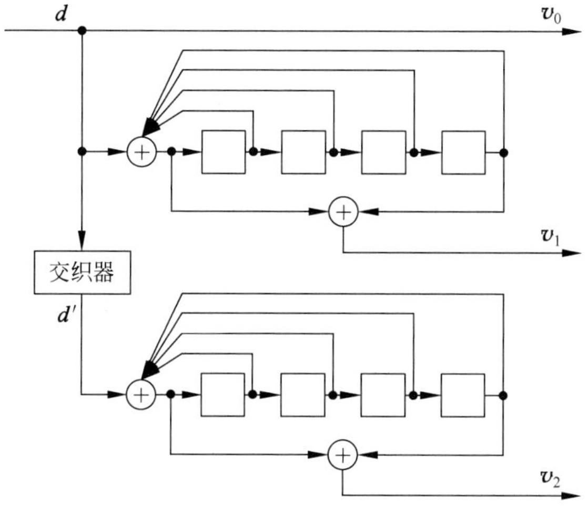

图 6-8 一个码率为 1/3 的 Turbo 码编码器

这个编码器是基于(2,1,4)RSC(递归系统卷积码)的 Turbo 码编码器,分量码是码率为 1/2 的寄存器级数为 4 的(2,1,4)RSC 码,生成多项式为$(1+D+D^2+D^3+D^4, 1+D^4)$。

生成矩阵为

$$\boldsymbol{G}(D)=\begin{bmatrix}1 & \dfrac{1+D^4}{1+D+D^2+D^3+D^4}\end{bmatrix}$$

假设输入序列为

$$\boldsymbol{d}=(1011001),\text{则 } \boldsymbol{v}_0=(1011001)$$

第一个分量码的输出序列为

$$\boldsymbol{v}_1=(1110001)$$

经过交织器后信息序列变为

$$\boldsymbol{d}'=(1101010)$$

第二个分量码编码器所输出的校验位序列为 $\boldsymbol{v}_2=(1000000)$,则 Turbo 码序列为

$$\boldsymbol{v}=(111,010,110,100,000,000,110)$$

若要将码率提高到 1/2,可采用一个删余矩阵,如

$$\boldsymbol{P}=\begin{bmatrix}1 & 0\\0 & 1\end{bmatrix}$$

表示分别删除 $\boldsymbol{v}_1$ 中位于偶数位的校验比特和 $\boldsymbol{v}_2$ 中位于奇数位的校验比特。与系统输出复接后得到 Turbo 码序列为

$$\boldsymbol{v}=(11,00,11,10,00,00,11)$$

6.2.5 Turbo 码的译码

香农信息论告诉我们,最优的译码算法是概率译码算法,也就是最大后验概率算法

(MAP)。但在 Turbo 码出现之前，信道编码使用的概率译码算法是最大似然算法(ML)。ML 算法是 MAP 算法的简化，即假设信源符号等概率出现，因此是次优的译码算法。Turbo 码的译码算法采用了 MAP 算法，在译码的结构上又做了改进，引入了反馈的概念，取得了性能和复杂度之间的折中。同时，Turbo 码的译码采用的是迭代译码，这与经典的代数译码是完全不同的。

尽管编码器决定了纠错能力，但译码器才决定实际的性能。然而，这种性能依赖于所用的算法。由于 Turbo 码的译码是一个迭代过程，它需要软输出算法，如最大后验概率算法(MAP)或软输出维特比算法(SOVA)。

由于 Turbo 码是由两个或多个分量码经过不同交织后对同一信息序列进行编码，对任何单个传统编码，通常在译码器的最后得到硬判决译码比特，然而 Turbo 码译码算法不应局限于在译码器中通过硬判决信息。为了更好地利用译码器之间的信息，译码算法所用的应当是软判决信息而不是硬判决信息。

1. Turbo 码译码器的组成

Turbo 码译码器的基本结构如图 6-9 所示。它由两个软输入软输出(SISO)译码器 DEC 1 和 DEC 2 串行级联组成，交织器与编码器中所使用的交织器相同。

Turbo 译码器有以下的特点：

(1) 串行级联；

(2) 迭代译码；

(3) 在迭代译码过程中交换的是外部信息。

2. Turbo 码的迭代译码原理

译码时首先对接收信息进行处理，两个成员译码器之间外部信息的传递就形成了一个循环迭代的结构。由于外部信息的作用，一定信噪比下的误比特率将随着循环次数的增加而降低。但同时外部信息与接收序列间的相关性也随着译码次数的增加而逐渐增加，外部信息所提供的纠错能力也随之减弱，在一定的循环次数之后，译码性能将不再提高。

由于达到一定迭代次数后，新增加的迭代对性能改善不大，而迭代又极大地增加译码时延，所以在实际设计 Turbo 码系统时，需要选择适当的迭代次数，在允许的译码时延内，达到最佳的译码性能。这种预先规定迭代次数的方式是终止译码迭代次数的方法之一。当要求的信噪比比较大，误码率要求不太高时，往往经过很少的几次迭代就能达到译码的要求正确译码。此时，如果预设迭代次数比较大，那么译码器就会继续译码，一直进行到预设次数的迭代为止。后边的几次迭代并没有明显的提高性能，是完全不必要的，而且多余的迭代还给译码带来了额外的时延。

译码器 DEC 1 对分量码(校验序列)RSC 1 进行最佳译码，产生关于信息序列 u 中每一比特的似然比信息，并将其中的“外信息”经过交织送给 DEC 2，译码器 DEC 2 将此信息作为先验信息，对分量码 RSC 2 (校验序列)进行最佳译码，产生交织后信息序列中每一比特的似然比信息，然后将其中的“外信息”经过解交织后送给 DEC 1，进行下一次译码。这样经过多次迭代，DEC 1 或 DEC 2 的外信息趋于稳定，似然比渐进值逼近于对整个码的最大似然译码，然后对此似然比进行硬判决，即可得到信息序列 $\boldsymbol{u}$ 的每一比特的最佳估值序列 $\hat{\boldsymbol{u}}$。

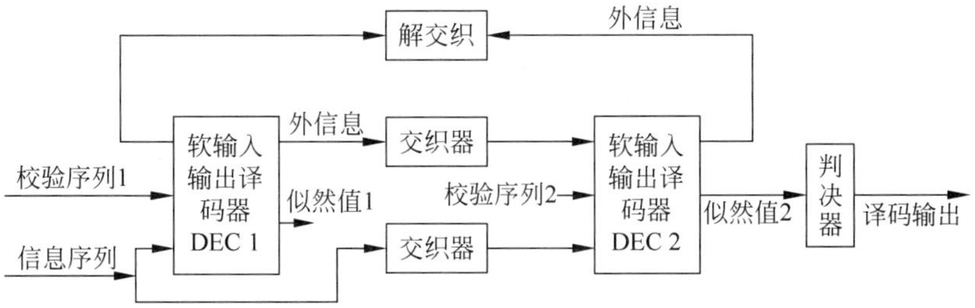

图 6-9　Turbo 码译码器原理框图

Turbo 码获得优异性能的根本原因之一就是采用了迭代译码，通过分量译码器之间软信息的交换来提高译码性能。一个由两个分量码构成 Turbo 码的译码器是由两个与分量码对应的译码单元、交织器与解交织器组成的，将一个译码单元的软输出信息作为下一个译码单元的输入；为了获得更好的译码性能，将此过程迭代数次。这就是 Turbo 码译码器的基本工作原理。

6.3　网格编码调制

6.3.1　网格编码调制的基本理论

1. 网格编码调制的提出

在数字通信系统中，调制解调和纠错编码是两个主要技术，它们也是提高通信系统传输速率，降低误码率的两个关键技术。传统上，编码和调制被认为是数字通信系统中两个分开的部分。输入消息流首先通过信道编码(额外比特被加入进来)，然后这些编码后的比特被调制器转化为模拟波形。信道编码器和调制器的目的都是纠正用一个不理想的信道时所产生的错误。也就是说为了纠正由信道造成的错误，编码器和调制器被独立地优化，尽管它们的目的是相同的。正如我们已经看到的，通过降低码率，即以带宽扩张和增加编码复杂性为代价，要得到更好的性能是可能的。但是，如果将信道编码器同调制器有机地结合起来，就可以得到编码增益而不需要带宽扩张。

在带限信道中，总是既希望能提高频带利用率，同时也希望在不增加信道传输带宽的前提下降低差错率，网格编码调制(Trellis-Coded Modulation，TCM)就是在不增加数据传输速率(传输带宽)的情况下获得一定增益的调制方式。TCM 的核心思想就是编码与调制的结合，最初是由 Massey 于 1970 年提出的。

网格编码调制结合了调制与编码技术，目的是在不改变传输速率或者传输带宽的情况下提高数字通信系统的可靠性。对于功率受限系统，设计的准则就是利用最小可能的功率获得所需要的性能。实现该准则的一个主要方法就是使用差错控制编码，该技术利用冗余达到纠错的能力，因此，这个过程就使数据传输率得到提高，即增加了传输带宽。在带宽受限时，频谱利用率是和使用调制的阶数密切相关的，比如，使用32QAM调制取代16QAM调制就可以使频谱利用率增加。但这样做在相同发射功率的情况下会导致信号点之间的最小距离变小，如果为了保持相同的信号空间和误码性能就必须要增加发射功率。网格编码调制就是在发送端集合了高阶调制和差错控制编码技术，同时在系统的接收端使用了结合解调和译码过程来替代传统的将解调和译码分开两步进行的技术。

2. 编码与调制的结合

为了便于理解，可以结合一个例子进行阐述。假设一个数字通信系统要求每 T 秒传输二位信息，则有很多方案可以实现。例如，使用无编码的4PSK调制技术。在这种情况下，每周期为 T 的载波携带二位信息，如图6-10(a)所示。使用编码的4PSK调制技术，以获得编码增益。如果采用码速率为2/3的卷积码，此时每个载波携带的信息为2bit，而要保持每 T 秒传输2位信息，就应该缩短载波的周期即将原周期 T 缩短为 $2T/3$，这样就保证了在 T 秒传送的信息为 $\frac{4/3}{2/3}=2\text{bit}$。这样就意味着相对于未编码的系统，信号的周期有一个2/3的因子，反映在频域就是和未编码的系统相比，编码后系统的带宽增加了一个因子3/2。即牺牲了带宽换取了编码增益，如图6-10(b)所示，假设编码为系统码，校验码用黑圆点代替，即图中间部分码字中的点。

使用码速率为2/3的卷积码并且调制方案变为8PSK调制。这样调制阶数的增加就抵消了由于编码而产生的信号周期缩短的要求。结果就是每个载波携带2bit的信息，同时8PSK和4PSK的周期相同，没有产生带宽的扩展，如图6-10(c)所示。

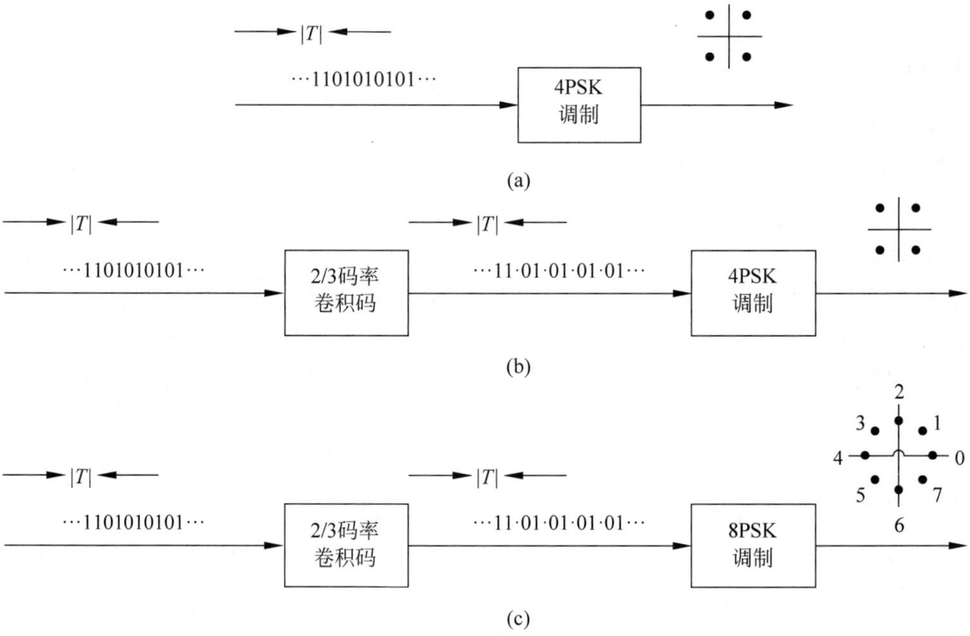

图6-10 每 T 秒传2位信息的三种不同实现方案

根据上面的例子可以看到，在图6-10(c)中使用了卷积码但是并未使得信号带宽扩展，代价可能就是有一些功率上的损失，但是使用了卷积码会有一定的编码增益，当获得的编码增益超过功率的损失时，最终就可以在不增加信号带宽的情况下获得一定的编码增益。

根据上面的描述可知，网格编码是将调制和编码结合起来使用，而不是将它们分开独立使用。在加性高斯白噪声信道，这样处理以后就使得决定系统性能的主要参数由卷积码的汉明距离(Free Hamming Distance)转化为传输信号间的自由欧氏距离(Free Euclidean Distance)。因此，最佳网格编码的设计是基于欧氏距离的，在接收端信号的检测中就可以使用软判决。

3. 网格编码调制的特点

网格编码调制有两个基本特点：

(1) 在信号空间中的信号点数比无编码调制的情况下对应的信号点数要多，这些增加的信号点使编码有了冗余，但不牺牲带宽；

(2) 采用卷积码的编码规则，使信号点之间引入相互依赖关系。仅有某些信号点图样或序列是允许用的信号序列，并可模型化为网格结构，因此又称为“格状”编码。

6.3.2 网格编码的基本思想

1. 编码思想

在一个星座图中，不是所有的星座点子集合都具有相同的距离特征。如图 6-10(c)所示的 8PSK 星座图中 0 点和 4 点的距离特性要远远好于 0 点和 1 点之间的距离特性。因此 0 点和 4 点的信号要比 0 点和 1 点之间的信号容易区分，如果将那些容易受到信道影响的信息比特映射为较好距离特性的调制波形，而把不易受到信道影响的信号映射为距离特性弱一些的调制符号，就可以最大限度地提高系统的性能。

根据上面的分析可知，传统的信道编码一般是以汉明距离为量度的，而一个传输速率相同的网格编码调制的误码性能取决于其最小的欧氏距离。在多进制调制中，汉明距离最小不一定就能满足其欧氏距离也是最小，因此传统上的最佳编码在多进制调制中就可能不是最佳的。如果将调制和编码结合起来考虑，使其最小欧氏距离最大化，就可以进一步提高系统的性能。从信号空间的角度看，这也是对信号的最佳分割，这就是网格编码调制的基本思想。

2. 欧氏距离

由前面的纠错控制编码理论可知，通常用汉明距离来描述分组码和卷积码的抗干扰性能。在 TCM 中，由于编码与调制结合在一起，系统的抗干扰能力将与已调制射频信号序列之间的已调制波矢量点距离有关，这种距离称为欧氏距离或称欧几里得距离，它反映了已调制波星座图上信号点之间的空间距离。

以 QPSK 调制为例，如图 6-11 所示的已调制波星座图。表明四种码组(0 0)，(0 1)，(1 1)和(1 0)对射频载波做四相移相键控(QPSK)调制，分别对应的载波调制相位为 45°、315°、225°和 135°，即图中的 4 个矢量点。从汉明距离 d 看，四种码组间的 $d=1$ 或 2。而从欧氏距离看，设(0 0)点与(1 0)点之间的欧氏距离为 Δ，则(0 0)与(1 1)点之间的欧氏距离为$\sqrt{2}\Delta$。这里，汉明距离大的码字之间其欧氏距离也大，两种距离之间有协调关系。但情况不总是这样，一般地，按汉明距离为最佳的传统方式进行纠错编码形成的编码符号，在映射成非二进制调制信号时并不能保证欧氏距离最佳。现以(3,2,m)卷积码结合 8PSK 调制的例子来说明这一点，如图 6-12 所示。

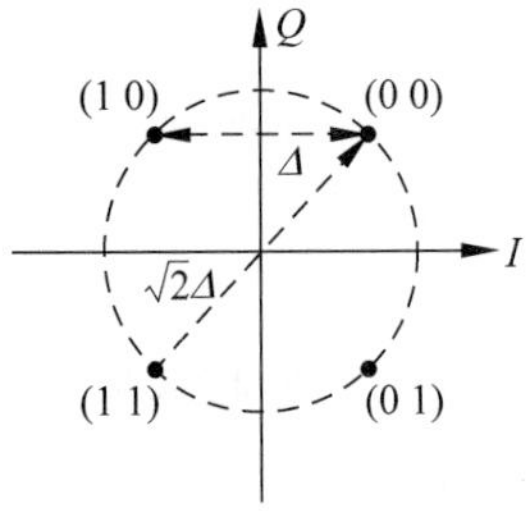

图 6-11 QPSK 调制的星座图

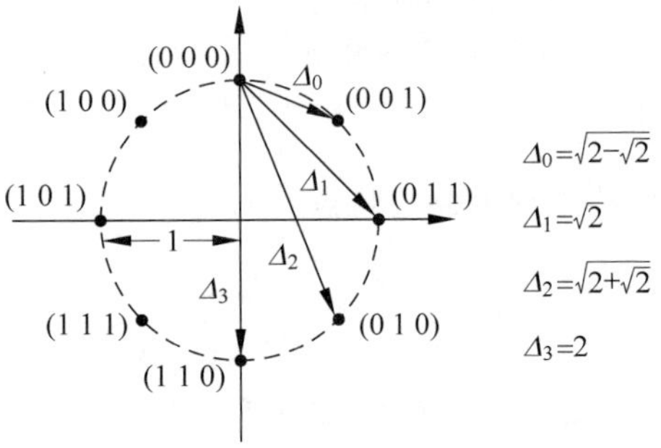

图 6-12 (3,2,m)卷积码与 8PSK 的结合

在图 6-12 中，由 3 个码元组成的 8 个码组是经(3,2,m)卷积码编码器的一对对 2bit 输入信息生成的，它们之间的汉明距离有 $d=1$、2 或 3。不难看出，按照图 6-12 所示的星座图实施 8PSK 调制后，不同星座点之间的欧氏距离有 4 种，即 Δ_0、Δ_1、Δ_2 和 Δ_3。无论采用怎样的映射关系总会有这样的情况，即两个汉明距离大的码组与两个汉明距离小的码组相比，前者的欧氏距离小于后者的欧氏距离。例如，图 6-12 中的(0 0 0)与(0 1 1)之间的欧氏距离 Δ_1 比(0 0 0)与(0 1 0)之间的欧氏距离 Δ_2 小。因此，不能保证在汉明距离上最佳的卷积码也能使调制波星座点之间有最佳的欧氏距离。在传输中，当信道内的相位噪声和幅度噪声导致星座点发生偏移时，(0 0 0)点偏移到(0 1 1)点比偏移到(0 1 0)点的可能性更大些，从而解调器对(0 0 0)点解调时可判定其误码结果变成(0 1 1)比变成(0 1 0)的可能性更大些。

为了解决上述问题，须将编码器与调制器作为统一的整体进行设计，使编码器和调制器级联后产生的编码信号序列具有最大的欧氏距离。从星座图的信号空间看，这种最佳设计的编码调制实际上是对信号空间的最佳分割。

6.3.3 信号空间的子集划分

信号空间的子集划分是昂格尔博克于 1982 年发表的文章中提出的，是在信息码字与已调制信号之间进行映射变换，利用计算机搜索出一批由子集划分方法得到的有最大欧氏距离的码，这类码称为 UB 码。

UB 码运用($n+1,n,m$)卷积码与二维信号空间的多电平/多相位调制信号结合起来，实现子集划分映射。N 比特的信息码字进入卷积码编码器后，编码得到由($n+1$)个码元组成的子码(或分支)，使每一子码与星座图中的一个信号相对应。为了保证已调信号序列之间的欧氏距离最大，将 2^{n+1} 个对应的信号点集以 2,4,8,…的子集不断分解，而子集内信号点之间的最小欧氏距离随之增大。然后使 2^{n+1} 个信号点与编码器输出的 2^{n+1} 个子码进行适当的映射，实现欧氏距离最大的 TCM 编码调制。

仍以图 6-12 所示的$(3,2,m)$卷积码与 8PSK 调制相结合的情况为例，参见图 6-13 所示的信号空间子集划分方式。

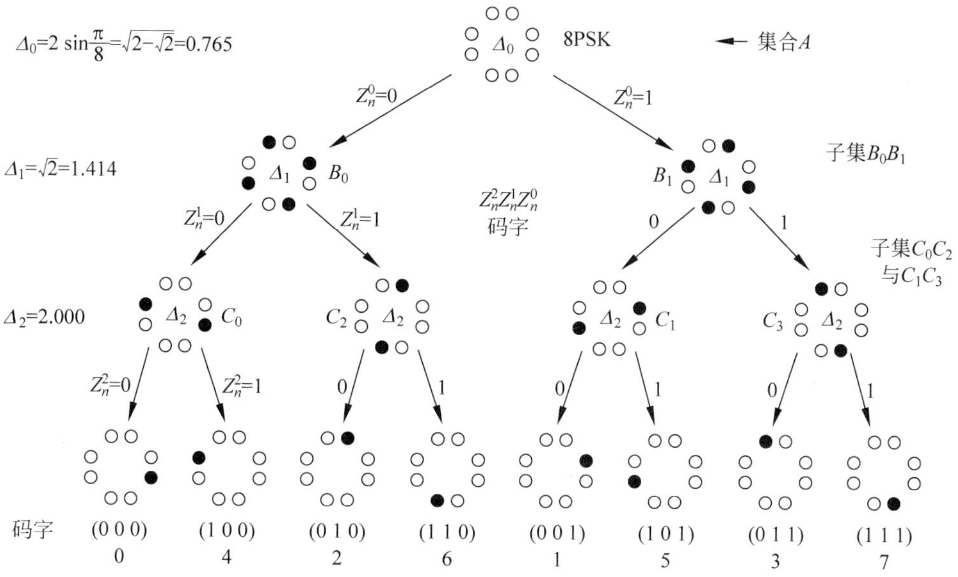

图 6-13　8PSK 信号空间的子集划分

图 6-13 中，将 8 个星座点的集合 A 先划分为 B_0 和 B_1 两个子集，欧氏距离从 Δ_0 增大至 Δ_1；再将 B_0 和 B_1 分别划分为子集 C_0，C_2 和 C_1，C_3，欧氏距离又增大至 Δ_2；接着，将 4 个 C 子集内的两个星座点再划分开，得到 8 个散布的星座点。最后，按图 6-13 中所示的 $Z_n^i=0$、1 的标记法使星座点与码字$(Z_n^2Z_n^1Z_n^0)$相对应。

这里需指出，图 6-13 中所示中的星座点虽然有 8 种状态，但由于输入信息序列是由$(3,2,m)$卷积码给出的，所以实际的输入信息状态只有 $2^2=4$ 种。图 6-14(a)、图 6-14(b)所示为 $m=1$、2 两种情况下的编码器与 8PSK 结合的电路框图。

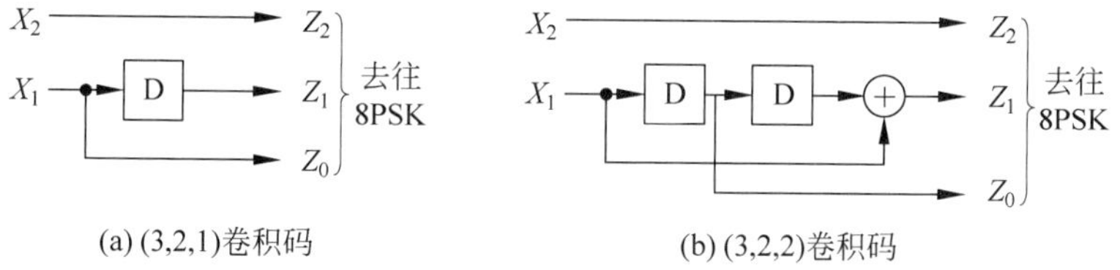

图 6-14　两种卷积码与 8PSK 调制相结合的电路

将图 6-14 与 X_2，X_1 不经卷积码编码而直接做 QPSK 调制的方式相比较，显然星座图上后者 4 个星座点的欧氏距离大于 8 个星座点的欧氏距离，似乎前者的抗干扰能力还不如后者。然而，前者的卷积码具有由编码约束长度带来的纠错能力提高的优点。

另外要说明，图 6-14 中输入的 X_1 比特经卷积编码形成 Z_1、Z_0 后在 8PSK 中用以选择图 6-13 中的 $C_0\sim C_3$ 子集之一，输入的 X_2 比特直通入 8PSK 用以选择每个 C_i 子集内两个星座点中的某一个，具体选择法是根据计算机搜索给出的最佳子集划分方法。

6.4 交织技术的实现与仿真

6.4.1 与交织有关的几个函数

1. randintrlv 函数

功能：利用随机序列对符号进行重排。

语法：intrlvd = randintrlv(data,state)；

说明：intrlvd = randintrlv(data,state)可实现用随机序列对数据中的元素进行重新排列。state 参数是一个随机流，用来对随机数产生器进行初始化，以确定函数产生特定的序列。函数输出是以给定的同样的随机流和同样的状态重复。不同的随机流和不同的状态产生不同的序列。

2. randdeintrlv 函数

功能：使用随机序列恢复符号的顺序。

语法：deintrlvd = randdeintrlv (data,state)；

randdeintrlv 的作用与 randintrlv 的作用相反。

3. intrlv 函数

功能：重新排列符号顺序。

语法：intrlvd = intrlv(data,elements)；

说明：用 intrlvd = intrlv(data,elements) 可没有重复或遗漏地重新排列数据元素。data 可以是矩阵也可以是矢量。如果 data 是一个长度为 N 的矢量或 N 列的矩阵，那么 elements 就是一个长度为 N 的矢量，其中元素是随机排列的从 1 到 N 的整数，这个顺序就是 data 中元素交织以后的顺序。

执行以下代码：

```
elements = randperm(10);                          % 产生整数 1～10 的随机排列矢量
    a = intrlv(10: 10: 100, elements);
```

运行结果如下：

```
a =
    10    90    60    30    50    80    100    20    70    40
```

注：由于每次运行产生的 elements 不同，所以运行结果不同。

以下程序重新排列矩阵的列。

```
b = intrlv([.1 .2 .3 .4 .5; .2 .4 .6 .8 1]',[2 4 3 5 1])
b =
    0.2000    0.4000
    0.4000    0.8000
    0.3000    0.6000
```

```
0.5000    1.0000
0.1000    0.2000
```

4. deintrlv 函数

功能：恢复符号的顺序。

语法：deintrlvd = deintrlv(data,elements)；

说明：deintrlvd = deintrlv(data,elements)和 intrlv 作用相反，用来恢复 data 原来的顺序。

6.4.2 交织和解交织

1. 利用 randintrlv 函数交织

执行以下代码：

```
data = [1 2 3 4 5 6 7 8 9 0];
state = 5;
intrlvd = randintrlv(data,state);
```

运行结果如下：

```
intrlvd =
    3    6    0    9    8    7    5    4    1    2
```

执行以下代码：

```
data = [1 2 3 4 5 6 7 8 9 0];
state = 8;
intrlvd = randintrlv(data,state);
```

运行结果如下：

```
intrlvd =
    1    3    6    4    2    7    0    8    9    5
```

以上两段代码由于 state 的取值不同，因此运行结果不同。

2. 利用 randdeintrlv 函数解交织

执行以下代码：

```
data = [1 3 6 4 2 7 0 8 9 5];
state = 8;
deintrlvd = randdeintrlv (data,state);
```

运行结果如下：

```
deintrlvd =
    1    2    3    4    5    6    7    8    9    0
```

3. 利用 intrlv 函数交织

执行以下代码：

```
data = [11 22 33 44 55 66 77 88 99 100];
elements = randperm(10);                    %产生整数 1~10 的随机排列矢量
a = intrlv(data, elements);                 %交织
```

运行结果如下：

```
elements =
     7     4     8     2     6    10     9     3     1     5
a =
    77    44    88    22    66   100    99    33    11    55
```

4. 利用 deintrlv 函数解交织

执行以下代码：

```
p = randperm(10);                           %产生整数 1~10 的随机排列矢量
a = intrlv(10: 10: 100,p);                  % 重排[10 20 30 … 100]
b = deintrlv(a,p);                          % 解交织恢复顺序
```

运行结果如下：

```
b =
    10    20    30    40    50    60    70    80    90   100
```

6.4.3 利用自定义函数实现交织和解交织

1. 交织矩阵是行矩阵

(1) 自定义交织函数 jiaozhi1. m,代码如下：

```
function msgout = jiaozhi1(msgin)
%自定义的实现数据交织的函数
%交织矩阵是行矩阵
% ----------------------------------
%初始化
msg_size = size(msgin);
msgin = msgin(: );
msg_size = size(msgin);
% ----------------------------------
%产生随机向量用来进行随机数据分配
originalState = rand('state');
int_vec = (randperm(msg_size(1)));          %产生整数的随机排列矢量
rand('state',originalState);
% ----------------------------------
%交织
intrlved = msgin(int_vec(: ),: );
% ----------------------------------
%输出变成行
intrlved = intrlved';
% ----------------------------------
%输出
msgout = intrlved;
```

(2) 自定义解交织函数 jiejiaozhi1.m,代码如下:

```
function msgout = jiejiaozhi1(msgin)
% 自定义的实现解交织的函数
% 交织矩阵是行矩阵
% ------------------------------------
% 初始化
msg_size = size(msgin);
msgin = msgin(: );
msg_size = size(msgin);
% ------------------------------------
% 产生随机向量,用来进行随机数据分配
originalState = rand('state');
int_vec = (randperm(msg_size(1)));                    % 产生整数的随机排列矢量
rand('state', originalState);
% ------------------------------------
% 解交织
deintrlved = zeros(size(msgin));
deintrlved(int_vec(: ),: ) = msgin;
% ------------------------------------
% 输出变成行
deintrlved = deintrlved';
% ------------------------------------
% 输出
msgout = deintrlved;
```

(3) 测试交织和解交织函数,代码如下:

```
% 对一组数据进行交织和解交织
% ------------------------------------
state = 10;                                            % 作为随机数的一个初始值
msgin = [11 12 13 14 15 16 17 18 19 20 21 22 23 24 25];  % 数据
% ------------------------------------
msgout = jiaozhi1(msgin);                              % 调用交织函数
disp('msgout = ');
disp(msgout)                                           % 显示交织结果
% ------------------------------------
msgin = jiejiaozhi1(msgout);                           % 调用解交织函数
disp('msgin = ');
disp(msgin);                                           % 显示解交织结果
```

运行结果如下:

```
msgout =
    18    25    12    20    17    14    13    21    24    16    22    19    15    23    11

msgin =
    11    12    13    14    15    16    17    18    19    20    21    22    23    24    25
```

2. 交织矩阵是行列矩阵

(1) 自定义交织函数 jiaozhi2. m,代码如下：

```
function msgout = jiaozhi2(msgin,row,col)
% 功能: 实现对输入比特的交织
% msgout 为交织后返回的比特流向量
% msgin 为需要交织的比特流向量
% row 和 col 为交织器的行和列
% 通过改变 col 就可以改变交织深度
  msgout = zeros(1,length(msgin));
  bitarr = vec2mat(msgin,row);
  bitarr = bitarr';
  for i = 1: length(msgin)/(row * col)
      temp = bitarr(: ,((i - 1) * col + 1): i * col);
      msgout(1,((i - 1) * (row * col) + 1): (i * (row * col))) = reshape(temp',1,[]);
  end
```

(2) 自定义解交织函数 jiejiaozhi2. m,代码如下：

```
function msgout = jiejiaozhi2(msgin,row,col)
% 功能: 实现对输入比特的解交织
% msgout 为解交织后返回的比特流
% msgin 输入的比特流
% row 和 col 为解交织器的行和列,通过改变 col 就可以改变解交织器的长度
   msgout = zeros(1,length(msgin));
   bitarr = vec2mat(msgin,col);
   for i = 1: length(msgin)/(row * col)
       temp = bitarr((i - 1) * row + 1: i * row,: );
       msgout(1,(i - 1) * row * col + 1: i * row * col) = reshape(temp,1,[]);
   end
```

(3) 测试交织和解交织函数,代码如下：

```
% 对输入的比特流进行交织和解交织
msgin = [1 0 0 1 1 1 1 0 0 0 0 0 1 1 1 1 0 0 0];        % 输入比特流
row = 2;
col = 8;
msgout = jiaozhi2(msgin,row,col);                      % 调用交织函数
disp('msgout = ');
disp( msgout )                                         % 显示交织结果
msgin = jiejiaozhi2(msgout,row,col);                   % 调用解交织函数
disp('msgin = ');
disp(msgin);                                           % 显示解交织结果
```

运行结果如下：

```
msgout =
    1    0    1    1    0    0    1    1    0    1    1    0    0    0    1    1    0
    0    0    0
msgin =
    1    0    0    1    1    1    1    0    0    0    0    0    1    1    1    1    0
    0    0    0
```

注：改变参数 msgin，row 和 col 的值，交织结果就发生改变。

6.4.4 交织对通信性能的改善

1. 高斯信道下汉明编码与汉明加交织的性能比较

```
%高斯信道下,(7,4)汉明编码与汉明加交织的性能比较,采用 randintrlv 函数交织
clear all
cycl = 20;
bits = 100000;                                         %符号数
msg = randi([0,1],bits,1);                             %随机产生的信息序列
% -----------------------------------
SNR = 0: 1: 12;                                        %信噪比
L = length(SNR);
BER1 = zeros(1,L);
BER2 = zeros(1,L);
BER3 = zeros(1,L);
% -----------------------------------
modbit1 = pskmod(msg,2);                               %调制
% -----------------------------------
for n = 1: cycl
for k = 1: L %未编码的序列,调制后经过高斯白噪声信道,再解调制,求误码
    y1 = awgn(modbit1,SNR(k),'measured');              %在传输序列中加入 AWGN 噪声
    demmsg1 = pskdemod(y1,2);                          %解调
    recode = reshape(demmsg1',1,[]);
    error1 = (recode~ = msg');
    errornum = sum(error1);
    BER1(n,k) = errornum/length(msg);

end
end
BER1 = mean(BER1);
% -----------------------------------
code = encode(msg,7,4,'hamming');                      %(7,4)汉明编码
modbit2 = pskmod(code,2);                              %调制
% -----------------------------------
for n = 1: cycl
for k = 1: L %编码的序列,调制后经过高斯白噪声信道,解调制,再纠错后求误码
    y2 = awgn(modbit2,SNR(k),'measured');              %在传输序列中加入 AWGN 噪声
    demmsg2 = pskdemod(y2,2);                          %解调
    recode = reshape(demmsg2',1,[]);
    bitdecoded = decode(recode,7,4,'hamming');         %译码
    % -----------------------------------
    %计算误码率
    error2 = (bitdecoded~ = msg');
    errorbits = sum(error2);
    BER2(n,k) = errorbits/length(msg);
end
end
BER2 = mean(BER2);
```

```
% -----------------------------------
intrlvd = randintrlv(code,2113);                    % 交织
modbit3 = pskmod(intrlvd,2);                        % 调制
% -----------------------------------
for n = 1: cycl
for k = 1: L % 编码的序列,调制后经过高斯白噪声信道,再解调制,再纠错后求误码
    y3 = awgn(modbit3,SNR(k),'measured');           % 在传输序列中加入 AWGN 噪声
    demmsg3 = pskdemod(y3,2);                       % 解调
    recode = reshape(demmsg3',1,[]);
    deintrlvd = randdeintrlv (recode,2113);         % 解交织
    bitdecoded = decode(deintrlvd,7,4,'hamming');   % 译码
    % -----------------------------------
    % 计算误码率
    error3 = (bitdecoded~ = msg');
    errorbits = sum(error3);
    BER3(n,k) = errorbits/length(msg);
end
end
BER3 = mean(BER3);
% -----------------------------------
semilogy(SNR,BER1,'b - o',SNR,BER2,'r - s',SNR,BER3,'k - + ');      % 画图
grid on
legend('未编码','汉明编码','汉明编码加交织');
xlabel('SNR/dB');
ylabel('BER');
title('汉明编码加交织的性能');
```

运行结果如图 6-15 所示。

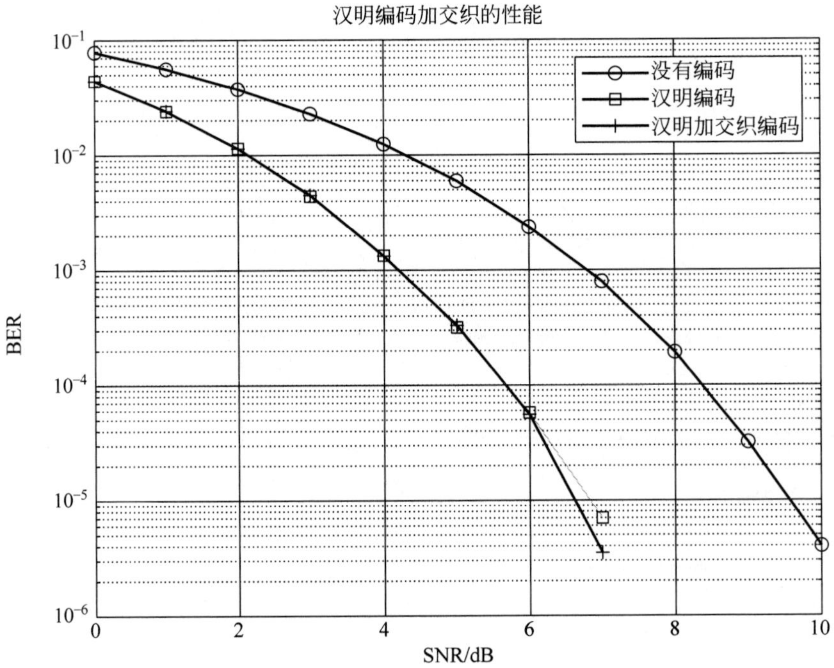

图 6-15　高斯噪声时汉明编码加交织的性能

由图 6-15 可见，在高斯信道下，汉明编码加交织与单纯的汉明编码的性能几乎没有区别。

2. 突发干扰情况下交织对汉明编码性能的影响

```
%突发干扰时,未编码、(15,11)汉明编码以及(15,11)汉明编码加交织时性能比较
%采用行交织
clear all
cycl = 50;
bits = 110000;                                       %符号数
msg = randi([0,1],bits,1);                           %随机产生的信息序列
% -------------------------------------------------------------------
SNR = 0:1:12;                                        %噪声为 0 到 12dB
L = length(SNR);
BER1 = zeros(1,L);
BER2 = zeros(1,L);
BER3 = zeros(1,L);
% -------------------------------------------------------------------
modbit1 = pskmod(msg,2);                             %调制
N1 = BurstNoise(500,5,length(msg));                  %产生突发干扰
% -------------------------------------------------------------------
for n = 1:cycl
for k = 1:L                          %未编码的序列,调制后经过高斯白噪声信道,解调制,求误码
    y1 = awgn(modbit1,SNR(k),'measured');            %在传输序列中加入 AWGN 噪声
    y1 = N1' + y1;
    demmsg1 = pskdemod(y1,2);                        %解调
    recode = reshape(demmsg1',1,[]);
    error1 = (recode~ = msg');
    errornum = sum(error1);
    BER1(n,k) = errornum/length(msg);
end
end
BER1 = mean(BER1);
% -------------------------------------------------------------------
%编码
code = encode(msg,15,11,'hamming');                  %(15,11)汉明编码
N2 = BurstNoise(500,5,length(code));                 %产生突发干扰
modbit2 = pskmod(code,2);                            %调制
% -------------------------------------------------------------------
%突发干扰情况下有汉明编码的性能
for n = 1:cycl
for k = 1:L                  %编码的序列,调制后经过高斯白噪声信道,解调制,再纠错后求误码
    y2 = awgn(modbit2,SNR(k),'measured');            %在传输序列中加入 AWGN 噪声
    y2 = N2' + y2;
    demmsg2 = pskdemod(y2,2);                        %解调
    recode = reshape(demmsg2',1,[]);
    bitdecoded = decode(recode,15,11,'hamming');     %译码
    % ---------------------------------------------------------------
    %计算误码率
    error2 = (bitdecoded~ = msg');
    errorbits = sum(error2);
```

```
        BER2(n,k) = errorbits/length(msg);
    end
    end
    BER2 = mean(BER2);
    % -----------------------------------------------------------------
    a = jiaozhi1(code);                                  % 交织
    modbit3 = pskmod(a,2);                               % 调制
    % -----------------------------------------------------------------
    % 突发干扰情况下有汉明编码和交织的性能
    for n = 1:cycl
    for k = 1:L                  % 编码的序列,调制后经过高斯白噪声信道,解调制,再纠错后求误码
        y3 = awgn(modbit3,SNR(k),'measured');            % 在传输序列中加入 AWGN 噪声
        y3 = N2 + y3;
        demmsg3 = pskdemod(y3,2);                        % 解调
        recode = reshape(demmsg3',1,[]);
        deintrlvd = jiejiaozhi1(recode);                 % 解交织
        bitdecoded = decode(deintrlvd,15,11,'hamming');  % 译码
        % -------------------------------------------------------------
        % 计算误码率
        error3 = (bitdecoded~ = msg');
        errorbits = sum(error3);
        BER3(n,k) = errorbits/length(msg);
    end
    end
    BER3 = mean(BER3);
    % -----------------------------------------------------------------
    semilogy(SNR,BER1,'b-o',SNR,BER2,'r-s',SNR,BER3,'k-+'); % 画图
    grid on
    legend('未编码','汉明编码','汉明加交织编码');
    xlabel('SNR(dB)');
    ylabel('BER');
    title('突发干扰情况下交织对汉明编码性能的影响');
```

产生突发干扰的函数为 BurstNoise.m，代码如下：

```
function N = BurstNoise(N_Interval,N_Length,Sig_Length)
% 三个参数分别对应突发间隔、突发长度、信号矢量维数
% 噪声
N = zeros(1,Sig_Length);
for i = 1: N_Interval: Sig_Length
  start_point1 = round(i + N_Interval/2 + (N_Interval/2) * randn);
  start_point = max(i,start_point1);
  end_point = min(Sig_Length,min(start_point1 + N_Length,i + N_Interval - 1));
  N(start_point: end_point) = 1;
end
```

运行结果如图 6-16 所示。

由图 6-16 可见，在高斯信道存在突发干扰的情况下，交织编码对通信系统的性能有明显的改善。图 6-16 采用的是行交织矩阵，也可以采用其他交织矩阵，仿真结果一致。

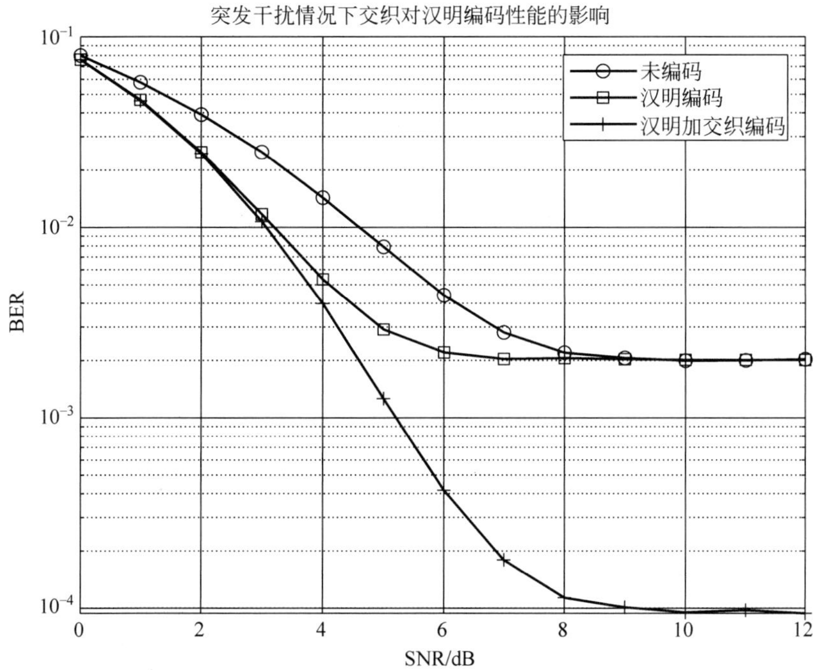

图 6-16　突发干扰时汉明编码和交织的性能比较

3. 突发干扰情况下,未编码、卷积码、汉明码的性能比较

```
%突发干扰情况下,未编码、卷积码、汉明码的性能比较
clear all;
cycl = 50;
SNR = 0:1:12;                                        %信噪比
msg = randi([0,1],1,100000);                         % 输入信息
BER0 = zeros(1,length(SNR));
BER1 = zeros(1,length(SNR));
BER2 = zeros(1,length(SNR));
% ----------------------------------------------------------------------
%未编码的误码率
for n = 1:cycl
for k = 1:length(SNR)
    modbit0 = pskmod(msg,2);                         %调制
    y0 = awgn(modbit0,SNR(k),'measured');            %在传输序列中加入 AWGN 噪声
    N = BurstNoise(500,5,length(msg));               %产生突发干扰
    y0 = N + y0;
    demmsg0 = pskdemod(y0,2);                        %解调
    recode0 = reshape(demmsg0',1,[]);
    [num0,rat0] = biterr(recode0,msg);               %误码计算
    BER0(n,k) = rat0;
end
end
BER0 = mean(BER0);
```

```
% ----------------------------------------------------------------
% 网格结构
trellis = poly2trellis(3,[5 7]);                          % 从电路求出参数,或已知参数
% 卷积编码的误码率
    code = convenc(msg,trellis);                          % 编码
for n = 1:cycl
for k = 1:length(SNR)
    modbit1 = pskmod(code,2);                             % 调制
    y1 = awgn(modbit1,SNR(k),'measured');                 % 在传输序列中加入 AWGN 噪声
    N1 = BurstNoise(500,5,length(code));                  % 产生突发干扰
    y1 = N1 + y1;
    demmsg1 = pskdemod(y1,2);                             % 解调
    recode1 = reshape(demmsg1',1,[]);
    tblen = 5;                                            % 回溯长度
    decoded1 = vitdec(recode1,trellis,tblen,'cont','hard');              % 译码
    [num1,rat1] = biterr(double(decoded1(tblen + 1:end)),msg(1:end - tblen));    % 误码计算
    BER1(n,k) = rat1;
end
end
BER1 = mean(BER1);
% ----------------------------------------------------------------
code2 = encode(msg,7,4,'hamming');                        % (7,4)汉明编码
% ----------------------------------------------------------------
% 汉明编码的性能
for n = 1:cycl
for k = 1:length(SNR)        % 编码的序列,调制后经过高斯白噪声信道,再解调制,再纠错后求误码
    modbit2 = pskmod(code2,2);                            % 调制
    y2 = awgn(modbit2,SNR(k),'measured');                 % 在传输序列中加入 AWGN 噪声
    N2 = BurstNoise(500,5,length(code2));                 % 产生突发干扰
    y2 = N2 + y2;
    demmsg2 = pskdemod(y2,2);                             % 解调
    recode = reshape(demmsg2',1,[]);
     bitdecoded = decode(recode,7,4,'hamming');           % 译码
     % ------------------------------------------------------------
     % 计算误码率
    error2 = (bitdecoded~ = msg);
    errorbits = sum(error2);
    BER2(n,k) = errorbits/length(msg);
end
end
BER2 = mean(BER2);
% ----------------------------------------------------------------
% 画图
semilogy(SNR,BER0,'b - o',SNR,BER1,'r - s',SNR,BER2,'k -+ ');
xlabel('SNR (dB)');
ylabel('BER');
legend('没有编码','poly2trellis(3,[5 7])编码','汉明编码');
title('突发干扰时未编码、卷积编码与汉明编码性能比较(码率为 1/2)');
grid on
```

运行结果如图 6-17 所示。

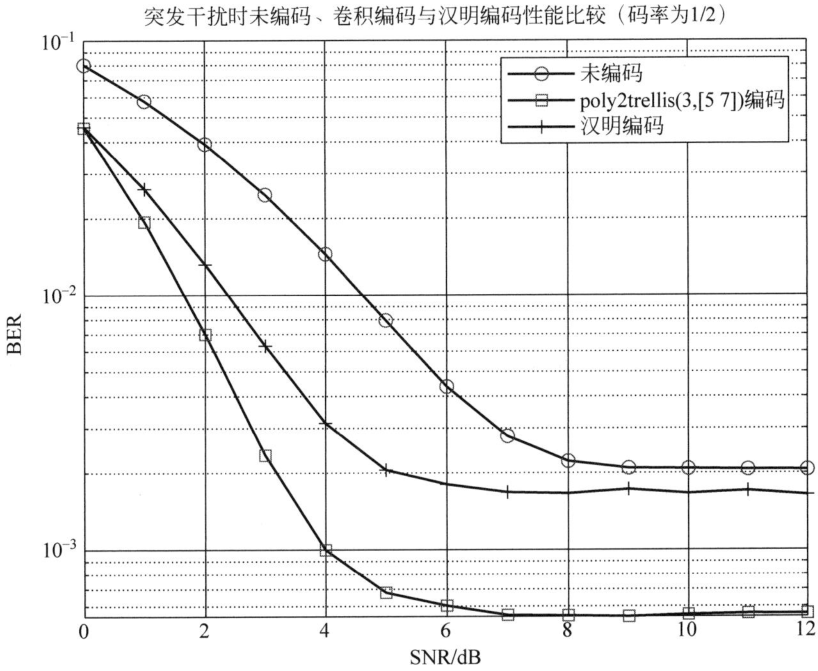

图 6-17 突发干扰时未编码、卷积编码和汉明编码性能比较

由图 6-17 可见，突发干扰情况下，卷积编码的性能优于汉明编码，这是由卷积编码的卷积特性决定的，也是卷积码的优势。

4. 突发干扰情况下卷积码、汉明码加上交织后的性能

```
%突发干扰情况下,卷积码、汉明码与加交织的性能比较
clear all;
cycl = 50;
SNR = 0:1:12;                                    %信噪比
msg = randi([0,1],1,100000);                     %输入信息
BER0 = zeros(1,length(SNR));
BER1 = zeros(1,length(SNR));
BER2 = zeros(1,length(SNR));
% ------------------------------------------------------------------
% 网格结构
trellis = poly2trellis(3,[5 7]);                 %从电路求出参数,或已知参数
%卷积编码的误码率
code = convenc(msg,trellis);                     %编码
for n = 1:cycl
for k = 1:length(SNR)
    modbit0 = pskmod(code,2);                    %调制
    y0 = awgn(modbit0,SNR(k),'measured');        %在传输序列中加入 AWGN 噪声
    N0 = BurstNoise(500,5,length(code));         %产生突发干扰
    y0 = N0 + y0;
    demmsg0 = pskdemod(y0,2);                    %解调
    recode0 = reshape(demmsg0',1,[]);
```

```
    tblen = 10;                                         % 回溯长度
    decoded0 = vitdec(recode0,trellis,tblen,'cont','hard');          % 译码
    [num0,rat0] = biterr(double(decoded0(tblen + 1:end)),msg(1:end - tblen));   % 误码计算
    BER0(n,k) = rat0;
end
end
BER0 = mean(BER0);
% -------------------------------------------------------------------------
b = jiaozhi(code);                                      % 交织
for n = 1:cycl
for k = 1:length(SNR)
    modbit1 = pskmod(b,2);                              % 调制
    y1 = awgn(modbit1,SNR(k),'measured');               % 在传输序列中加入 AWGN 噪声
    N1 = BurstNoise(500,5,length(b));                   % 产生突发干扰
    y1 = N1 + y1;
    demmsg1 = pskdemod(y1,2);                           % 解调
    recode1 = reshape(demmsg1',1,[]);
    deintrlvd = jiejiaozhi(recode1);                    % 解交织
    tblen = 10;                                         % 回溯长度
    decoded1 = vitdec(deintrlvd,trellis,tblen,'cont','hard');        % 译码
    [num1,rat1] = biterr(double(decoded1(tblen + 1:end)),msg(1:end - tblen));   % 误码计算
    BER1(n,k) = rat1;
end
end
BER1 = mean(BER1);
% -------------------------------------------------------------------------
code2 = encode(msg,7,4,'hamming');                      % (7,4)汉明编码
% -------------------------------------------------------------------------
%汉明编码的性能
for n = 1:cycl
for k = 1:length(SNR)        % 编码的序列,调制后经过高斯白噪声信道,再解调制,再纠错后求误码
    modbit2 = pskmod(code2,2);                          % 调制
    y2 = awgn(modbit2,SNR(k),'measured');               % 在传输序列中加入 AWGN 噪声
    N2 = BurstNoise(500,5,length(code2));               % 产生突发干扰
    y2 = N2 + y2;
    demmsg2 = pskdemod(y2,2);                           % 解调
    recode = reshape(demmsg2',1,[]);
     bitdecoded = decode(recode,7,4,'hamming');         % 译码
     % ---------------------------------------------------------------------
     %计算误码率
    error2 = (bitdecoded~ = msg);
    errorbits = sum(error2);
    BER2(n,k) = errorbits/length(msg);
end
end
BER2 = mean(BER2);
% -------------------------------------------------------------------------
a = jiaozhi(code2);                                     % 交织
modbit3 = pskmod(a,2);                                  % 调制
% -------------------------------------------------------------------------
%突发干扰情况下有编码和交织的性能
for n = 1:cycl
for k = 1:length(SNR)        % 编码的序列,调制后经过高斯白噪声信道,再解调制,再纠错后求误码
    y3 = awgn(modbit3,SNR(k),'measured');               % 在传输序列中加入 AWGN 噪声
```

```
    N2 = BurstNoise(500,5,length(code2));                    % 产生突发干扰
    y3 = N2 + y3;
    demmsg3 = pskdemod(y3,2);                                 % 解调
    recode = reshape(demmsg3',1,[]);
    deintrlvd = jiejiaozhi(recode);                           % 解交织
    bitdecoded = decode(deintrlvd,7,4,'hamming');             % 译码
    % ----------------------------------------------------------------------
    % 计算误码率
    error3 = (bitdecoded~ = msg);
    errorbits = sum(error3);
    BER3(n,k) = errorbits/length(msg);
end
end
BER3 = mean(BER3);
% -------------------------------------------------------------------------------
% 画图
semilogy(SNR,BER0,'b - o',SNR,BER1,'r - s',SNR,BER2,'k -+ ',SNR,BER3,'g - p');
xlabel('SNR (dB)');
ylabel('BER');
legend('卷积编码','卷积编码加交织','汉明编码','汉明编码加交织');
title('突发干扰时卷积编码、汉明编码与加交织性能比较');
grid on
```

运行结果如图 6-18 所示。

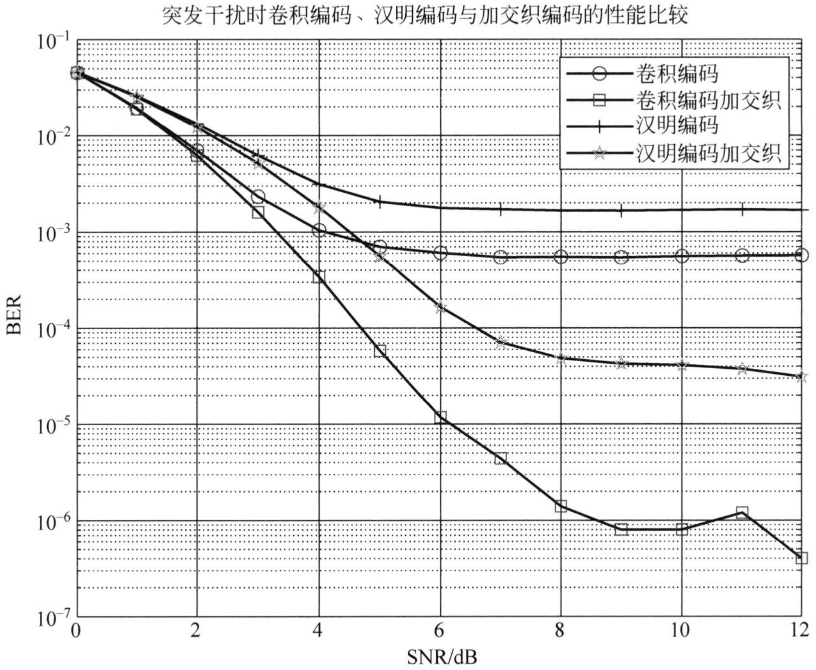

图 6-18 突发干扰时卷积编码、汉明编码与加交织编码的性能比较

由图 6-18 可见,高斯信道在突发干扰情况下,交织编码对汉明码和卷积码的性能有显著的改善。

5. 不同的突发干扰对通信系统性能的影响

```
%不同的突发干扰时,采用(7,4)汉明编码和行交织时通信性能
clear all;
cycl = 50;
bits = 400000;                                          %符号数
msg = randi([0,1],bits,1);                              %随机产生的信息序列
%-----------------------------------------------------------------------
SNR = 0:1:9;                                            %信噪比为 0 到 9dB
L = length(SNR);
BER0 = zeros(1,length(SNR));
%-----------------------------------------------------------------------
%编码
code = encode(msg,7,4,'hamming');                       %(7,4)汉明编码
%-----------------------------------------------------------------------
a = jiaozhi1(code);                                     %交织
modbit2 = pskmod(a,2);                                  %调制
%-----------------------------------------------------------------------
%不同的突发干扰情况下对通信性能的影响
for i = 1:1:5
for n = 1:cycl
for k = 1:L                     %编码的序列,调制后经过高斯白噪声信道,再解调制,再纠错后求误码
    y2 = awgn(modbit2,SNR(k),'measured');               %在传输序列中加入 AWGN 噪声
    N = BurstNoise(i * 100,5,length(code));             %产生突发干扰
    y2 = N + y2;
    demmsg2 = pskdemod(y2,2);                           %解调
    recode = reshape(demmsg2',1,[]);
    deintrlvd = jiejiaozhi1(recode);                    %解交织
    bitdecoded = decode(deintrlvd,7,4,'hamming');       %译码
    %-------------------------------------------------------------------
    %计算误码率
    error2 = (bitdecoded~ = msg');
    errorbits = sum(error2);
    BER0(n,k) = errorbits/length(msg);
end
end
BER0 = mean(BER0);
BER(i,:) = BER0;
end
%-----------------------------------------------------------------------
figure(1)
semilogy(SNR,BER(1,:),'b-o',SNR,BER(2,:),'r-s',SNR,BER(3,:),'k-+',SNR,BER(4,:),'m-p',
SNR,BER(5,:),'r-*');
grid on
legend('突发干扰 100:5','突发干扰 200:5','突发干扰 300:5','突发干扰 400:5','突发干扰 500:5');
xlabel('SNR(dB)');
ylabel('BER');
title('不同的突发干扰对通信性能的影响');
```

运行结果如图 6-19 所示。

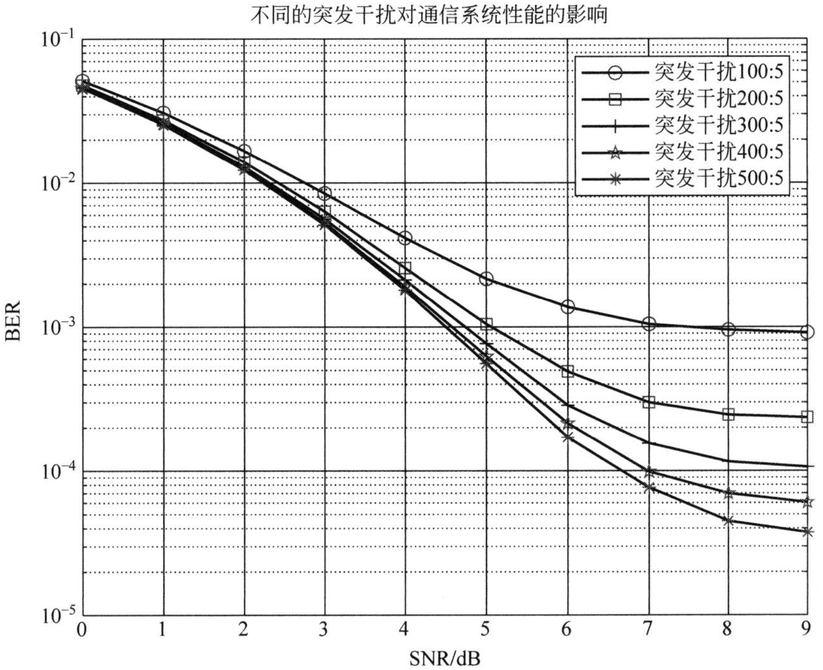

图 6-19 不同的突发干扰对通信系统性能的影响

这里采用(7,4)汉明编码和交织技术相结合的方式,图中 100：5 表示每 100 个符号里有 5 个连续的错误出现,其他以此类推。显然突发干扰越密集通信系统的误码率越大。

当然不同的交织方式对通信性能也有影响,也可以进行相应的仿真。

习题

1. 什么是突发错误？什么是随机错误？
2. 交织码为什么能提高信道解码时纠正突发错误的能力？
3. 举例说明数据块交织、解交织原理。
4. 什么是 Turbo 码？画出其编码器的基本框图,并说明各方框的作用。
5. 什么是 TCM 编码(格栅编码、网格编码、格形编码)？它比通常的卷积码有何特点？
6. 用 MATLAB 实现突发干扰情况下循环码的性能。

参考文献

[1] 孙丽华,陈荣伶.信息论与纠错编码[M].2版.北京:电子工业出版社,2009.
[2] 沈连丰,叶芝慧.信息论与编码[M].北京:科学出版社,2004.
[3] 王军选,张晓燕,张燕燕.无线通信调制与编码[M].北京:人民邮电出版社,2008.
[4] Ranjan Bose.信息论编码与密码学[M].北京:机械工业出版社,2005.
[5] 樊昌信.通信原理教程[M].北京:电子工业出版社,2004.
[6] Peter Sweeney.差错控制编码[M].北京:清华大学出版社,2004.
[7] 吴湛击.现代纠错编码与调制理论及应用[M].北京:人民邮电出版社,2008.
[8] 徐明远,邵玉斌.MATLAB仿真在通信与电子工程中的应用[M].西安:西安电子科技大学出版社,2005.
[9] 李建新,刘乃安,刘继平.现代通信系统分析与仿真——MATLAB通信工具箱[M].西安:西安电子科技大学出版社,2001.
[10] 陈运.信息论与编码[M].北京:电子工业出版社,2010.
[11] 吕峰,王虹,刘皓春,等.信息理论与编码[M].北京:人民邮电出版社,2008.
[12] 姜丹.信息论与编码[M].合肥:中国科学技术大学出版社,2001.
[13] Ranjian Bose 著.武传坤 译.信息论、编码与密码学[M].北京:机械工业出版社,2005.
[14] 王兴亮.数字通信原理与技术[M].西安:西安电子科技大学出版社,2005.
[15] 田丽华.编码理论[M].西安:西安电子科技大学出版社,2007.
[16] 王新梅,肖国镇.纠错码——原理与方法[M].西安:西安电子科技大学出版社,2001.
[17] 曹志刚,钱亚生.现代通信原理[M].北京:清华大学出版社,2001.
[18] 唐朝京,雷菁.信息论与编码基础[M].北京:电子工业出版社,2010.
[19] 冯桂,林其伟,陈东华.信息论与编码技术[M].2版.北京:清华大学出版社,2011.
[20] 王立宁,乐光新,詹菲.MATLAB与通信仿真[M].北京:人民邮电出版社,2000.
[21] 黎洪松.数字通信原理[M].西安:西安电子科技大学出版社,2007.
[22] 余兆明.数字电视原理[M].西安:西安电子科技大学出版社,2009.
[23] 姜秀华,张永辉.数字电视广播原理与应用[M].北京:人民邮电出版社,2009.
[24] 刘敏,魏玲.MATLAB通信仿真与应用[M].北京:国防工业出版社,2001.
[25] 孙丽华,陈荣伶.信息论与编码[M].4版.北京:电子工业出版社,2016.
[26] 曹雪红,张宗橙.信息论与编码[M].3版.北京:清华大学出版社,2016.
[27] 姚善化.信息理论与编码[M].北京:清华大学出版社,2011.

图 书 资 源 支 持